"十四五"高等职业教育公共课程系列教材

信息技术基础教程

曹 瑛 魏 威 ◎ 主编

中国铁道出版社有限公司
CHINA RAILWAY PUBLISHING HOUSE CO., LTD.

内 容 简 介

本书依据高职院校人才培养需求及《高等职业教育专科信息技术课程标准（2021 年版）》要求，不断适应新时代信息技术的发展，结合编者多年的教学实践，以新知识和新的教学理念为依托，以培养大学生信息技术素养（包括办公自动化、"互联网+"、创新创业和移动互联网应用、大数据和信息安全等素养）为目标，有针对性地编写了相关内容，同时兼顾了全国计算机一级等级考试的需求。

本书适合作为高等职业教育非计算机专业学生的"信息技术基础"课程的教材，也适合各院校、企事业单位中参加全国计算机等级考试（MS-Office）人员备考和学习使用。

图书在版编目（CIP）数据

信息技术基础教程/曹瑛，魏威主编.—北京：中国铁道出版社有限公司，2022.9（2024.8重印）
"十四五"高等职业教育公共课程系列教材
ISBN 978-7-113-29580-6

Ⅰ.①信… Ⅱ.①曹…②魏… Ⅲ.①电子计算机-高等职业教育-教材 Ⅳ.①TP3

中国版本图书馆 CIP 数据核字(2022)第 153651 号

书　　名：	信息技术基础教程
作　　者：	曹瑛　魏威

策　　划：	翟玉峰　潘晨曦	编辑部电话：（010）51873135
责任编辑：	翟玉峰　绳超	
封面设计：	刘　颖	
责任校对：	孙　玫	
责任印制：	樊启鹏	

出版发行：中国铁道出版社有限公司（100054，北京市西城区右安门西街 8 号）
网　　址：https://www.tdpress.com/51eds/
印　　刷：三河市宏盛印务有限公司

版　　次：2022 年 9 月第 1 版　　2024 年 8 月第 3 次印刷
开　　本：787 mm×1 092 mm 1/16　印张：14.5　字数：371 千
印　　数：8 501~12000册
书　　号：ISBN 978-7-113-29580-6
定　　价：39.80 元

版权所有　侵权必究

凡购买铁道版图书，如有印制质量问题，请与本社教材图书营销部联系调换。电话：（010）63550836
打击盗版举报电话：（010）63549461

前　言

《信息技术基础教程》是教学内容和教学方法的知识载体，是教学的基本工具，是落实课程改革思想和实现培养目标的重要手段。本教材内容选取适合高职学生的特点，同时突出职业性、时效性和实用性，实现从单一的"知识、技能"到"应用能力和意识"培养目标的转换。本教材以帮助学生提高信息素养为主要目的，以满足不同专业的学生个性发展为基本理念，包括教学规定的知识点和实训内容，并将基础知识点与等级考试考点合理结合，既注重应用能力和意识的培养，同时又注重可操作性和实用性，重点培养互联网信息技术素养，编写理念是"提升信息获取和处理能力，培养信息技术素养与思维"。教材建设目标之一是"理论以够用为度"，即理解"是什么"，了解"为什么"；之二是"专业技能以实用为本"，即掌握"用在哪"以及"如何用"。实现思路是"教学做一体化，注重技能领悟，创造信息价值"。

本教材参考《高等职业教育专科信息技术课程标准（2021年版）》要求进行编写。其中，单元一主要介绍计算机基础知识。同时，带领学生了解"互联网+"、大数据和信息安全等最新知识，提高学生的信息素养；单元二介绍中文操作系统Windows 7的基础知识和基本操作方法等；单元三主要介绍文字处理软件Word 2016的基础知识、各种操作方法及典型专业案例应用；单元四主要介绍演示文稿软件PowerPoint 2016的基础知识和各种应用操作方法；单元五主要介绍电子表格软件Excel 2016的基础知识和各种应用操作方法，以及如何在实际案例中解决问题；单元六主要介绍计算机网络的基础知识、各种网络应用软件的操作方法等。学生通过系统学习，可以熟练掌握"信息技术基础"课程的所有知识点及综合应用，并涵盖了全国计算机等级考试（一级）的基本内容和上机考试操作的基本要领，可帮助考生有效备考。

本教材由曹瑛、魏威任主编，张润花、景晓玲任副主编。曹瑛负责全书的统稿和定稿工作。

由于时间仓促、编者水平有限，书中难免有疏漏和不足之处，敬请各位读者批评指正。

编 者

2022 年 6 月

目 录

单元一 计算机基础知识 … 1
项目一 计算机基础概述 … 1
- 任务一 计算机的发展概况 … 1
- 任务二 计算机的特点 … 2
- 任务三 计算机的分类 … 3
- 任务四 计算机的应用 … 3
- 任务五 计算机的研究和发展 … 4

项目二 计算机系统的组成 … 6
- 任务一 计算机系统 … 6
- 任务二 计算机硬件的基本结构 … 7
- 任务三 微型计算机的软件系统 … 11

项目三 数制及编码 … 14
- 任务一 数制的基本概念 … 14
- 任务二 二进制数 … 14
- 任务三 其他进制数 … 14
- 任务四 不同进制数之间的转换 … 15

项目四 字符及汉字编码 … 17
- 任务一 ASCII 码 … 17
- 任务二 汉字编码 … 18

项目五 多媒体计算机 … 20
- 任务一 多媒体的概念 … 20
- 任务二 多媒体技术的特性 … 20
- 任务三 媒体的数字化 … 21
- 任务四 多媒体数据压缩 … 22

项目六 计算机病毒及其防治 … 22
- 任务一 计算机病毒的定义、特性、分类及危害 … 22
- 任务二 计算机病毒的预防 … 24

项目七 汉字输入 … 25
- 任务一 键盘的基本操作 … 25
- 任务二 鼠标的基本操作 … 26
- 任务三 中文输入法使用 … 27
- 任务四 拼音输入法使用 … 27

项目八 行业常用软件、技术及应用（以建筑类行业为例） … 30
- 任务一 BIM 概述 … 30
- 任务二 CAD 概述 … 31
- 任务三 PKPM 概述 … 32
- 任务四 VR 概述 … 32
- 任务五 3D 打印技术概述 … 33
- 任务六 3S 技术概述 … 35
- 任务七 无人机技术概述 … 35
- 任务八 三维激光扫描技术概述 … 35
- 任务九 智慧工地概述 … 36

单元二 中文操作系统 Windows 7 … 37
项目一 认识操作系统 … 37
- 任务一 操作系统的基本概念 … 37
- 任务二 操作系统的主要功能 … 37
- 任务三 计算机操作系统的演变与发展 … 38

项目二 学习 Windows 7 操作系统 … 38
- 任务一 系统安装 … 39
- 任务二 Windows 7 的启动和退出 … 40
- 任务三 认识 Windows 7 的桌面 … 41
- 任务四 Windows 7 的窗口的认识及操作 … 42
- 任务五 剪贴板简介 … 44
- 任务六 启动和退出应用程序 … 44
- 任务七 帮助系统及新增功能简介 … 45
- 任务八 在 Windows 中使用 DOS … 46

项目三 Windows 资源管理器 … 46
- 任务一 目录和路径简介 … 49
- 任务二 文件和文件夹的管理 … 49
- 任务三 磁盘管理 … 54

项目四 "回收站"的使用 … 56

项目五　Windows 7 控制面板 …………… 56
　　任务一　桌面设计 ………………………… 57
　　任务二　系统属性设置 …………………… 58
　　任务三　打印机安装和使用 ……………… 59
　　任务四　卸载应用程序 …………………… 60
　　任务五　中文输入法的设置 ……………… 60
　　任务六　系统日期和时间设置 …………… 61
项目六　Windows 附件 ……………………… 61
　　任务一　"画图"程序使用 ……………… 61
　　任务二　记事本使用 ……………………… 62
　　任务三　计算器使用 ……………………… 62

单元三　文字处理软件 Word 2016 ………… 63
项目一　初识 Word 2016 …………………… 63
项目二　Word 2016 启动和退出 …………… 64
　　任务一　Word 2016 的启动 ……………… 64
　　任务二　Word 2016 的退出 ……………… 65
　　任务三　认识 Word 2016 的操作界面 … 65
项目三　Word 文档的基本编辑 …………… 68
　　任务一　文档的基本操作 ………………… 68
　　任务二　输入对象 ………………………… 70
　　任务三　文本的简单编辑 ………………… 73
　　任务四　查找和替换文本 ………………… 74
　　任务五　撤销和恢复 ……………………… 76
项目四　文档页面设置 ……………………… 77
　　任务一　设置页面大小 …………………… 77
　　任务二　设置页眉和页脚 ………………… 78
　　任务三　插入和设置页码 ………………… 79
　　任务四　插入分页符和分节符 …………… 79
项目五　图文混排 …………………………… 81
　　任务一　使用艺术字 ……………………… 81
　　任务二　插入形状（图形）……………… 82
　　任务三　插入图片 ………………………… 83
　　任务四　使用文本框 ……………………… 83
　　任务五　使用图示 ………………………… 84
项目六　文本的格式化 ……………………… 85
　　任务一　文本字体格式化 ………………… 85
　　任务二　文本段落格式化 ………………… 86
　　任务三　设置项目符号和编号 …………… 87
　　任务四　使用格式刷 ……………………… 88
　　任务五　设置段落边框和底纹 …………… 89
　　任务六　其他常用格式设置 ……………… 90
项目七　表格的创建和应用 ………………… 91
　　任务一　创建表格 ………………………… 91
　　任务二　表格的设置 ……………………… 92
　　任务三　表格的基本编辑 ………………… 94
　　任务四　表格与文本之间的转换 ………… 98
　　任务五　表格排序和计算 ………………… 99
项目八　综合实训 …………………………… 102

单元四　演示文稿软件 PowerPoint 2016 … 103
项目一　初识 PowerPoint 2016 …………… 103
　　任务一　了解 PowerPoint 2016 的
　　　　　　新功能与特点 ………………… 103
　　任务二　了解主要组成对象 …………… 108
　　任务三　PowerPoint 2016 的启动
　　　　　　与退出 …………………………… 109
　　任务四　了解 PowerPoint 2016 的
　　　　　　窗口与视图 …………………… 109
项目二　演示文稿的创建 ………………… 111
　　任务一　创建演示文稿 ………………… 111
　　任务二　打开演示文稿 ………………… 112
　　任务三　保存演示文稿 ………………… 113
　　任务四　打印演示文稿 ………………… 113
　　任务五　关闭演示文稿 ………………… 114
项目三　演示文稿的编辑 ………………… 114
　　任务一　管理幻灯片 …………………… 114
　　任务二　编辑幻灯片中的文本对象 …… 116
　　任务三　编辑幻灯片的外观 …………… 117
项目四　在演示文稿中插入对象 ………… 120
　　任务一　插入剪贴画和图片 …………… 120
　　任务二　插入图形 ……………………… 121
　　任务三　插入艺术字和文本框 ………… 122
　　任务四　插入表格 ……………………… 123
　　任务五　插入 SmartArt 图形 …………… 125
　　任务六　插入媒体剪辑 ………………… 126

任务七 插入屏幕录制 …………… 126	任务二 单元格地址引用 …………… 159
项目五 演示文稿的浏览和放映 ……… 126	任务三 公式输入和公式复制 ……… 159
任务一 幻灯片的浏览 …………… 127	任务四 自动求和计算和其他常用
任务二 幻灯片的动画设置 ……… 127	函数计算 …………………… 161
任务三 了解幻灯片切换方式 …… 130	任务五 函数的使用 ……………… 161
任务四 了解幻灯片放映 ………… 130	项目七 图表 …………………………… 170
项目六 演示文稿的输出与打印 ……… 132	任务一 创建图表 ………………… 170
任务一 演示文稿的打包 ………… 132	任务二 图表编辑和图表格式化 … 171
任务二 演示文稿的打印 ………… 133	项目八 数据统计及管理 ……………… 174
项目七 综合实训 ……………………… 134	任务一 认识数据清单 …………… 174
	任务二 数据排序 ………………… 175
单元五 电子表格软件 Excel 2016 ……… 135	任务三 数据筛选 ………………… 177
项目一 初识 Excel 2016 ……………… 135	任务四 数据汇总 ………………… 180
项目二 认识 Excel 2016 界面 ………… 137	任务五 数据透视表及合并计算 … 181
任务一 认识标题栏 ……………… 137	项目九 综合实训 ……………………… 185
任务二 认识功能区 ……………… 137	
任务三 认识工具栏 ……………… 138	**单元六 网络基础知识和应用** …………… 188
任务四 认识状态栏 ……………… 138	项目一 认识计算机网络 ……………… 188
任务五 认识编辑栏 ……………… 138	任务一 了解计算机网络的产生
任务六 认识工作表 ……………… 138	与发展趋势 ……………… 188
项目三 创建和编辑工作表 …………… 140	任务二 了解网络的功能 ………… 189
任务一 创建工作簿 ……………… 140	任务三 了解网络的分类 ………… 189
任务二 输入数据 ………………… 140	任务四 了解网络拓扑结构 ……… 190
任务三 填充数据 ………………… 143	任务五 认识网络传输介质和网络
任务四 选取单元格 ……………… 144	设备 ……………………… 191
任务五 编辑单元格 ……………… 145	任务六 了解网络协议 …………… 193
项目四 工作表基本操作 ……………… 149	项目二 局域网及其使用 ……………… 194
任务一 选定工作表 ……………… 149	任务一 认识局域网的特征 ……… 194
任务二 插入、删除、重命名工作表… 149	任务二 了解局域网的基本组成 … 195
任务三 移动、复制工作表 ……… 150	项目三 Internet 基础 …………………… 195
任务四 隐藏或显示工作表 ……… 151	任务一 了解 Internet 的起源与现状
项目五 格式化工作表 ………………… 152	及在中国的发展 ………… 195
任务一 设置数字格式 …………… 152	任务二 了解 Internet 应用和服务 … 196
任务二 设置对齐方式和字体格式 … 153	任务三 IP 地址和域名 …………… 198
任务三 添加边框和底纹 ………… 154	任务四 了解 Internet 的接入方式 … 200
任务四 使用格式 ………………… 156	项目四 Internet Explorer 9.0 使用 ……… 202
项目六 公式和函数 …………………… 157	任务一 浏览 Web 页 ……………… 202
任务一 认识公式 ………………… 157	任务二 搜索 Web 页 ……………… 203

任务三　认识收藏夹 ………………… 204
　　任务四　Web 信息的保存 …………… 205
项目五　电子邮件的使用 …………………… 206
　　任务一　认识电子邮件地址及电子
　　　　　　邮件服务器 ………………… 207
　　任务二　学习电子邮件的收发 ……… 207
项目六　电子商务应用 ……………………… 212
　　任务一　了解电子商务的概念与分类… 212
　　任务二　了解电子商务的营利模式… 213
　　任务三　了解电子支付 ……………… 213
　　任务四　了解团购 …………………… 214
　　任务五　电子商务购物实例简介 …… 215
项目七　互联网+，我们+什么？ ………… 217
　　任务一　认识"互联网+" …………… 217
　　任务二　认识"互联网+"的六大特征 ‥ 217
项目八　物联网就在身边 …………………… 218
　　任务一　认识物联网 ………………… 218
　　任务二　认知物联网的应用 ………… 218
　　任务三　物联网的技术体系 ………… 220
项目九　网络安全 …………………………… 220
　　任务一　认识网络安全 ……………… 220
　　任务二　网络安全措施 ……………… 221
项目十　"互联网+"下的大学生创新
　　　　创业 ……………………………… 222
　　任务一　大学生创新创业优劣势分析… 222
　　任务二　信息时代下的"互联网+"
　　　　　　与大学生创新创业 ………… 223
参考文献 …………………………………… 224

单元一　计算机基础知识

单元导读

电子计算机（electronic computer）是一种能够按照预先编制和存储的程序，自动、高速地进行大量数值计算和各种信息处理的现代化智能电子设备。本单元主要介绍计算机的一些基础知识，通过对本单元的学习，了解计算机的发展、特点及用途；掌握计算机系统的主要软硬件组成部件及各部件的主要功能；了解计算机中使用的数制和各数制之间的转换；了解计算机病毒、多媒体及计算机未来应用发展趋势等基本知识。

重点难点

- 计算机的概念、类型及其应用领域；计算机系统的配置及主要技术指标。
- 数制和数制之间的转换。
- 计算机的数据与编码。
- 计算机硬件系统和软件系统的组成和功能。
- 计算机的未来应用发展趋势。
- 建筑行业常用计算机软件的认识。

项目一　计算机基础概述

◆ 任务一　计算机的发展概况

1946 年 2 月 15 日，世界上第一台电子计算机 ENIAC（electronic numerical integrator and calculator）在美国宾夕法尼亚大学诞生。ENIAC 采用 18 800 个电子管和 1 500 个继电器，重达 30 t，占地 170 m^2，主要应用于弹道计算工作。虽然每秒仅进行 5 000 次加法运算，但它具有划时代的意义。多年来，人们以计算机物理器件的变革作为标志，把计算机的发展划分为 4 代。

第一代（1946—1958 年）电子管时代，其主要逻辑元件是电子管。主存储器先采用延迟线，后采用磁鼓磁心，外存储器使用磁带。软件方面，用机器语言和汇编语言编写程序。这个时期计算机的特点是，体积庞大，运算速度低（一般每秒几千次到几万次），成本高，可靠性差，内存容量小。第一代计算机主要用于科学计算，从事军事和科学研究方面的工作。

第二代（1959—1964 年）晶体管时代，其主要逻辑元件是晶体管。主存储器采用磁心，外存储器使用磁带和磁盘。软件方面开始使用管理程序，后期使用操作系统，并出现了 FORTRAN、COBOL、ALGOL 等一系列高级程序设计语言。该时期计算机的应用扩展到数据处理、自动控制等领域。计算机的运行速度已提高到每秒几十万次，体积已大大减小，可靠性和内存容量也有较大的提高。

第三代（1965—1970 年），计算机采用中、小规模集成电路，主存储器使用半导体存储器，外存储器使用磁盘。软件方面，操作系统进一步完善，高级语言数量增多，出现了面向用户的应用软件。运行速度提高到每秒几十万次到几百万次，可靠性和存储容量进一步提高。计算机和通信密切结合起来，广泛地应用到科学计算、数据处理、事务管理、工业控制等领域。

第四代（1971年至今），计算机的主要逻辑元件是大规模和超大规模集成电路。主存储器采用半导体存储器，外存储器采用大容量的软、硬磁盘及光盘。软件方面，发展了数据库管理系统、通信软件等。计算机的运行速度达到每秒千万次到亿亿次。计算机的发展进入了以计算机网络为特征的时代。

计算机的发展日新月异。1983年，中国人民解放军国防科技大学（简称"国防科技大学"）研制成功"银河-Ⅰ"巨型计算机，运行速度达每秒1亿次。1992年，国防科技大学计算机研究所研制的巨型计算机"银河-Ⅱ"通过鉴定，该机运行速度为每秒10亿次。我国已相继研制成功了运行速度达到每秒5.49亿亿次的"天河二号"，每秒12.5亿亿次的"神威·太湖之光"巨型计算机，其系统的综合技术已达到当前国际先进水平，填补了我国通用巨型计算机的空白，标志着我国计算机的研制技术已进入世界领先行列。

2020年，中国科学技术大学成功构建76个光子的量子计算原型机"九章"，2021年，"九章"的升级版"九章二号"成功构建，再次刷新国际光量子操纵的技术水平，其处理特定问题的速度比目前全球最快的超级计算机快亿亿亿倍。加上2021年10月中国科学技术大学发布的超导量子计算机"祖冲之二号"，这一系列令人瞩目的成果，标志着我国已成为世界上唯一一个在超导和光量子两个"赛道"上达到"量子优越性"里程碑的国家。

◆ 任务二　计算机的特点

计算机作为一种通用的信息处理工具，它具有极高的处理速度、很强的存储能力、精确的计算和逻辑判断能力等，其主要特点如下：

1．运算速度快

当今计算机系统的运算速度已达到每秒百亿次、上千亿次，甚至亿亿次，目前运算速度还在不断提高，使大量复杂的科学计算问题得以解决。例如，卫星轨道的计算、24小时天气预报的计算等，过去人工计算需要几年、几十年，而现在用计算机计算只需几天甚至几分钟就可完成。

2．计算精确度高

一般计算机可以有几十位（二进制）甚至更高位有效数字，计算精度可由千分之几到百万分之几，是其他计算工具望尘莫及的。

3．具有记忆和逻辑判断能力

计算机不仅能进行计算，而且能把参加运算的数据、程序以及中间结果和最后结果保存起来，以供用户随时调用；还可以对各种信息（如语言、文字、图形、图像、音乐等）进行算术运算和逻辑运算，甚至进行推理和证明。

4．有自动控制能力

计算机内部操作是根据人们事先编好的程序自动控制进行的，计算机十分严格地按程序规定的步骤进行操作，整个过程不需人工干预。

◆ 任务三　计算机的分类

计算机的规模指它的体积、字长、运算速度、存储容量、外围设备、输入和输出能力等技术指标。

1．按规模分类

（1）巨型机（super computer）

巨型机运算速度快，存储容量大，运算速度达100万亿次以上，价格昂贵，主要应用于尖端科学研究和军事科学。

（2）大/中型机（mainframe）

大/中型机运算速度在100万亿次以上，允许多用户同时使用。主要用于大型企业、商业管理、数据处理或网络服务器。

（3）小型机（mini computer）

小型机具有规模小、结构简单、成本低、操作简单、易于维护、与外围设备连接容易等特点，适合在中小型企事业单位应用。

（4）微型计算机（micro computer）

微型计算机是由大规模集成电路构成的体积小、结构紧凑、价格低且具有一定功能的计算机。

（5）工作站（workstation）

为了某种特殊的用途而将高性能的计算机系统输入/输出设备与专用软件结合在一起就构成了工作站。工作站具有大容量的主存和大屏幕显示器，一般包括主机、扫描仪、图形显示器、绘图仪等。主要用于图像处理和计算机辅助设计等领域。计算机目前趋向巨型和微型两级发展。

2．按使用范围分类

（1）通用计算机

通用计算机适用于一般科学计算、工程设计及数据处理等广泛用途的计算中。

（2）专用计算机

专用计算机是为适应某种特殊应用而设计的计算机。如飞机的自动驾驶仪等。

3．按处理能力分类

微型计算机按照结构可以分为8位机、16位机、32位机、64位机。

◆ 任务四　计算机的应用

计算机的应用已深入社会的各个领域，有信息的地方就可以使用计算机。归纳起来可分为以下几个方面：

1．科学计算

科学计算也称数值计算，用于完成科学研究和工程技术中提出的数学问题的计算。随着现代科学技术的进一步发展，数值计算在现代科学研究中的地位不断提高，在尖端科学领域中，显得尤为重要。例如，人造卫星轨迹的计算，房屋抗震强度的计算，火箭、宇宙飞船的研究设计都离不开计算机的精确计算，气象预报也属于科学计算应用领域。

2．数据处理

数据处理也称非数值计算，是指对信息进行存储、加工、分类、统计、查询及处理等操作。目前计算机的信息处理应用已非常普遍，如人事管理、库存物流管理、财务管理、图书资料管理、商业购物数据交流、情报检索、经济管理等。

3. 自动控制

自动控制是指通过计算机对某一过程进行自动操作，它不需要人工干预，能按预定的目标和预定的状态进行过程控制。目前被广泛用于操作复杂的钢铁企业、石油化工业、医药工业等生产中。计算机自动控制还在国防和航空航天领域中起决定性作用。例如，无人驾驶飞机、导弹、人造卫星和宇宙飞船等飞行器的控制，都是靠计算机实现的。使用计算机进行自动控制可大大提高控制的实时性和准确性，提高劳动效率，减轻劳动强度，降低成本，缩短生产周期。

4. 计算机辅助设计和辅助教学

计算机辅助设计（computer aided design，CAD）是指借助计算机的帮助，人们可以自动或半自动地完成各类工程设计工作。目前，CAD 技术已应用于飞机设计、船舶设计、建筑设计、机械设计、大规模集成电路设计等。采用计算机辅助设计，可缩短设计时间，提高工作效率，节省人力、物力和财力，更重要的是提高了设计质量。有些国家已把 CAD 和计算机辅助制造（computer aided manufacturing，CAM）、计算机辅助测试（computer aided test，CAT）及计算机辅助工程（computer aided engineering，CAE）组成一个集成系统，使设计、制造、测试和管理有机地组成一体，形成高度的自动化系统，因此产生了计算机集成制造系统（computer integrated manufacturing system，CIMS）。

计算机辅助教学（computer aided instruction，CAI）是指用计算机来辅助完成教学计划或模拟某个实验过程。CAI 不仅能减轻教师的负担，还能激发学生的学习兴趣，提高教学质量，为培养现代化高质量人才提供了有效方法。

5. 人工智能

人工智能（artificial intelligence，AI）是指计算机模拟人类某些智力行为的理论、技术和应用。其主要内容是研究如何让计算机完成过去只有人才能做的智能工作，核心目标是赋予计算机人脑一样的智能。例如：模式识别中的指纹识别技术已经得到了广泛应用；计算机辅助翻译极大地提高了翻译效率；手写输入技术已经在手机上得以普及；在医疗诊断、定理证明、语言翻译、智能模拟、机器人等方面，已有了显著的成效。

6. 多媒体和网络技术应用

随着电子技术特别是通信和计算机技术的发展，人们将文本、音频、视频、动画、图形和图像等各种媒体综合起来，构成一种全新的概念——多媒体（multimedia）。在医疗、教育、商业、银行、保险、行政管理、军事、工业、广播和出版等领域中，多媒体的发展很快。计算机网络技术的发展和应用进一步深入社会的各行各业，通过高速信息网实现数据与信息的查询、高速通信服务（电子邮件、电视电话、电视会议、文档传输）、电子教育、电子娱乐、电子购物（通过网络选看商品、办理购物手续、质量投诉等）、远程医疗和会诊、交通信息管理等。计算机的应用将推动信息社会更快地向前发展。

◆ 任务五　计算机的研究和发展

1. 嵌入式系统

嵌入式系统（embedded system），是一种"完全嵌入受控器件内部，为特定应用而设计的专用计算机系统"。

2．网格计算

网格计算是专门针对复杂科学计算的新型计算模式，这种计算模式是利用互联网把分散在不同地理位置的计算机组织成一个"虚拟的超级计算机"，其中每个参与计算的计算机就是一个"结点"，成千上万个"结点"组成一张"网格"，所以称其为"网格计算"。网格计算有两个优势：①处理能力超强；②能充分利用网上计算机的闲置处理能力。

3．中间件技术

中间件是介于应用软件与操作系统之间的系统软件，如 ASP、JSP、CGI 等。也就是在客户机和服务器之间增加一组服务，这种应用服务就是中间件。这些是基于某一标准的、通用的、可重用的组件，其他应用程序可以使用它们提供的应用程序接口调用组件，完成所需的操作。中间件技术是企业应用的主流技术，并形成各种不同类别。

4．云计算

云计算是分布式计算、网格计算、并行计算网络存储及虚拟化计算机和网络技术发展融合的产物。云计算的核心思想是对大量用网络连接计算资源进行统一管理和调度，构成一个计算资源池向用户提供按需服务。提供资源的网络被称为"云"。云计算的构成包括硬件、软件和服务。用户可用极低成本的终端设备，并支付相应的服务费用给"云计算"服务商，通过网络就可以方便地获取所需要的计算、存储等资源。

云计算到底有什么用呢？它并不是遥不可及的高精尖技术，相反，它已经大大影响了普通人的日常生活。我们用手机订购火车票、生成健康码，在网上看体育直播、线上挂号看病等都离不开云计算的技术支撑。阿里云、华为云和腾讯云等中国厂商相继成为中国甚至世界的云计算技术的领导者。

5．大数据

对于"大数据"（big data），研究机构 Gartner（高德纳，又译为顾能）给出了定义，"大数据"是需要新处理模式才能具有更强的决策力、洞察发现力和流程优化能力的海量、高增长率和多样化的信息资产。

大数据技术的战略意义不在于掌握庞大的数据信息，而在于对这些含有意义的数据进行专业化处理。换言之，如果把大数据比作一种产业，那么这种产业实现盈利的关键，在于提高对数据的"加工能力"，通过"加工"实现数据的"增值"。

从技术上看，大数据与云计算的关系就像一枚硬币的正反面一样密不可分。大数据必然无法用单台的计算机进行处理，必须采用分布式架构。它的特色在于对海量数据进行分布式数据挖掘，但它必须依托云计算的分布式处理、分布式数据库和云存储、虚拟化技术。

6．物联网

物联网（internet of things，IoT）是指通过各种信息传感器、射频识别技术、全球定位系统、红外感应器、激光扫描器等各种装置与技术，实时采集任何需要监控、连接、互动的物体或过程，采集其声、光、热、电、力学、化学、生物、位置等各种需要的信息，通过各类可能的网络接入，实现物与物、物与人的泛在连接，实现对物品和过程的智能化感知、识别和管理。物联网是一个基于互联网、传统电信网等的信息承载体，它让所有能够被独立寻址的普通物理对象形成互联互通的网络。

7．区块链

区块链是一个分布式的共享账本和数据库，具有去中心化、不可篡改、全程留痕、可以追溯、集体维护、公开透明等特点。这些特点保证了区块链的"诚实"与"透明"。而区块链丰富的应用场景,基本上都基于区块链能够解决信息不对称问题,实现多个主体之间的协作信任与一致行动。区块链技术奠定了坚实的"信任"基础,创造了可靠的"合作"机制,具有广阔的运用前景。

8. 元宇宙

元宇宙（metaverse）是整合了多种新技术而产生的新型虚实相融的互联网应用和社会形态,通过利用科技手段进行链接与创造,与现实世界映射与交互的虚拟世界,具备新型社会体系的数字生活空间。

项目二　计算机系统的组成

◆ 任务一　计算机系统

一个完整的计算机系统包括两大部分,即硬件系统（包括中央处理器、存储器、输入/输出设备）和软件系统（包括系统软件和应用软件）。所谓硬件,是指构成计算机的物理设备,即由机械、电子器件构成的具有输入、存储、计算、控制和输出功能的实体部件。软件也称"软设备",广义地说,软件是指系统中的程序以及开发、使用和维护程序所需的所有文档的集合。平时讲到"计算机"一词,都是指含有硬件和软件的计算机系统。未配置任何软件的计算机称为裸机,它是计算机完成工作的物质基础。计算机系统的软、硬件系统相辅相成,共同完成处理任务。计算机系统的组成如图1-1所示。

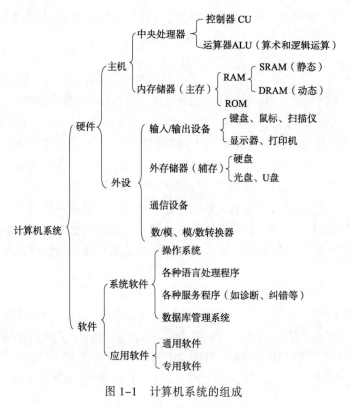

图1-1　计算机系统的组成

◆ 任务二 计算机硬件的基本结构

1. 冯·诺依曼型计算机的基本结构

1945年，美籍匈牙利科学家冯·诺依曼（John von Neumann）提出了一个"存储程序，程序控制"的计算机方案，其工作原理如图1-2所示。

冯·诺依曼型计算机的基本构想包含三个要点：

① 采用二进制数的形式表示数据和指令。也就是说，计算机内部传送、存储、加工处理的数据或指令都是二进制数形式。二进制数仅由0和1两个数码组成，不仅运算规则简单、容易实现、稳定可靠，而且0和1正好分别表示逻辑代数中的假值（FALSE）和真值（TRUE），可以实现逻辑运算。

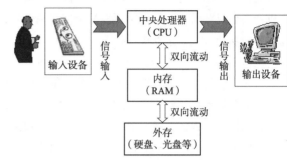

图1-2 计算机工作原理

② 将指令和数据存放在存储器中。存储程序实现了计算机的自动计算，成为计算机与其他计算工具的本质区别。

③ 计算机硬件由控制器、运算器、存储器、输入设备和输出设备五大部件组成。

自1946年第一台计算机诞生至今，计算机的结构和技术都没有脱离冯·诺依曼型计算机的基本构想。

2. 微型计算机硬件及其功能

（1）微处理器

微型计算机的中央处理器（CPU）习惯上称为微处理器（micro processor），是微型计算机的核心，由运算器和控制器两部分组成。运算器（也称执行单元）是微机的运算部件；控制器是微机的指挥控制中心。随着大规模集成电路的出现，使得微处理器的所有组成部分都集成在一块半导体芯片上。目前广泛使用的微处理器有Intel公司的酷睿系列、AMD公司的速龙Ⅱ系列等。

计算机的运算速度通常是指每秒所能执行加法指令的数目，用百万次/秒（MIPS）来表示。它能直观反映机器的速度，但不常用。常用描述微机运算速度的指标是CPU的主频，即CPU的时钟频率，单位是Hz（赫[兹]）。例如，Pentium 4/2.6 GHz中的2.6就是指CPU的时钟频率。主频越高，微机的运算速度越快。

CPU的主要性能指标除时钟频率外，还有传输速率（bit/s）和字长。字长表示CPU一次能同时处理的二进制数据的位数，单位用"位"（bit）表示。字长越长，计算机的运算精度就越高，数据处理能力就越强。目前流行的CPU字长是64位。

① 运算器。运算器又称算术逻辑单元（arithmetic logic unit），是计算机对数据进行加工处理的部件，它的主要功能是对二进制数码进行加、减、乘、除等算术运算和与、或、非等基本逻辑运算，实现逻辑判断。运算器在控制器的控制下实现其功能，运算结果由控制器指挥送到内存储器中。

运算器主要由一个加法器、若干个寄存器和一些控制线路组成。

② 控制器。控制器是用来控制计算机各部件协调工作，并使整个处理过程有条不紊地进行。控制器主要由指令寄存器、指令译码器、程序计数器、时序节拍发生器和操作控制器等组成，它

的基本功能就是从内存中取指令（存放到指令寄存器中）和执行指令，即控制器按程序计数器指出的指令地址从内存中取出该指令进行译码（用指令译码器将指令中的操作码翻译成相应的控制信号），然后（操作控制器）根据该指令功能向有关部件发出控制命令，执行该指令。另外，控制器在工作过程中，还要接收各部件反馈回来的信息。也就是说，控制器的作用是按一定的顺序产生机器指令以获得执行过程中所需的全部控制信号，这些控制信号作用于计算机的各个部件使其完成各项功能，从而达到执行指令的目的。

为了让计算机按照人的意识和思维正确运行，必须设计出让计算机可以识别和执行的语言——机器指令。机器指令通常由操作码和操作数两部分组成。

（2）存储器

存储器具有记忆功能，用来保存信息，如数据、指令和运算结果等。

存储器可分为两种：内存储器与外存储器。

① 内存储器又称主存储器（简称内存或主存）。内存存储容量较小，但速度快，用来存放当前运行程序的指令和数据，它可以解决主机与外设之间速度不匹配的问题。内存储器由许多存储单元组成，每个单元能存放一个二进制数，或一条由二进制编码表示的指令，一个二进制位（bit）是构成存储器的最小单位。存储器的存储容量以字节为基本单位，每个字节都有自己的编号，称为"地址"，如要访问存储器中的某个信息，就必须知道它的地址，然后按地址存入或取出信息。

为了度量信息存储容量，用 8 位二进制码（bit）构成 1 字节（Byte），简称 B，字节是计算机中数据处理和存储容量的基本单位。常用的存储单位及换算关系如下：

$$1 \text{ KB}（千字节）= 1024 \text{ B}（2^{10} \text{B}）$$
$$1 \text{ MB}（兆字节）= 1024 \text{ KB}（2^{20} \text{B}）$$
$$1 \text{ GB}（吉字节）= 1024 \text{ MB}（2^{30} \text{B}）$$
$$1 \text{ TB}（太字节）= 1024 \text{ GB}（2^{40} \text{B}）$$

计算机处理数据时，一次可以运算的数据长度称为一个"字"（Word）。字的长度称为字长。一个字可以是一字节，也可以是多字节。如某一类计算机的字由 4 B 组成，则字的长度为 32 位，相应的计算机称为 32 位机。

内存按功能可分为两种：只读存储器（read only memory，ROM）和随机存储器（random access memory，RAM）。

ROM 的特点：存储的信息只能被 CPU 读出（取出），不能改写（存入），断电后信息不会丢失。一般用来存放专用的或固定的程序和数据，如常驻内存的监控程序、基本 I/O 系统等。随着半导体技术的发展，已出现了多种形式的只读存储器，如 PROM（可编程只读存储器）、EPROM（可擦可编程只读存储器）、EEPROM（电擦除可编程只读存储器）以及 MROM（掩模只读存储器）等。

RAM 的特点：可以读出，也可以改写，又称读/写存储器。读取时不损坏原有内容，只有写入时才修改原来所存储的内容。断电后，存储的内容立即全部消失。依据存储元件结构的不同，RAM 又可分为静态 RAM（static RAM，SRAM）和动态 RAM（dynamic RAM，DRAM）。SRAM 是利用其触发器的两个稳定态来表示所存储的"0"和"1"，它集成度低、价格高，但存取速度快，常用来做高速缓冲存储器（Cache）。这是由于微机 CPU 工作频率的不断提高，RAM 的读/写速度相对较慢，为解决内存速度与 CPU 速度不匹配，从而影响系统运行速度的问题，故在 CPU 与内存之间设计了一个容量较小，但速度较快的高速缓存。这种技术使微机的性能大幅度提高。DRAM 是用半导体中分布电容上有无电荷来表示"0"和"1"。由于电容上分布的电荷会随着电容的漏电而消失，所以需要周期性地给电容充电，称为刷新。相对高速缓存来说，DRAM 的速度较慢，但集成度高、价格低。

② 外存储器又称辅助存储器（简称外存）。外存存储容量大，价格低，但存储速度较慢，一般用来存放大量暂时不用的程序、数据和中间结果。外存中的数据只有先调入内存后，才能被 CPU 访问和处理。外存主要由磁表面存储器和光盘存储器等设备组成。常用的外存有磁盘、光盘等。

a. 硬磁盘存储器（机械硬盘）。硬磁盘（hard disk）存储器简称硬盘。硬盘是由涂有磁性材料的合金圆盘组成，是微机系统的主要外存储器。

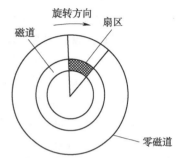

图 1-3　磁盘盘面结构

在磁盘上，信息是按磁道和扇区来存放的，磁盘的每一面都包含许多肉眼看不见的同心圆，盘上一组密度不同的同心圆环形成的信息区域称为磁道，它由外向内编号，最外层是零磁道，如图 1-3 所示。每磁道被划分成相等的区域，称为扇区，一般每个扇区的容量是 512 B。硬盘内部结构如图 1-4 所示。

硬盘有一个重要的性能指标是存取速度。影响存取速度的因素有：平均寻道时间、数据传输速率、盘片的旋转速度和缓冲存储器容量等。一般来说，转速越高的硬磁盘寻道的时间越短，数据传输速率也越高。

一个硬盘一般由多个盘片组成，盘片的每一面都有一个读写磁头。硬盘在使用时，要将盘片格式化成若干个磁道（称为柱面），每个磁道再划分为若干个扇区。当硬盘运行时，主轴底部的电动机带动主轴，主轴带动磁盘高速旋转。盘片高速旋转时带动的气流将磁盘上的磁头托起，磁头是一个质量很轻的薄膜组件，它负责盘片上数据的写入或读出。移动臂用来固定磁头，使磁头可以沿着盘片的径向高速移动，以便定位到指定的磁道，磁盘盘间的物理构造如图 1-5 所示。

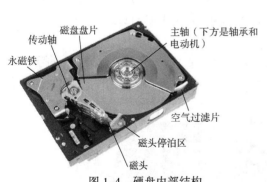

图 1-4　硬盘内部结构

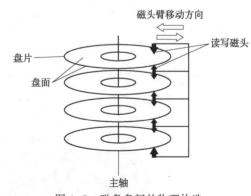

图 1-5　磁盘盘间的物理构造

硬盘的存储容量计算：

$$存储容量 = 磁头数 \times 柱面数 \times 扇区数 \times 每扇区字节数$$

b. 固态硬盘（solid state disk，SSD）又称固态驱动器，是用固态电子存储芯片阵列制成的硬盘。固态硬盘内主体其实就是一块 PCB（印制电路板），而这块 PCB 上最基本的配件就是主控制芯片、缓存芯片（部分低端硬盘无缓存芯片）和用于存储数据的 NAND Flash 闪存芯片。

主控芯片是固态硬盘的管理中枢，如果将整块固态硬盘当成一台小计算机，那主控芯片就是这台计算机的 CPU。闪存颗粒是固态硬盘中数据的真正存放地。而高速的缓存芯片辅助主控芯片进行数据处理。

固态硬盘具有传统机械硬盘不具备的快速读写、无噪声、质量小、能耗低、防震抗摔性以及体积小等特点，但其价格较高，容量较低，耐用性（寿命）相对较短，一旦硬件损坏，数据较难恢复等。

c. 光盘存储器。光盘（optical disc）存储器是一种利用激光技术存储信息的装置。目前，用于计算机系统的光盘有三类：只读光盘、可录光盘和可抹型（可擦写型）光盘。

- 只读光盘（compact disc-read only memory，CD-ROM）是一种小型光盘只读存储器。它的特点是只能写一次，而且是在制造时由厂家用冲压设备把信息写入的。写好后信息将永久保存在光盘上，用户只能读取，不能修改和写入。而 DVD-ROM 属于大容量只读外部存储器。
- 可录光盘（CD-R）可由用户写入数据，但只能写一次，写入后不能擦除修改。
- 可重写光盘（CD-RW）可由用户写入数据，也可以反复多次把旧数据删除后再次写入新数据。

CD 的后继产品为 DVD。DVD 高级光盘格式是蓝光光盘，它可以存储高品质的影音及高容量的数据。CD 的最大容量约是 700 MB；目前常用的 DVD 单面最大容量为 4.7 GB，双面为 8.5 GB；蓝光光盘单面单层的容量为 25 GB，双面是 50 GB。

d. 闪速存储器（flash memory）。闪速存储器是一种非易失型半导体存储器（通常称为 U 盘），即掉电后信息不丢失且存取速度快，采用 USB（通用串行总线）接口，支持热插拔。其中 USB 1.1 标准接口的传输速率是 12 Mbit/s，USB 2.0 标准接口的传输速率为 480 Mbit/s，USB 3.0 标准接口的传输速率为 5.0 Gbit/s，USB 3.1 标准接口的传输速率为 10 Gbit/s，USB 3.2 标准接口的传输速率为 20 Gbit/s，USB 4 标准接口的传输速率为 40 Gbit/s，今后还会不断提高。

（3）输入/输出设备

输入/输出设备简称 I/O（input/output）设备。用户通过输入设备将程序和数据输入计算机，而输出设备是将计算机处理的结果显示或打印出来。常用的输入设备有键盘、鼠标、扫描仪等。常用的输出设备有显示器、打印机、绘图仪等。磁盘驱动器既是输出设备也是输入设备。

① 常用输入设备有如下几种：

a. 键盘。键盘（keyboard）是用户与计算机进行交流的主要工具，是计算机最重要的输入设备，也是微型计算机必不可少的外围设备，如图 1-6 所示。

图 1-6　键盘

b. 鼠标。鼠标（mouse）又称鼠标器，也是微机上的一种常用输入设备，可控制显示屏上的各种图形界面，或完成某种特殊的操作。目前常用的鼠标有机械式和光电式两类。

另外，常用的输入设备还有图形扫描仪、条形码阅读器、光学字符阅读器、触摸屏以及手写笔等。

② 常用输出设备有如下几种：

a. 显示器。显示器按输出色彩可分为单色显示器和彩色显示器两大类；按其显示器件可分为阴极射线管（CRT）显示器和液晶显示器（LCD）等。液晶显示器的主要技术指标包括显示分辨率、显示速度、亮度和对比度。

屏幕的分辨率是由屏幕上显示的总点数（像素）来决定的，显示的点数（像素）越多，分辨率越高，显示的字符或图形也就越清晰细腻。因此，分辨率是显示器最主要的性能指标。例如：1 024×768 是指显示器的标准分辨率。

微型计算机的显示系统由显示器和显示卡组成。显示卡也称显示适配器。根据采用的总线标准不同，显示卡有 ISA、VESA、PCI、VGA、AGP、PCI-Express 等类型。

b. 打印机。打印机是计算机产生硬拷贝输出的一种设备，它能为用户在纸上保存计算机处理的结果。打印机的种类很多，按工作原理可分为击打式打印机和非击打式打印机。目前，微机系统中的针式打印机属于击打式打印机；喷墨打印机和激光打印机属于非击打式打印机。

- 针式打印机。针式打印机有 9 针和 24 针之分，目前使用较多的是 24 针打印机。针式打印机的主要特点是价格便宜、使用方便，但打印速度较慢、噪声大。
- 喷墨打印机。喷墨打印机是直接将墨水喷到纸上来实现打印。喷墨打印机价格低廉、打印效果较好，较受用户欢迎，但喷墨打印机使用的纸张要求较高、墨盒消耗较快。
- 激光打印机。激光打印机是激光技术和电子照相技术的复合产物。激光打印机正以速度快、分辨率高、无噪声等优势逐步进入微机外设市场，但价格稍高。

（4）总线

所谓总线（bus）就是系统部件之间传送信息的公共通道，各个部件由总线连接并经它相互通信。根据所连接部件的不同，总线可分为：

① 内部总线，又称片总线，是同一部件（如 CPU）内部连接各寄存器及运算部件的总线。

② 系统总线，是同一台计算机各部件（如 CPU、内存、I/O 接口）之间相互连接的总线。系统总线又分为数据总线（DB）、地址总线（AB）和控制总线（CB），分别传递数据、地址和控制信号。

③ 扩展总线，负责 CPU 与外围设备之间的通信。

◆ 任务三 微型计算机的软件系统

软件是计算机系统必不可少的组成部分。微机系统的软件分为系统软件和应用软件两类。系统软件是管理、监控、维护计算机资源（包括硬件与软件）的软件。一般包括操作系统、语言编译程序、数据库管理系统。应用软件是指计算机用户为某一特定应用而开发的软件。例如，文字处理软件、表格处理软件、绘图软件、过程控制软件等。

1. 系统软件

（1）操作系统（operating system，OS）

操作系统是最基本、最重要的系统软件。它负责管理计算机系统的全部软件资源和硬件资源，合理地组织计算机各部分协调工作，为用户提供操作和编程界面。操作系统包括处理器管理、作业管理、存储器管理、设备管理和文件管理五大基本功能模块。

操作系统最基本的两个特征是并发和共享。并发性是指两个或者多个事件在同一时间的间隔内发生，它是一个较为宏观的概念。在多道程序环境下，并发性是指在一段时间内有多道程序在同时运行，但在单处理机的系统中，每一时刻仅能执行一道程序，故微观上这些程序是在交替执行的。为了使程序能并发执行，系统必须分别为每个程序建立进程。多个进程之间可以并发执行和交换信息。一个进程在运行时需要一定的资源。在操作系统中引入进程的目的是使程序能并发执行。

进程是一个正在内存中被运行或执行的程序，是程序的一次执行过程，也是系统进行调度和资源分配的一个独立单位。它是一个程序与其数据一起在计算机上顺利执行时所发生的活动。简单地说，就是一个正在执行的程序。一个程序被加载到内存，系统就创建了一个进程，程序执行结束后，该进程也就消亡了。同一个程序被执行多次就会创建多个进程。一个程序可以被分解为多个进程共同完成程序的任务，这些被分解的不同进程就称为线程。

所谓共享是指系统中的资源可供内存中多个并发执行的进程共同使用。

根据操作系统的功能和使用环境，大致可分为以下几类：

① 单用户操作系统。计算机系统在单用户单任务操作系统的控制下，只能串行地执行用户程序，个人独占计算机的全部资源，CPU 运行效率低。

DOS 操作系统属于单用户单任务操作系统。

现在大多数的个人计算机操作系统是单用户多任务操作系统，允许多个程序或多个作业同时存在和运行。常用的操作系统中，Windows 10 和 Windows 11 是单用户多任务操作系统。

② 批处理操作系统。批处理操作系统是对一批作业处理，按一定的组合和次序自动执行的系统管理软件。它是以作业为处理对象，连续处理在计算机系统运行的作业流。这类操作系统的特点是：作业的运行完全由系统自动控制，系统的吞吐量大，资源的利用率高，但用户和正在运行的成批作业之间没有交互性，用户自己不能干预自己的作业的运行，发现作业错误不能及时改正。

③ 分时操作系统。分时操作系统使多个用户同时在各自的终端上联机使用同一台计算机，CPU 按优先级分配各个终端的时间片，轮流为各个终端服务，对用户而言，有"独占"这一台计算机的感觉。分时操作系统侧重及时性和交互性，使用户的请求尽量能在较短的时间内得到响应。如 UNIX、Linux 都属于交互式的分时操作系统。

④ 实时操作系统。实时操作系统是对随机发生的外部事件在限定时间范围内做出响应并对其进行处理的系统。实时操作系统中的"实时"即"立即"的意思，是一种时间性强、响应速度快的操作系统，DOS 操作系统属于实时操作系统。

实时操作系统广泛用于工业生产过程的控制和事务数据处理中，常用的系统有 RDOS 等。

⑤ 网络操作系统。为计算机网络配置的操作系统称为网络操作系统。它负责网络管理、网络通信、资源共享和系统安全等工作。常用的网络操作系统有 Windows Server 2019。

⑥ 分布式操作系统。分布式操作系统是用于分布式计算机系统的操作系统。分布式计算机系统是由多个并行工作的处理机组成的系统，提供高度的并行性和有效的同步算法和通信机制，自动实行全系统范围的任务分配并自动调节各处理机的工作负载。

（2）语言编译程序

人和计算机交流信息时使用的语言称为计算机语言或程序设计语言。用程序设计语言描述的、用于控制计算机完成某一特定任务的程序设计语言语句的集合称为程序。语句是程序设计中具有独立逻辑含义的单元,它可以分解为若干条计算机指令的集合。指令是给计算机下达的一道命令,一条指令包括操作码和操作数(或称地址码)两部分。编写指令的计算机语言通常分为机器语言、汇编语言和高级语言三类。

① 机器语言(machine language)。机器语言是一种用二进制代码"0"和"1"形式表示的,能被计算机直接识别和执行的语言。用机器语言编写的程序称为计算机机器语言程序。它是一种低级语言,用机器语言编写的程序不便于记忆、阅读和书写。通常不用机器语言直接编写程序。

② 汇编语言(assemble language)。汇编语言是面向机器的程序设计语言。在汇编语言中,用助记符(memoni)代替操作码,用地址符号(symbol)或标号(label)代替地址码。汇编语言的每条指令对应一条机器语言代码,不同类型的计算机系统一般有不同的汇编语言。用汇编语言编制的程序称为汇编语言程序,机器不能直接识别和执行,必须由"汇编程序"翻译成机器语言程序才能运行。汇编语言适用于编写直接控制机器操作的底层程序,它与机器密切相关,不容易使用。所以,汇编语言是一种依赖于机器的低级语言。

③ 高级语言(high level language)。高级语言是一种比较接近自然语言和数学表达式的计算机程序设计语言。高级语言的使用,大大提高了编写程序的效率,改善了程序的可读性。高级语言主要是相对于汇编语言而言的,它是较接近自然语言和数学公式的程序,基本脱离了机器的硬件系统,用人们更易理解的方式编写程序。因此,为了提高软件开发效率,开发软件时应尽量采用高级语言。用高级程序设计语言编写的程序称为"源程序",源程序不可直接运行。要在计算机上使用高级语言,必须先将该语言的编译或解释程序调入计算机内存,才能使用该高级语言。要把源程序翻译成机器指令,通常有编译和解释两种方式。

编译方式是将源程序编译成目标程序,然后通过与库函数的连接将目标程序生成可执行程序,也就是说,编译程序完成高级语言程序到低级语言程序的等价翻译,如 C 语言。解释方式是将源程序逐句翻译,翻译一句执行一句,边翻译边执行,由计算机解释执行程序自动完成,如 BASIC 语言和 Perl 语言。

用传统的结构化方法开发大型软件系统涉及各种不同领域的知识,在开发需求模糊或需求动态变化的系统时,所开发出的软件系统往往不能真正满足用户的需要。面向对象程序设计语言成为 20 世纪 90 年代后软件开发方法的主流,它是一种移植性较好的高级程序设计语言,例如:Java、Visual Basic 和 C++。面向对象的概念和应用已超越了程序设计和软件开发,扩展到很宽的范围。如数据库系统、交互式界面、应用结构、应用平台、分布式系统、网络管理结构、CAD 技术、人工智能等领域。

④ 数据库管理系统。数据库管理系统(database management system,DBMS)的作用是管理数据库。数据库管理系统是有效地进行数据存储、共享和处理的工具。数据库管理系统广泛应用于档案管理、财务管理、图书资料管理、仓库管理、人事管理等数据处理。

2. 应用软件

应用软件是用来管理、控制和维护计算机各种资源,并使其充分发挥作用,提高工效、方便用户的各种程序集合。

(1)通用软件

通用软件通常是为解决某一类问题而设计的。例如,文字处理软件 WPS、Word,表格处理软件 Excel 等。

(2)专用软件

专用软件是针对某一特殊功能专门开发的软件。如开发一个能自动控制车间里的车床的软件等。

项目三　数制及编码

数据是对客观事物的符号表示。如数值、文字、语言、图形、图像等都是不同形式的数据。信息既是对客观事物变化和特征的反映，又是事物之间相互作用、相互联系的表征。信息必须数字化编码，才能用计算机进行传送、存储和处理。数据是信息的载体，信息是数据处理之后产生的结果。信息有意义，而数据没有。

日常生活中，人们使用的数据一般是十进制表示的，而计算机中所有的数据都是使用二进制表示的。数制也称计数制，是指用一组固定的符号和统一的规则来表示数值的方法。通常是以十进制（D）来进行计算的。另外，还有二进制（B）、八进制（O）和十六进制（H）等。编码是采用少量的基本符号，选用一定的组合原则，以表示大量复杂多样的信息的技术。计算机是信息处理的工具，任何信息必须转换成二进制形式数据后才能由计算机进行处理、存储和传输。

◆ 任务一　数制的基本概念

常用的十进制数的数码为 0~9 共 10 个，进位规则是"逢十进一"。

十进制数 123.45 可以写成：

$$123.45 = 1 \times 10^2 + 2 \times 10^1 + 3 \times 10^0 + 4 \times 10^{-1} + 5 \times 10^{-2}$$

上式称为数值的按权展开式，其中 10^i 称为十进制数位的位权，10 称为基数。

由此可知，对于任意 R 进制数都有基数 R、位权 R^i 和按位权展开表示式。

① 基数（radix）：一个计数制所包含的数字符号的个数称为该数制的基数，用 R 表示。

② 位权：任何一个 R 进制的数都是由一串数码表示的，其中每一位数码所表示的实际值大小，除数字本身的数值外，还与它所处的位置（即数位）有关。数位是指数码在一个数中所处的位置，该位置上的基准值就称为位权（或称位值）。一般情况下，对于 R 进制数，整数部分第 i 位的位权为 R^{i-1}，而小数部分第 j 位的位权为 R^{-j}。

◆ 任务二　二进制数

二进制数和十进制数一样，也是一种进位计数制，但它的基数是 2，进位规则是"逢二进一"。数中 0 和 1 的位置不同，它所代表的数值也不同。例如，二进制数 1010 表示十进制数 10，如下所示：

$$(1010)_2 = 1 \times 2^3 + 0 \times 2^2 + 1 \times 2^1 + 0 \times 2^0 = 8 + 0 + 2 + 0 = (10)_{10}$$

◆ 任务三　其他进制数

下面主要介绍与计算机有关的常用的几种进位计数制。

1．八进制

具有 8 个不同的数码符号 0、1、2、3、4、5、6、7，其基数为 8；进位规则是"逢八进一"，例如：

$$(1011)_8 = 1 \times 8^3 + 0 \times 8^2 + 1 \times 8^1 + 1 \times 8^0 = (521)_{10}$$

2．十六进制

具有 16 个不同的数码符号 0、1、2、3、4、5、6、7、8、9、A、B、C、D、E、F，其基数为 16，十六进制数的特点是"逢十六进一"，例如：

$$(1011)_{16} = 1 \times 16^3 + 0 \times 16^2 + 1 \times 16^1 + 1 \times 16^0 = (4113)_{10}$$

◆ 任务四　不同进制数之间的转换

用计算机处理十进制数，必须先把它转换成二进制数才能被计算机所接受。同理，计算结果应将二进制数转换成人们习惯的十进制数。如果用 1 字节表示 1 个无符号整数，其取值范围是 0～255（2^8-1）；如表示 1 个有符号整数，其取值范围是 –128～127（-2^7～$+2^7-1$）。这就产生了不同进制数之间的转换问题。

1．十进制数与二进制数之间的转换

（1）十进制整数转换成二进制整数

把一个十进制整数转换为二进制整数的方法是：把被转换的十进制整数反复地除以 2，直到商为 0，所得的余数（从末位读起）就是这个数的二进制表示。简单地说，就是"除 2 取余法"。

例如，将十进制整数 $(215)_{10}$ 转换成二进制整数的方法如下：

```
                       余数
2 | 215                 1
  2 | 107               1
    2 | 53              1
      2 | 26            0
        2 | 13          1
          2 | 6         0
            2 | 3       1
                1       1
```

所以，$(215)_{10} = (11010111)_2$。

说明：了解了十进制整数转换成二进制整数的方法后，那么了解十进制整数转换成八进制整数或十六进制整数就很容易了。十进制整数转换成八进制整数的方法是"除 8 取余法"，十进制整数转换成十六进制整数的方法是"除 16 取余法"。

（2）十进制小数转换成二进制小数

十进制小数转换成二进制小数是将十进制小数连续乘以 2，选取进位整数，直到满足精度要求为止，简称"乘 2 取整法"。

例如，将十进制小数 $(0.6875)_{10}$ 转换成二进制小数的方法如下：

```
       0.6875
    ×)     2
    ─────────
       1.3750     整数=1
       0.3750
    ×)     2
    ─────────
       0.7500     整数=0
    ×)     2
    ─────────
       1.5000     整数=1
       0.5000
    ×)     2
    ─────────
       1.0        整数=1
```

将十进制小数 0.6875 连续乘以 2，把每次所进位的整数，按从上往下的顺序写出。于是，$(0.6875)_{10} = (0.1011)_2$。

说明：了解了十进制小数转换成二进制小数的方法后，那么了解十进制小数转换成八进制小数或十六进制小数就很容易了。十进制小数转换成八进制小数的方法是"乘8取整法"，十进制小数转换成十六进制小数的方法是"乘16取整法"。

（3）二进制数转换成十进制数

把二进制数转换成十进制数的方法是将二进制数按权展开求和。例如，将 $(10011.101)_2$ 转换成十进制数的方法如下：

$(10011.101)_2 = 1 \times 2^4 + 0 \times 2^3 + 0 \times 2^2 + 1 \times 2^1 + 1 \times 2^0 + 1 \times 2^{-1} + 0 \times 2^{-2} + 1 \times 2^{-3} = (19.625)_{10}$

说明：非十进制数转换成十进制数的方法是，把各个非十进制数按权展开求和即可，即把二进制数（或八进制数或十六进制数）写成2（或8或16）的各次幂之和的形式，然后再计算其结果。

―**提示**―
若在一个非零无符号二进制整数的后面增加一个零，则该数是原来数的2倍，依此类推，所增长的都是2的倍数；同理，若将一个二进制数末尾去掉一个零，则该数是原来数的1/2。

2．二进制数与八进制数之间的转换

二进制数与八进制数之间的转换十分简捷方便，它们之间的对应关系是：八进制数的每一位对应二进制数的三位。

（1）二进制数转换成八进制数

由于二进制数和八进制数之间存在特殊关系，即 $8^1 = 2^3$，因此转换方法比较容易，具体转换方法是将二进制数从小数点开始，整数部分从右向左三位一组，小数部分从左向右三位一组，不足三位用0补足，每组对应一位八进制数即可。

例如，将 $(10110101110.11011)_2$ 转换成八进制数的方法如下：

```
010    110    101    110  .  110    110
 ↓      ↓      ↓      ↓       ↓      ↓
 2      6      5      6       6      6
```

所以，$(10110101110.11011)_2 = (2656.66)_8$。

（2）八进制数转换成二进制数

以小数点为界，向左或向右每一位八进制数用相应的三位二进制数取代，然后将其连在一起即可。

例如，将 $(6237.431)_8$ 转换成二进制数的方法如下：

```
 6      2      3      7   .   4      3      1
 ↓      ↓      ↓      ↓       ↓      ↓      ↓
110    010    011    111     100    011    001
```

所以，$(6237.431)_8 = (110010011111.100011001)_2$。

3．二进制数与十六进制数之间的转换

（1）二进制数转换成十六进制数

二进制数的每四位，刚好对应十六进制数的一位，即 $16^1 = 2^4$，其转换方法是将二进制数从小数点开始，整数部分从右向左四位一组，小数部分从左向右四位一组，不足四位用0补足，每组对应一位十六进制数即可得到十六进制数。

例如，将二进制数 (101001010111.110110101)₂ 转换成十六进制数。

```
        1010    0101    0111  .  1101    1010    1000
          ↓       ↓       ↓        ↓       ↓       ↓
          A       5       7    .   D       A       8
```

所以，(101001010111.110110101)₂ = (A57.DA8)₁₆。

（2）十六进制数转换成二进制数

以小数点为界，向左或向右每一位十六进制数用相应的四位二进制数取代，然后将其连在一起即可。

例如，将 (AB.11)₁₆ 转换成二进制数。

```
          A       B    .   1       1
          ↓       ↓        ↓       ↓
        1010    1011   .  0001    0001
```

所以，(AB.11)₁₆ = (10101011.00010001)₂。

各进制数之间可以通过以上方法直接进行转换，也可以借助二进制作为桥梁来转换。

项目四　字符及汉字编码

前面已介绍过，计算机中的数据是用二进制表示的，那么输入/输出时，日常生活中用到的字符及汉字就要进行和二进制之间的转换处理，因此必须采用一种编码的方法，由计算机自己来承担这种识别和转换工作。

◆ 任务一　ASCII 码

计算机中，对非数值的文字和其他符号进行处理时，要对文字和符号进行数字化处理，即用二进制编码来表示文字和符号。字符编码（character code）是用二进制编码来表示字母、数字以及专门符号的。

在计算机系统中，有两种重要的字符编码方式：ASCII 和 EBCDIC。EBCDIC 主要用于 IBM 的大型主机，ASCII 用于微型机与小型机。目前计算机中普遍采用的是 ASCII（American Standard Code for Information Interchange）码，即美国信息交换标准代码。标准的 ASCII 码有 7 位，共 128 个元素，即用 7 个二进制位表示 0～127 的数值范围。在计算机中实际用 8 位二进制位存储一个 7 位的字符，最高位置"0"。表 1-1 列出了全部 128 个符号的 ASCII 码。例如，数字 0 的 ASCII 码为 48，大写英文字母 A 的 ASCII 码为 65，小写字母 a 的 ASCII 码为 97，空格的 ASCII 码为 32 等。扩展的 ASCII 码采用 8 位二进制表示，共有 256 种不同的编码。ASCII 码表见表 1-1。

表 1-1　ASCII 码表

ASCII 码	字符	ASCII 码	字符	ASCII 码	字符	ASCII 码	字符
0	NUL	5	ENQ	10	LF	15	SI
1	SOH	6	ACK	11	VT	16	DLE
2	STX	7	BEL	12	FF	17	DC1
3	ETX	8	BS	13	CR	18	DC2
4	EOT	9	HT	14	SO	19	DC3

续表

ASCII码	字符	ASCII码	字符	ASCII码	字符	ASCII码	字符
20	DC4	47	/	74	J	101	e
21	NAK	48（30H）	0	75	K	102	f
22	SYN	49	1	76	L	103	g
23	ETB	50	2	77	M	104	h
24	CAN	51	3	78	N	105	i
25	EM	52	4	79	O	106	j
26	SUB	53	5	80	P	107	k
27	ESC	54	6	81	Q	108	l
28	FS	55	7	82	R	109	m
29	GS	56	8	83	S	110	n
30	RS	57	9	84	T	111	o
31	US	58	:	85	U	112	p
32（20H）	空格	59	;	86	V	113	q
33	!	60	<	87	W	114	r
34	"	61	=	88	X	115	s
35	#	62	>	89	Y	116	t
36	$	63	?	90	Z	117	u
37	%	64	@	91	[	118	v
38	&	65	A（41H）	92	\	119	w
39	'	66	B	93	]	120	x
40	(	67	C	94	^	121	y
41	)	68	D	95	_	122	z
42	*	69	E	96	`	123	{
43	+	70	F	97	a（61H）	124	|
44	,	71	G	98	b	125	}
45	-	72	H	99	c	126	~
46	.	73	I	100	d	127	DEL

练习

① 若已知 A 的 ASCII 码是 1000001，求字母 Q 的 ASCII 码值。

② 请对数字、空格、小写字母和大写字母按照 ASCII 码从小到大的顺序排序。

◆ 任务二　汉字编码

汉字也是字符，与西文字符比较，汉字数量大、字形复杂、同音字多，这就给汉字在计算机内部的存储、传输、交换、输入、输出等带来了一系列的问题。为了能直接使用西文标准键盘输入汉字，必须为汉字设计相应的编码，以适应计算机处理汉字的需要。

汉字的输入、处理和输出的过程，实际上是汉字的各种编码之间的转换过程，或者说汉字编码在系统有关部件之间流动的过程。

各类汉字代码间的关系如图1-7所示。

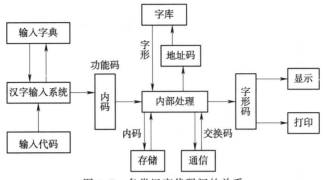

图1-7 各类汉字代码间的关系

1．国标码

1981年我国颁布了《信息交换用汉字编码字符集 基本集》（代号为GB 2312—1980），是国家规定的用于汉字信息处理使用的代码依据，这种编码称为国标码，也称为汉字信息交换码，是用于汉字信息处理系统之间或汉字信息处理系统与通信系统之间进行信息交换的汉字代码。一个国标码必须用两字节来表示，每字节的最高位为"0"。在国标码的字符集中共收录了6 763个常用汉字和682个非汉字字符（图形、符号），其中一级汉字3 755个，以汉语拼音为序排列；二级汉字3 008个，以偏旁部首进行排列。GB 2312—1980规定，所有的国标汉字与符号组成一个94×94的矩阵，在此方阵中，每一行称为一个"区"（区号为1～94），每一列称为一个"位"（位号为1～94），每一个汉字或符号在码表中都有唯一的位置编码，称为该字符的区位码。将一个汉字的区位码的区号和位号转换为十六进制数表示，然后加上2020H，即可得到该汉字的国标码。实际上，区位码也是一种输入法，其最大的优点是一字一码，是一种无重码输入法，缺点是难以记忆。

例如，区号是01、位号是01的汉字的区位码可表示为0101H，加上2020H后得到它的国标码是2121H；同理，可以得到国标码的编码范围是2121H～7E7EH。

2．机内码

汉字的机内码是计算机系统内部对汉字进行存储、处理、传输统一使用的代码，又称汉字内码。由于汉字数量多，一般用两字节来存放汉字的内码。汉字的国标码是按照汉字信息交换码的标准编码，但因其前后字节的最高位均为0，易与ASCII码混淆。因此，汉字的机内码采用变形的国标码，以解决与ASCII码冲突的问题。将国标码的两字节中的最高位置1，即为汉字输入机内码。一个汉字的国标码与其机内码之间的关系是：

$$机内码=国标码+8080H$$

例如，汉字"中"的国标码为5650H，即$(01010110\ 01010000)_2$，机内码为D6D0H，即$(11010110\ 11010000)_2$，也就是使该字的国标码的每字节的最高位由0置为1，即可转换为机内码。

3．汉字输入码

为将汉字输入计算机而编制的代码称为汉字输入码，又称外码。

目前，汉字主要是通过标准键盘输入计算机的，所以汉字输入码都是由键盘上的字符或数字组合而成的。流行的汉字输入码的编码方案已有许多，如全拼输入法、双拼输入法、自然码输入法、五笔字型输入法等。汉字输入码可分为音码、形码、音形结合码等几大类。

4. 汉字的字形码

目前汉字字形的产生方式大多是用点阵方式形成汉字，即用点阵表示的汉字字形代码。根据汉字输出精度的要求，有不同密度点阵。汉字字形点阵有 16×16 点阵、24×24 点阵、32×32 点阵等。汉字字形点阵中每个点的信息用一位二进制码来表示，"1"表示对应位置处是黑点，"0"表示对应位置处是空白。字形点阵的信息量很大，所占存储空间也很大，例如 16×16 点阵，每个汉字就要占 32 B（16×16÷8=32）；24×24 点阵的字形码需要 72 B（24×24÷8=72），因此字形点阵只能用来构成"字库"，而不能用来替代机内码用于机内存储。字库中存储了每个汉字的字形点阵代码，不同的字体（如宋体、仿宋、楷体、黑体等）对应着不同的字库。在输出汉字时，计算机要先到字库中去找到它的字形描述信息，然后再把字形输出。

5. 汉字地址码

汉字地址码是指汉字库（这里主要指字形的点阵式字模库）中存储汉字字形信息的逻辑地址码。汉字库中，字形信息都是按一定顺序（大多数按国标码中汉字的排列顺序）连续存放在存储介质上，所以汉字地址码也大多是连续有序的，而且与汉字内码间有着简单的对应关系，以简化汉字内码到汉字地址码的转换。

项目五　多媒体计算机

多媒体计算机是指能对多媒体信息进行获取、编辑、存取、处理、加工和输出的一种交互性的计算机系统。多媒体计算机系统一般由多媒体计算机硬件系统和多媒体计算机软件系统组成。

◆ 任务一　多媒体的概念

媒体在计算机领域中有两种含义：一是指用以存储信息的实体，如磁带、磁盘、光盘和半导体存储器；另一种是指多媒体技术中的媒体，即指信息载体，如文本、声音、视频、图形、图像、动画等。

多媒体是指能够同时对两种或两种以上媒体进行采集、操作、编辑、存储等综合处理的技术。所谓"综合处理"主要是指对这些媒体的录入，对信息进行压缩和解压缩及存储、显示、传输等。

多媒体计算机硬件系统包括多媒体计算机（如个人机、工作站、超级微机等）、多媒体输入/输出设备（如打印机、绘图仪、音响、电视机、录像机、录音机、喇叭、高分辨率屏幕等）、多媒体存储设备（如硬盘、光盘、声像磁带等）、多媒体功能卡（视频卡、声音卡、压缩卡、加电控制卡、通信卡）、操纵控制设备（如鼠标、键盘、操纵杆、触摸屏等）等装置。除计算机的硬件外，CD-ROM、音频卡、视频卡、音箱（或耳机）这四个是播放多媒体必备的硬件。

◆ 任务二　多媒体技术的特性

多媒体技术具有以下五种特性：

① 多样性：指计算机所能处理的信息从最初的数值、文字、图形扩展到声音和视频信息（运动图像）。视频信息的处理是多媒体技术的核心。

② 集成性：是指将多媒体信息有机地组织在一起，综合地表达某个完整内容。

③ 交互性：是指提供给人们多种交互控制能力，使人们获取信息和使用信息，变被动为主动。交互性是多媒体技术的关键特征。

④ 实时性：多媒体技术需要同时处理声音、文字、图像等多种信息，其中声音和视频图像还要求实时处理。因此，还需要能支持对多媒体信息进行实时处理的操作系统。

⑤ 数字化：是指多媒体中的各个单媒体都是以数字形式存放在计算机中。

随着多媒体技术的不断进步和发展，多媒体技术的应用领域已十分广泛，它不仅覆盖了计算机的绝大部分应用领域，同时还开拓了新的应用领域。例如，教育与训练、演示系统、咨询服务、信息管理、宣传广告、电子出版物、游戏与娱乐、广播电视、通信等领域。多媒体技术的应用将会渗透到每一个信息领域，使传统信息领域的面貌发生根本的变化。

◆ 任务三 媒体的数字化

1. 音频

音频文件通常分为两类：声音文件和 MIDI 文件。声音文件是指通过声音录入设备录制的原始声音，其常用格式有.mp3、.wav、.midi、.au、.voc、.aif 等；MIDI 是乐器数字接口的英文缩写，是数字音乐/电子合成乐器的统一国际标准，格式为.mid 或.rmi。

计算机系统通过传声器（又称话筒）输入声音信号，并对其进行采样、量化而将其转换成数字信号，然后通过音箱等输出设备输出。数字音频系统通过模/数（A/D）转换器将声波转成一串二进制数据来再现原始声音。这一过程中系统对声波进行每秒上万次采样，每次采样都记录下声波在某一时刻的状态样本，再将一连串样本连接起来，就可以描述完整的一段声波了。

每秒所采样的数目称为采样频率，单位为 Hz。采样频率是指录音设备在 1 s 内对声音信号的采样次数，采样频率越高，声音的还原性就越真实，效果越好。采样后的信号会转换为相应位数二进制数（量化位）表示的数值，量化位数越大，样本精度越高，声音质量就越好，声音文件就越大。采样和量化过程中使用的主要硬件是 A/D 转换器（模/数转换器）和 D/A 转换器（数/模转换器）。

常用的采样频率一般为 22.05 kHz、44.1 kHz、48 kHz 三个等级。22.05 kHz 能达到 FM 广播的声音品质，是比较低的，44.1 kHz 是理论上的 CD 音质界限，48 kHz 则更加精确一些。高于 48 kHz 的采样频率，人耳无法辨别出来。

采样位数可以理解为采集卡处理声音的解析度。数值越大，解析度越高，录制和回放的声音越真实。采集卡的位数是指采集卡在采集和播放声音文件时所使用数字声音信号的二进制位数。8 位代表 2^8，16 位则代表 2^{16}。例如：音频信号以 10 kHz 采样频率、16 位量化精度进行数字化，则每分钟的双声道数字化声音信号产生的数据量约为 2.4 MB。数字化声音的数据量的计算公式为（采样频率 Hz × 量化位数 bit × 声道数）/8，其单位为 B/s，即每秒产生的数据量约为（10 000 Hz × 16 bit × 2）/8B，所以 60 s 的数据量为 2 400 000 B，再除以 1 024 即 2.29 MB，如果简化，将 1 KB 按 1 000 算，则为 2.4 MB。

2. 视频

视频是由一连串相关的静止图像组成的，可以将一幅图称为一个帧，帧速率的单位为帧/s。目前，国际上流行的视频制式标准主要有：NTSC 制式、PAL 制式和 SECAM 制式。如 PAL 制式每秒显示 25 帧，NTSC 制式每秒显示 30 帧。这样可以计算采用 PAL 制式 1 s 640×480 像素 256 色视频存储空间为：640×480×8÷8×1×25 B=7 680 000 B，约为 7.3 MB。假如图像采用 24 位真彩色，那么 90 min 的电影需要 115.9 GB 的存储空间。

常见的视频文件格式有：.avi、.mov、.mpg 和.dat。

3. 图形和图像

图形是指从点、线、面到三维空间的黑白或彩色几何图形，又称矢量图形。矢量图形都是由计算机通过指令和程序生成，具有一定的规则性，大部分可以用数学公式描述。它的特点是放大后图像不会失真，和分辨率无关，文件占用空间较小，适用于图形设计、文字设计和一些标志设计、版式设计等。用来生成矢量图形的软件通常称为绘图软件。

图像的采样就是采集组成一幅图像的点（每个点就是一个像素），通过量化将采集到的信息转换成相应的数值（用几位二进制数表示，如8位、16位、24位、32位等）。动态图像是将静态图像以每秒 n 幅的速度播放（$n \geq 25$）。表达和生成图像通常有两种方法：点位图（像素表示，放大会变模糊）和矢量图（指令表示，放大不变模糊）。图像是像素的点构成的点位图，又称点阵图像。这些点可以进行不同的排列和染色以构成图样。当放大位图时，可以看见赖以构成整个图像的无数单个方块。扩大位图尺寸的效果是增大单个像素，从而使线条和形状显得参差不齐。相同条件下，位图所占空间比矢量图大。

图像文件的格式主要有：.bmp、.gif、.jpg、.jpeg、.png、.tiff、.dxf、.wmf，动态图像的视频文件格式主要有：.avi、.rm、.rmvb、.mpeg、.mp4、.mov 等。

◆ 任务四 多媒体数据压缩

多媒体信息数字化后，需存储、处理和传输的数据量非常庞大。所以，将原始数据压缩存储或以压缩形式传输来减少数据量。数据压缩包括无损压缩和有损压缩。

无损压缩是利用数据的统计冗余进行压缩，可完全恢复原始数据而不引入任何失真，但压缩率受到统计冗余度理论限制，一般为 2∶1 到 5∶1。多媒体应用中经常使用的无损压缩方法主要是基于统计的编码方案，如行程（run length）编码、哈夫曼（Huffman）编码、算术编码和字串表（LZW）编码等。其中算术编码虽然实现方法复杂一些，但编码的性能通常优于哈夫曼编码。算术编码有两个标准：JPEG 标准和 MPEG 标准。JPEG 标准是第一个针对静止图像压缩的国际标准；MPEG 标准规定了声音数据和电视图像数据的编码和解码过程、声音和数据之间的同步等问题。无损压缩常用的压缩工具有 WinRAR、WinZip 等。

有损压缩是指压缩后的数据不能够完全还原成压缩前的数据，与原始数据不同但是非常接近的压缩方法，又称破坏性压缩。以损失文件中某些信息为代价来换取较高的压缩比，其损失的信息多是对视觉和听觉感知不重要的信息，但压缩比通常较高，约为几十到几百。有损压缩常用于音频、图像和视频的压缩。常用的有损压缩方法有：预测编码、变换编码（主要是离散余弦变换方法）、基于模型编码、分形编码、适量量化编码等。

项目六 计算机病毒及其防治

◆ 任务一 计算机病毒的定义、特性、分类及危害

1. 计算机病毒的定义

计算机领域引入"病毒"的用法，只是对生物学病毒的一种借用，用于形象地刻画这些"特殊程序"的特征。计算机病毒，是指编制或者在计算机程序中插入的、破坏计算机功能或者毁坏数据、影响计算机使用，并能自我复制的一组计算机指令或者程序代码。

2．计算机病毒的特性

计算机病毒是一种特殊的破坏程序，与其他程序一样可以存储和执行，但它具有其他程序没有的特性。计算机病毒具有以下特性：

① 传染性：计算机病毒的传染性是指病毒具有把自身复制到其他程序中的特性。病毒可以附着在程序上，通过磁盘、光盘、计算机网络等载体进行传染，被传染的计算机又成为病毒的生存环境及新传染源。

② 潜伏性：计算机病毒的潜伏性是指计算机病毒具有依附其他媒体而寄生的能力。计算机病毒可能会长时间潜伏在计算机中，病毒的发作是由触发条件来确定的，在触发条件不满足时，系统没有异常症状。

③ 破坏性：计算机系统被计算机病毒感染后，一旦条件满足时病毒发作，就在计算机上表现出一定的症状。其破坏性包括：占用 CPU 时间、占用内存空间、破坏数据和文件、干扰系统的正常运行。病毒破坏的严重程度取决于病毒制造者的目的和技术水平。

④ 变种性：某些病毒可以在传播的过程中自动改变自己的形态，从而衍生出另一种不同于原版病毒的新病毒，这种新病毒称为变种病毒。有变形能力的病毒能更好地在传播过程中隐蔽自己，使之不易被杀毒程序发现及清除。有的病毒能产生几十种变种病毒。

3．计算机病毒的分类

计算机病毒分类的方法很多，按照破坏性可分为恶性病毒和良性病毒。按照感染方式可分为：引导区型病毒、文件型病毒、混合型病毒、宏病毒、Internet 病毒（网络病毒）。

（1）引导区型病毒

引导区型病毒通过读取 U 盘、光盘等移动存储介质感染硬盘的主引导记录，当硬盘的主引导记录感染病毒后，病毒会感染计算机中进行读/写的每个移动盘的引导区。

（2）文件型病毒

文件型病毒主要感染扩展名为.com、.exe、.drv、.sys 等可执行文件。通常寄生在文件的首部或尾部，并修改程序的第一条指令。

（3）混合型病毒

混合型病毒既可感染磁盘的引导区，也可感染可执行文件。这类病毒兼有以上两种病毒的特点，存活率和破坏性比前两种病毒都强。

（4）宏病毒

宏病毒是寄生在 Microsoft Office 文档或模板的宏中的病毒。它只感染 Word 文档文件或模板文件，与操作系统没有特别的关联。它能通过 E-mail 下载 Word 文档附件等途径传播。它使文件不能正常打印；修改文件名或存储路径等，最终导致文件不可用。

（5）Internet 病毒（网络病毒）

Internet 病毒大多是通过网络传播的，特别是 E-mail。"黑客"利用通信软件，通过非法手段进入他人计算机系统，盗取或篡改数据，危害计算机安全。

计算机安全是指计算机资产安全，即计算机信息系统资源和信息资源不受自然和人为有害因素的威胁和危害。一般说来，安全的系统会利用一些专门的安全特性来控制对信息的访问，只有经过适当授权的人，或者以这些人的名义进行的进程可以读、写、创建和删除这些信息。用户如果不小心执行了 E-mail 中附带的"黑客程序"，它就会驻留在内存，一旦该计算机连入网络，"黑客"就可以对该计算机系统"为所欲为"。因此，为防止外来的"黑客"，一般会在"计算机安全设置"时停用 Guest 账号，拒绝陌生人的访问。在网络中采用"防火墙"这种隔离技术，将内部网和公众访问网（如 Internet）分开。"防火墙"是指为了增强机构内部网络的安全性而设置在不同网络或网络安全域之间的一系列部件的组合。它可以通过监测、限制、更改跨越防火墙的数据流，尽可能地对外部屏蔽网络内部的信息、结构和运行状况，以此来实现网络的安全防护。

4．计算机病毒的危害

计算机病毒的危害是多方面的，归纳起来，大致可以分为如下几方面：

① 破坏硬盘的主引导区，使计算机无法启动。
② 破坏文件中的数据，删除文件。
③ 对磁盘或磁盘特定扇区进行格式化，使磁盘中信息丢失。
④ 产生垃圾文件，占据磁盘空间，使磁盘空间减少。
⑤ 占用 CPU 运行时间，使运行效率降低。
⑥ 破坏屏幕正常显示，破坏键盘输入程序，干扰用户操作。
⑦ 破坏计算机网络中的资源，使网络系统瘫痪。
⑧ 破坏系统设置或对系统信息加密，使用户系统紊乱。

◆ 任务二　计算机病毒的预防

计算机病毒及反病毒是两种以软件编程技术为基础的技术，它们的发展是交替进行的。因此，对计算机病毒以预防为主，防止病毒的入侵要比病毒入侵后再去发现和排除要好得多。

1．常用杀毒软件简介

检查和清除病毒的一种有效方法是使用各种防治病毒的软件。一般来说，无论是国外还是国内的杀毒软件，都能够不同程度地解决一些问题，但任何一种杀毒软件都不可能查杀所有病毒。反病毒是因病毒的产生而产生的，所以杀毒软件必须随着新病毒的出现而升级，增加查杀病毒的种类。反病毒是针对已知病毒而言的，并不是可以查杀任何种类的病毒。市场上已出现的常用杀毒软件有诺顿、卡巴斯基、瑞星杀毒、360 杀毒软件等。

2．预防计算机病毒的主要措施

计算机病毒主要通过移动存储介质和计算机网络两大途径进行传播。病毒侵蚀、人为窃取、计算机电磁辐射、计算机存储硬件损坏等因素都可导致计算机中存储数据丢失。因此，需要做好病毒防范措施，定期备份重要的数据，采取有效手段阻止病毒的破坏和传播，保护系统和数据的安全。主要措施有以下几点：

① 不随便使用外来软件，不随意复制不明 U 盘的数据，对外来 U 盘必须先检查、后使用。
② 浏览、下载文件时要选择正规网站，尽量不打开陌生的邮件。
③ 禁用远程功能，关闭不需要的服务。
④ 不要在系统引导盘上存放用户数据和程序。
⑤ 保存重要软件的复制件。
⑥ 对系统盘和文件设置写保护。
⑦ 定期对硬盘进行检查，及时发现病毒、消除病毒。
⑧ 采用杀毒软件、防火墙软件进行实时防护。

项目七 汉字输入

计算机是一个比较复杂的设备，它由许多部件组成，在使用计算机前必须要了解一些计算机的基本操作，掌握正确使用计算机的方法。

◆ 任务一 键盘的基本操作

键盘是最常用的输入设备，用户向计算机发出的命令、编写的程序等都要通过键盘输入到计算机中，使计算机能够按照用户发出的指令来操作，实现人机对话。

键盘是由一组矩阵方式的按键开关组成的。根据按键的原理不同，键盘可分为触点式按键和电容式按键；根据按键的多少又可分为 83 键、101 键、102 键、104 键键盘。通常把普遍使用的 101 键键盘称为标准键盘。现在常用的键盘在 101 键的基础上增加了 3 个用于 Windows 的操作键。有的键盘还增加了"Wake"唤醒键、"Sleep"转入睡眠键、"Power"电源管理键。

键盘功能区示意图如图 1-8 所示。

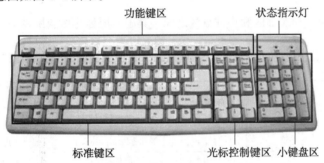

图 1-8 键盘功能区示意图

1. 标准键区

标准键区的主要功能是输入文字和符号。该部分有 26 个英文字母键 A～Z、10 个数字键 0～9、专用符号键（例如&、@、#、$等）、标点符号键（例如!、? 等），【Space】键、【Enter】键及一些特殊键（如【Shift】、【Ctrl】、【Tab】等）。其中常用键的功能见表 1-2。

表 1-2 标准键区常用键的功能

英 文 名	中 文 名	功 能
【Backspace】键	退格键	位于标准键区的最右上角。按下该键可使光标左移一个位置，同时删除当前光标位置上的字符
【Tab】键	制表定位键	Tab 是英文 Table 的缩写。每按下一次该键，光标向右移动 8 个字符
【Enter】键	确认键	按下该键表示开始执行所输入的命令，在录入时，按该键后，光标移至下一行
【Caps Lock】键	大写锁定键	按下该键时，可将字母键锁定为大写状态，而对其他键没有影响；再次按下该键时，即可解除大写锁定状态
【Shift】键	上档键	该键应与其他键同时使用，按住该键后，字母键均处于大写字母状态
【Ctrl】键	控制键	Ctrl 是英文 Control 的缩写。该键用于和其他键组合使用，可完成特定的控制功能
【Alt】键	转换键	Alt 是英文 Alternating 的缩写。该键和【Ctrl】键用法相似，不单独使用，在与其他键组合使用时产生一种转换状态。在不同的工作环境下，【Alt】键转换的状态也不同
【Windows】键		该键键面上刻着 Windows 窗口图案，在 Windows XP 操作系统中，按下该键后会打开"开始"菜单
【Space】键	空格键	键盘上最长的键，按下该键后，光标向右移动一个空格
快捷菜单键		该键位于标准键区右下角的【Windows】键和【Ctrl】键之间。在 Windows 操作系统中，按下此键后会弹出相应的快捷菜单，相当于右击操作

此外，在标准键区上还有八个基准键位，分别为【A】、【S】、【D】、【F】、【J】、【K】、【L】和【;】，其中的【F】键和【J】键称为原点键，这两个键的表面上刻有圆点或短横线，方便触摸定位。

键面上有两个符号的键称为双字键，如果要输入双字键上面的字符，需先按住【Shift】键，再按下相应的键。

2．小键盘区

小键盘区位于键盘的右下角，主要用于快速输入数字，其中大部分是双字键，上档键是数字，下档键具有编辑和光标控制功能。【Num Lock】键为数字键的控制键，当按下该键时，键盘右上角对应的指示灯亮，表明此时为数字输入状态；再按下该键，指示灯灭，表明此时为光标控制状态。

3．功能键区

在键盘的上方有12个功能键，即【F1】～【F12】键，用于完成某些特殊的操作，各键的功能依照不同的软件而定，并且用户可以自己定义各键的功能。

4．光标控制键区

光标控制键区位于标准键区和小键盘区之间，其中常用键的功能见表1-3。

表1-3　光标控制键区中常用键的功能

英 文 名	中 文 名	功　　能
【Print Screen/SysRq】键	屏幕打印键	按下该键可将当前屏幕复制到剪贴板，然后用【Ctrl+V】组合键可以把屏幕截图粘贴到目标位置
【Scroll Lock】键	屏幕锁定键	按下该键屏幕停止滚动，直到再次按下该键为止
【Pause Break】键	暂停键	同时按下【Ctrl】键和【Pause Break】键，可强行终止程序的运行
【Insert】键	插入键	该键用来转换插入和替换状态。在插入状态时，插入一个字符后，光标右侧的所有字符向右移动一个字符位置。再次按下【Insert】键，则返回替换方式
【Home】键	起始键	按下该键，光标移至当前行的行首。同时按下【Ctrl】键和【Home】键，光标移至当前页的首行行首
【End】键	终止键	按下该键，光标移至当前行的行尾。同时按下【Ctrl】键和【End】键，光标移至当前页的末行行尾
【Page Up】键	向前翻页键	按下该键后，可以翻到上一页
【Page Down】键	向后翻页键	按下该键后，可以翻到下一页
【Delete】键	删除键	每按一次该键，删除光标位置上的一个字符，光标右边的所有字符向左移一个字符位
【↑】键	光标上移键	按该键后，光标移至上一行
【↓】键	光标下移键	按该键后，光标移至下一行
【←】键	光标左移键	按该键后，光标向左移一个字符位
【→】键	光标右移键	按该键后，光标向右移一个字符位

◆ 任务二　鼠标的基本操作

鼠标的基本操作主要有如下几种：

① 单击鼠标左键：用右手食指轻点鼠标左键并快速松开，此操作用于选择对象。

② 右击：用右手中指按下鼠标右键并快速松开，此操作一般用于打开当前对象的快捷菜单。

③ 双击鼠标左键：用右手食指在鼠标左键上快速单击两次，此操作用于执行命令或打开文件等。

◆ 任务三 中文输入法使用

中文输入法是进行中文信息处理的前提和基础。根据汉字编码方式的不同，可以将中文输入法分为以下三类：

① 音码：通过汉语拼音来实现输入。对于大多数用户来说，这是最容易学习和掌握的输入法。但是，这种输入法需要的击键和选字次数较多，输入速度较慢。

② 形码：通过字形拆分来实现输入。这种输入法在使用键盘输入的输入法中是最快的。但是，需要用户掌握拆分原则和字根，不易掌握。

③ 音形结合码：利用汉字的语音特征和字形特征进行编码，音形码输入法需要记忆部分输入规则，也存在部分重码。

1. 文字的删除和插入

删除文字时，使用键盘上的光标移动键，把光标移动到要删除的文字右侧，再按【Backspace】键即可删除。

插入文字时，使用键盘上的光标移动键，把光标移动到插入文字处，输入文字即可。

2. 输入法的选择

在默认情况下，Windows 操作系统提供了六种汉字输入法，它们分别是微软拼音输入法、全拼输入法、双拼输入法、智能ABC输入法、区位输入法和郑码输入法。用户可以根据自己的习惯和需要，选择其中一种输入法。

在 Windows 环境中，默认状态下，用户可以使用【Ctrl+Space】组合键来启动或关闭中文输入法，使用【Ctrl+Shift】组合键来切换输入法。【Ctrl+Shift】组合键采用循环切换的形式，在各种输入法和英文输入方式之间依次进行转换。

选择输入法也可以通过单击任务栏上的代表输入法的"键盘"图标，在弹出的输入法快捷菜单中，选择要使用的输入法即可，如图 1-9 所示。

图 1-9 输入法快捷菜单

◆ 任务四 拼音输入法使用

拼音输入法具有易学易用的优点，只要掌握汉语拼音，就可以使用拼音输入法进行中文输入。但是由于重码率高等问题，拼音输入的速度较五笔字型等形码输入法要慢一些。

1. 智能 ABC 输入法状态条

智能 ABC 输入法是一种以汉语拼音为基础，以词组输入为主的普及型汉字输入法，具有易学易用和输入速度快等特点，是非专业汉字输入人员的一种较理想的输入方法。

输入法状态条表示当前的输入状态。在选择智能 ABC 中文输入法后，该状态条会显示在屏幕的左下角。它由"中英文切换"按钮、"输入方式切换"按钮、"全角/半角切换"按钮、"中英文标点切换"按钮和"软键盘"按钮五部分组成，如图 1-10 所示。

（1）软键盘按钮

右击智能 ABC 输入法的状态条的"软键盘"按钮，将会弹出软键盘各种类型符号的菜单，单击选择需要的一类符号类型，如图 1-11 所示。

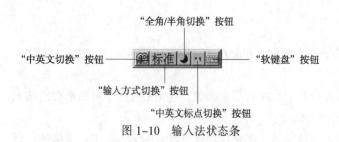

图 1-10　输入法状态条

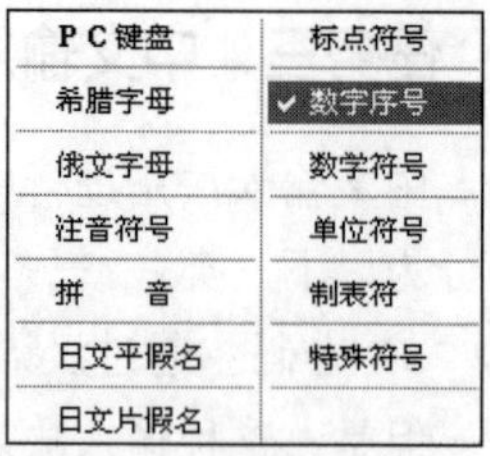

图 1-11　软键盘菜单

例如,输入罗马数字序号"Ⅳ"。选择快捷菜单的"数字序号"命令,将会在屏幕右下角弹出数字序号的软键盘,单击所需要的希腊字母键即可。如图 1-12 所示,其他特殊符号类推。

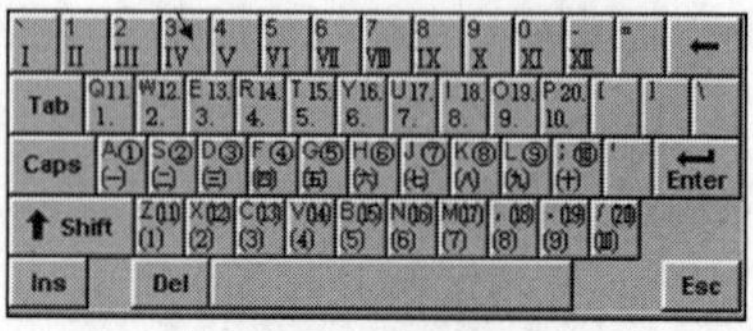

图 1-12　软键盘

(2)半角/全角标点符号的输入

文字录入时,一般输入的标点符号都是半角中文(即一个标点符号占半个汉字的宽度),如图 1-13 所示。但有时需要输入全角中文(即一个标点符号占一个汉字的宽度)。

方法是在输入法的状态条中,单击"全角/半角切换"按钮,即全角英文标点符号状态,再输入需要的标点符号,如图 1-14 所示。

图 1-13　半角中文标点符号状态 　　　　图 1-14　全角英文标点符号状态

2. 智能 ABC 输入法的使用

(1)常用单字输入

对于一些常用单字的输入,只需要输入单字拼音的首字母,单击【Space】键,选择汉字前对应的数字编号,如图 1-15 所示。如果没有所需的汉字,则用【Page Down】键查找即可。

(2)简拼输入

简拼即使用常用词组输入,可输入词组各个汉字拼音的首字母,单击【Space】键在备选框中选择。例如,输入"长"⇨"c",输入"的"⇨"d",输入"长城"⇨"cc",输入"不但"⇨"bd"等。智能 ABC 的词库有大约七万词条。常用的 5 000 个两字词建议采用简拼输入。

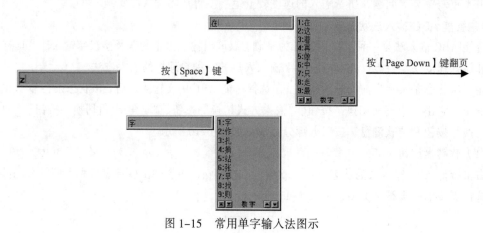

图 1-15　常用单字输入法图示

多字词组尤其适合采用简拼输入。例如，输入"计算机"⇨"jsj"，"国务院"⇨"gwy"，"百花齐放"⇨"bhqf"，"东山再起"⇨"dszq"，"国务院办公厅"⇨"gwybgt"。

（3）混拼输入

对不常用的词组，可采用混拼词组输入。输入词组的某个字简拼，另一个字的全拼。例如：输入"长城"⇨"ccheng"（第一个字简拼，第二个字全拼）或"changc"（第一个字全拼，第二个字简拼）。例如，输入"鼠标"⇨"shub"或"sbiao"。

（4）全拼输入

输入单字或词组用每个汉字的拼音全拼输入。例如，输入"长"⇨"chang"，"城"⇨"cheng"，"长城"⇨"changcheng"。

（5）音形输入

输入单字或词组也可采用拼音加笔形的输入方法。笔形码是用数字代替笔形，如下所示：1代表横，2代表竖，3代表撇，4代表捺，5代表横折，6代表竖折，7代表十字交叉，8代表方框。

例如，输入"长"⇨"chang3"，按【Space】键。

或输入"c3"，按【Space】键，可以得到汉语拼音 c 与汉字起笔是"撇"的所有汉字组合。

或输入"c31"，按【Space】键，可以得到汉语拼音 c 与汉字起笔是"撇"和第二笔是"横"的所有汉字组合。

输入"城"⇨"cheng7"或"c71"或"ch71"（全拼或简拼加上这个字的起笔和第二笔笔形，按【Space】键。

输入"长城"这个词，如果用全拼，输入"changcheng"需击键十次，如果用音形输入可输入"c3c"、"cc7"、"c3c7"、"c71"、"c31c"、"ch3c"、"cheng3c"或"ccheng7"，都可以得到"长城"这个词，最少只需击键三次。例如，输入"cc7"按【Space】键即可。

可以看出，采用音形结合的方法，可以减少同音字或同音词的重码率，还能减少击键次数，提高输入效率。

（6）纯笔形输入

智能 ABC 输入法还提供纯笔形输入法。方法是只需记住"横1、竖2、撇3、点4、折5、弯6、叉7、方8"八个笔形。输入"独体字"按书写顺序逐笔取码，输入"合体字"一分为二，每部分限取三码。一个字最多取六码。

例如，输入独体字，长⇨"3164"，石⇨"138"，上⇨"211"，人⇨"34"，主⇨"41"，刀⇨"53"，女⇨"631"，士⇨"71"，中⇨"82"，的⇨"3"。

例如，输入合体字，城⇨"71135"，锟⇨"311816"，炼⇨"433165"，魔⇨"41338"，雪⇨"1455"，谨⇨"467218"，谓⇨"4687"，薪⇨"724143"，曛⇨"81453"。

使用笔形输入汉字，不要死记硬背汉字的编码，因为笔形输入采用屏幕引导的方法，候选窗的汉字按照要输入汉字下一笔的笔画按横、竖、撇、点、折、弯、叉、方排列，字右面有对应的带圈数字，即汉字下一笔的编码，例如，输入"他"字，起笔是"撇"，输入"3"，第二笔是"竖"，在候选框中"他"字的右面编码是②，也就是说屏幕上引导用户输入"2"（"竖"笔画）。这样可以大大提高输入效率。

纯笔形输入还可以帮助用户输入不认识的汉字，代替查字典。例如，输入三个"龙"构成的"龘"字，这个字48画，不管是用部首查字法，还是数笔画查字，都会很费时。如果用纯笔形输入法，最多输入 6 笔，输入"齉"这个字，只需输入"414414"即可得到，同时还可以知道这个字的读音。如要输入"麓"字，输入"3454"即可得到。

3. 全拼输入法简介

全拼输入法是以《汉语拼音方案》为基础定义的简单易学的输入方法。它以汉字的拼音作为编码，也就是用汉字的读音（包括所有声母和韵母字符）作为汉字的编码。由编码规则可以看出，拼音输入法是重码较多的一种汉字输入方法。但是对用户来说，只要会使用拼音，发音正确，就可以输入汉字。例如，"几"字的汉语拼音是"ji"，则它的拼音输入码也就是"ji"，如图 1-16 所示。

4. 搜狗拼音输入法简介

搜狗拼音输入法（简称搜狗输入法、搜狗拼音）是搜狐公司推出的一款汉字拼音输入法软件，是目前国内主流的拼音输入法之一。搜狗输入法与传统输入法不同的是，采用了搜索引擎技术，是第二代的输入法。由于采用了搜索引擎技术，输入速度有了质的飞跃，在词库的广度、词语的准确度上，搜狗输入法都领先于其他输入法。

搜狗拼音输入法的标准状态条及各按钮的功能与智能 ABC 输入法类似，如图 1-17 所示。

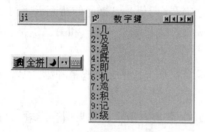

图 1-16　全拼输入法的输入窗口

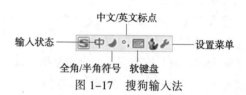

图 1-17　搜狗输入法

项目八　行业常用软件、技术及应用（以建筑类行业为例）

◆ 任务一　BIM 概述

建筑信息模型（building information modeling，BIM）是建筑学、工程学及土木工程的新工具。建筑信息模型或建筑资讯模型一词由 Autodesk 所创的。它是来形容那些以三维图形为主、物件导向、建筑学有关的计算机辅助设计。

BIM 技术是一种应用于工程设计、建造、管理的数据化工具，通过对建筑的数据化、信息化模型整合，在项目策划、运行和维护的全生命周期过程中进行共享和传递，使工程技术人员对各种建筑信息做出正确理解和高效应对，为设计团队以及包括建筑、运营单位在内的各方建设主体提供协同工作的基础，在提高生产效率、节约成本和缩短工期方面发挥重要作用。

BIM 技术是 Autodesk 公司在 2002 年率先提出，已经在全球范围内得到业界的广泛认可，它可以帮助实现建筑信息的集成，从建筑的设计、施工、运行直至建筑全生命周期的终结，各种信息始终整合于一个三维模型信息数据库中，设计团队、施工单位、设施运营部门和业主等各方人员可以基于 BIM 进行协同工作，有效提高工作效率、节省资源、降低成本、以实现可持续发展。

BIM 的核心是通过建立虚拟的建筑工程三维模型，利用数字化技术，为这个模型提供完整的、与实际情况一致的建筑工程信息库。该信息库不仅包含描述建筑物构件的几何信息、专业属性及状态信息，还包含了非构件对象（如空间、运动行为）的状态信息。借助这个包含建筑工程信息的三维模型，如图 1-18 所示，提高了建筑工程的信息集成化程度，从而为建筑工程项目的相关利益方提供了一个工程信息交换和共享的平台。

图 1-18 BIM

BIM 有如下特征：它不仅可以在设计中应用，还可应用于建设工程项目的全生命周期中；用 BIM 进行设计属于数字化设计；BIM 的数据库是动态变化的，在应用过程中不断在更新、丰富和充实；为项目参与各方提供了协同工作的平台。我国 BIM 标准正在研究制定中，研究小组已取得阶段性成果。

◆ 任务二　CAD 概述

CAD 是计算机辅助设计 computer aided design 的英文缩写，是目前国内最流行的辅助制图软件系统，广泛应用于土木建筑、装饰装潢、城市规划、园林设计、电子电路、机械设计、服装鞋帽、航空航天、轻工化工等诸多领域。

在效果图应用中，CAD 的作用主要在于精确制图，如图 1-19 所示。

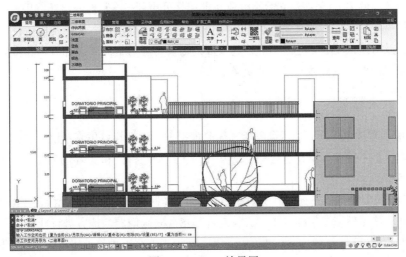

图 1-19 CAD 效果图

一是平面的参考，因为在很多园林景观效果图中，无法用 3D 来绘制精确的地形，一般的作法是将 CAD 绘制好的图导入 3ds Max 中作为参照。

二是绘制复杂图形，在制作效果图的过程中遇到较为复杂或者要求精确的图形在 3D 中难以完成，就要使用 CAD 来帮忙。

三是部分模型库的使用，CAD 的大量专业应用模块和软件决定了在某个领域和方面有其快捷和方便的特性，需要客观对待。

◆ 任务三　PKPM 概述

PKPM 是一个工程管理软件，除了建筑、结构、设备（给排水、采暖、通风空调、电气）设计于一体的集成化 CAD 系统以外，目前 PKPM 还有建筑概预算系列（钢筋计算、工程量计算、工程计价）、施工系列软件（投标系列、安全计算系列、施工技术系列）、施工企业信息化（目前全国很多特级资质的企业都在用 PKPM 的信息化系统），如图 1-20 所示。

图 1-20　PKPM

PKPM 在国内设计行业占有绝对优势，拥有用户上万家，市场占有率达 90%以上，现已成为国内应用最为普遍的 CAD 系统。它紧跟行业需求和规范更新，不断推陈出新，开发出对行业产生巨大影响的软件产品，使国产自主知识产权软件十几年来一直占据我国结构设计行业应用和技术的主导地位。及时满足了我国建筑行业快速发展的需要，显著提高了设计效率和质量，为实现建设部提出的"甩图板"目标做出了重要贡献。

◆ 任务四　VR 概述

VR（虚拟现实技术）是一种可以创建和体验虚拟世界的计算机仿真系统，它利用计算机生成一种模拟环境，是一种多源信息融合的、交互式的三维动态视景和实体行为的系统仿真，使用户沉浸到该环境中。

比如 VR 建筑安全体验是通过计算机模拟，结合 VR 眼镜实现了动态漫游及 VR 交互。体验人员通过虚拟现场施工环境了解体验项目，针对容易出现安全问题的地方进行现实演示，提前感受安全事故发生的全过程，了解安全问题的重要性。让施工安全防护培训更有针对性，不再进行"纸上谈兵"的安全教育，使施工的时候更加注意自己的人身安全，避免一些安全事故的发生，如

图 1-21 和图 1-22 所示。

图 1-21　教导体验者预防塔吊运输伤害

图 1-22　墙体坍塌 VR 体验，施工现场真实还原

◆ 任务五　3D 打印技术概述

3D 打印（3D printing）是一种以数字模型文件为基础，运用粉末状金属或塑料等可黏合材料，通过逐层打印的方式来构造物体的技术。

3D 打印通常是采用数字技术材料打印机来实现的。常在模具制造、工业设计等领域被用于制造模型，后逐渐用于一些产品的直接制造，已经有使用这种技术打印而成的零部件。该技术在珠宝、鞋类、工业设计、建筑、工程和施工（AEC）、汽车、航空航天、牙科和医疗产业、教育、地理信息系统、土木工程等领域都有所应用，建筑 3D 打印机如图 1-23 所示。

在建筑行业使用 3D 打印的原因：

1. 快速生产

建筑行业的 3D 打印意味着大大缩短了生产时间。这是因为机器本身非常快，它们能够在 24 h 内制造 600~800 ft^2（55~75 m^2）的房屋。甚至 3D 打印机的自动化，还可以消除人为错误。机器只需要进行监控，大多数生产过程不涉及任何人工帮助。

图 1-23　建筑 3D 打印机

2．几乎零材料浪费

在建筑行业中使用 3D 打印的主要优点是节省了大量的生产成本。打印中国传统凉亭只需 54 h，如图 1-24 所示，整体建造成本比传统建造成本低 20%左右。

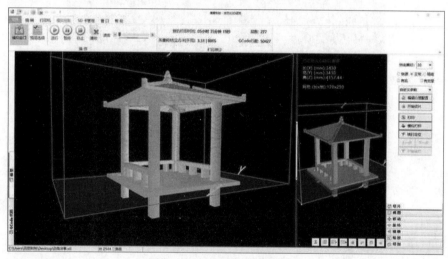

图 1-24　3D 打印凉亭建模

3．成本效益

如上所述，3D 打印技术可以使用更少的材料，并且涉及更少的人来构建建筑。同时 3D 打印也是一种快得多的技术，3D 打印机不需要吃饭或睡觉，它们可以 24 h 不间断工作。

4．创新设计

在建筑行业中使用 3D 打印的好处是它带来的所有创新解决方案。3D 打印技术可以改进项目规划，从建筑物的 CAD 计划开始，基于这些图纸，可以制作 3D 模型以满足客户的期望并向他们展示最佳的设计解决方案，如图 1-25 所示。

随着大规模的发展，3D 打印技术为我们提供了新的设计自由度，可以根据需求生产新的形状和解决方案。此外，一些机器甚至不需要电力，因为它们使用绿色能源，这意味着我们可以带着它到未开发区域建造房屋。

图 1-25　凉亭打印整体效果

◆ 任务六　3S 技术概述

3S 技术是遥感技术（remote sensing，RS）、地理信息系统（geography information systems，GIS）和全球定位系统（global positioning system，GPS）的统称，是测绘技术、摄影测量遥感技术、地图制图技术、图形图像技术、地理信息技术、计算机技术、专家系统和定位技术及数据通信技术的结合与综合应用。

3S 技术是提高工程建设、工程设计和施工管理项目决策质量、强化项目监管力度、提高行业工作水平和效率的一种有效手段。利用现代先进的 3S 测绘技术，不仅有利于工程项目规划建设过程中土地整理的潜力调查、专项规划以及土地整理项目管理等方面土地信息的采集，大幅度提高规划决策的实效性，还可以大幅度降低该过程中的人力、物力、财力的投入。

◆ 任务七　无人机技术概述

无人机技术是近年来得到迅猛发展并得到广泛应用的一种新型技术，无人机技术在多个行业多个领域得到有效应用，并发挥出独特的作用与优势。将无人机技术应用到建筑工程中来，能够利用无人机对整个建筑工程的总体施工情况进行监察，还可以利用无人机对难以使用常规方法进行施工或者监察的部位进行施工，从而达到良好整体施工效果。建筑的设计形式复杂多样，传统的测量技术无法满足新型建筑的测量工作要求，无人机测绘技术具有操作简单且应用灵活的特点，它能有效解决复杂地形以及极端环境地区的测量，进一步保证了建筑工程测量的准确性。

◆ 任务八　三维激光扫描技术概述

三维激光扫描技术是一门新兴的测绘技术，它突破了传统的单点测量方法，具有高效率、高精度的独特优势，因此被称为实景复制技术。

该技术是目前国内外测绘领域研究的热点之一，可以真正做到直接从实物中进行快速的逆向三维数据采集及模型重构，无须进行任何实物表面处理，就可深入到任何复杂的现场环境及空间中进行扫描操作，并直接将各种大型的、复杂的、不规则、标准、非标准等实体实景的三维数据完整地采集到计算机系统中，进而快速重构出目标的三维模型及线、面、体、空间等各种制图数据，并进行建筑设计以及恢复重建等方面的后处理。

◆ 任务九　智慧工地概述

智慧工地是指运用信息化手段，通过三维设计平台对工程项目进行精确设计和施工模拟，围绕施工过程管理，建立互联协同、智能生产、科学管理的施工项目信息化生态圈，并将此数据在虚拟现实环境下与物联网采集到的工程信息进行数据挖掘分析，提供过程趋势预测及专家预案，实现工程施工可视化智能管理，以提高工程管理信息化水平，从而逐步实现绿色建造和生态建造。

智慧工地将更多人工智能、传感技术、虚拟现实等高科技技术植入建筑、机械、人员穿戴设施、场地进出关口等各类物体中，并且被普遍互联，形成"物联网"，再与"互联网"整合在一起，实现工程管理干系人与工程施工现场的整合。智慧工地的核心是以一种"更智慧"的方法来改进工程各干系组织和岗位人员相互交互的方式，以便提高交互的明确性、效率、灵活性和响应速度。

单元二　中文操作系统 Windows 7

单元导读

在了解了计算机的一些基础知识后，还要了解操作系统的概念，Windows 的一个显著特点是采用了图形用户界面，把操作对象以形象化的图标显示在屏幕上，通过鼠标操作可以实现各种复杂的处理任务。Windows 7 是目前使用最广泛的操作系统，本章主要介绍中文版 Windows 7 的功能和使用方法。

重点难点

- 操作系统的基本概念、功能和分类。
- 操作系统的组成，文件、目录（文件夹）和路径的概念。
- Windows 文件、目录的基本操作，使用窗口、菜单和对话框。
- 常用系统设置和管理用户账户。

项目一　认识操作系统

操作系统（operating system，OS）是一组控制和管理计算机的系统程序，它专门用来管理计算机的软件、硬件资源，负责监视和控制计算机及程序处理的过程。

◆ 任务一　操作系统的基本概念

操作系统是计算机系统软件的核心，是用户和其他软件与计算机裸机之间沟通的桥梁，是所有应用软件运行的平台，只有在操作系统的支持下，整个计算机系统才能正常运行。操作系统统一管理计算机资源，合理地组织计算机的工作流程，协调系统各部分之间、系统与用户之间以及用户与用户之间的关系。操作系统为用户提供一个功能很强、使用方便的虚拟机器，因而也可将操作系统看成是用户与机器之间的接口。操作系统与用户、计算机裸机等的关系如图 2-1 所示。

图 2-1　操作系统与用户、计算机裸机等的关系

◆ 任务二　操作系统的主要功能

操作系统的主要功能是组织计算机的工作流程，管理中央处理器、内存、数据与外围设备，检查程序与计算机故障以及处理中断等。

1. 中央处理器管理

当有多个程序都要占用中央处理器时，则让其中一个程序先占用；如果一个程序运行结束或因等待某个事件而暂时不能运行时，则把中央处理器的使用权转交给另一个程序；当出现了一个比当前占用中央处理器的程序更重要、更迫切的可运行程序时，则强行中断当前运行的程序，把中央处理器让给有紧迫任务的程序，这便是操作系统的中央处理器管理功能。

2. 存储管理

存储管理就是根据用户程序的要求为用户分配内存空间。当多个用户程序同时被装入内存后，要保证各用户的程序和数据彼此互不干扰；当某个用户程序工作结束时，要及时收回它所占用的内存空间，以便再装入其他程序。

3. 设备管理

设备管理是指对计算机的外围设备（如磁带机、磁盘机等存储设备和显示器、键盘、打印机等输入/输出设备）的管理。操作系统的设备管理不仅实现了设备的启动，而且还对外围设备进行分配、回收、调度，并控制设备的输入/输出操作等，提供了一种统一调用外围设备的手段。

4. 文件管理

文件管理是指操作系统对计算机信息资源（软件资源）的管理。文件管理的任务就是管理好外存空间（磁盘）和内存空间，决定文件信息的存放位置，建立起文件名与文件信息之间的对应关系，实现文件的读、写等操作。

5. 作业管理

作业是指用户的一个计算问题或一个事务处理中要求计算机系统所做工作的集合。操作系统负责控制用户作业的进入、执行和结束的部分称为作业管理。作业管理提供"作业控制语言"，用户使用它来书写控制作业执行的操作说明书。同时，还为操作员和终端用户提供与系统对话的"命令语言"，用它来请求系统服务。

◆ 任务三　计算机操作系统的演变与发展

PC 操作系统的发展：

DOS→Windows 3.x → Windows 9x → Windows 2000 → Windows XP →Windows Vista → Windows 7 → Windows 10 → Windows 11

① MS-DOS 是美国 Microsoft 公司为 16 位字长计算机开发的、基于字符（命令行）方式的单用户、单任务的个人计算机操作系统。

② Windows 是 Microsoft 开发的一个多任务的操作系统，它采用图形窗口界面，使用户对计算机的各种复杂操作只需通过单击鼠标即可轻松地实现。

Windows 是"视窗"操作系统：采用了图形用户界面，把操作对象以形象化的图标显示在屏幕上，通过鼠标操作可以实现各种复杂的处理任务。

项目二　学习 Windows 7 操作系统

Windows 7 是微软推出的 PC 操作系统，它给人们带来了一个较新沟通的时代。它因界面友好、操作简单、功能强大、易学易用、安全性强等优点，而受到了广大用户的青睐。

Windows 7 可以在现有计算机平台上提供出色的性能体验，在硬件性能要求、系统性能、可靠性等方面，都颠覆了以往的 Windows 操作系统，是继 Windows XP 以来微软的另一个非常成功的产品。

1．易用性

Windows 7 的易用性体现于桌面功能的操作方式。

（1）全新的任务栏

Windows 7 全新的任务栏融合了快速启动栏的特点，单击任务栏中的程序图标可方便地预览各个窗口内容，并进行窗口切换。

（2）任务栏窗口动态缩略图

通过任务栏应用程序按钮对应的窗口动态缩略图标，用户可轻松找到需要的窗口。

（3）自定义任务栏通知区域

通过鼠标的简单拖动即可隐藏、显示和对图标进行排序。

（4）快速显示桌面

固定在屏幕右下角的"显示桌面"按钮可以让用户轻松返回桌面。

2．硬件基本要求（见表 2-1）

表 2-1　硬件基本要求

设备	最低要求	目前普通配置
CPU（主频）	1 GHz	3.7 GHz
内存（容量）	1 GB	8 GB
显卡	支持 DirectX 9	支持 DirectX 10 以上
硬盘（容量）	16 GB	1 TB
网络	有线或无线网格	必备网卡

◆ 任务一　系统安装

① 打开计算机，插入 Windows 7 安装光盘，重新启动计算机。

② 系统提示按键时，按任意键，然后按照出现的任何说明进行操作。（如果未出现"安装 Windows"页面，可能需要在 BIOS 设置中将光盘驱动器作为第一启动设备。）

③ 当出现"安装 Windows"页面时，单击"立即安装"按钮开始安装。

▎知识扩展 ▎

➢ Windows 7 操作系统有哪些安装方式？

Windows 7 操作系统的安装主要有四种途径，分别是：光盘安装、U 盘安装、硬盘安装、Ghost 安装。

① 光盘安装：由于光驱用户逐渐减少，光盘安装也越来越少。

② U 盘安装：通过微软官方的工具程序，生成系统安装 U 盘安装系统。

③ 硬盘安装：适合有一定基础的用户，需要第三方工具。

④ Ghost 安装：以恢复 Ghost 镜像的方式安装系统，多用于系统的完整恢复。

➢ 32 位和 64 位怎么选择？

> 不要盲目追求64位，4 GB以上的内存选择64位是必然的，可以更好地利用硬件资源。而对于有4 GB内存的计算机，则要根据自己经常运行的程序，如果大部分都是32位的，或者64位的程序比较小型，占用的资源较少，还是选择32位的操作系统较为合适。对于4 GB以下内存的用户，更倾向于32位的操作系统，采用64位操作系统因为占用着更多的内存，会造成系统和程序运行速度变得很慢。
>
> ➢ 不同版本安装起来有什么区别？
>
> 安装Windows 7，无论安装的是什么版本，都会将旗舰版的完整功能安装至计算机上，然后依照版本限制功能。如果用户想要使用更多功能的Windows 7版本时，可以使用Windows Anytime Upgrade购买高级版本，解除功能的限制。

◆ 任务二　Windows 7 的启动和退出

1. Windows 7 的启动

正确安装Windows 7后，打开计算机电源，计算机自动引导Windows 7系统。正常启动后，系统先显示一个欢迎界面，片刻后进入Windows 7的桌面，如图2-2所示。

图 2-2　Windows 7 桌面

2. Windows 7 的退出

当不再使用计算机时，应退出Windows 7并关机。退出Windows 7系统不能直接关闭计算机电源，因为Windows 7是一个多任务、多线程的操作系统，在前台运行某个程序的同时，后台可能也在运行着几个程序。这时，如果直接关闭电源，后台程序的数据和结果就会丢失。单击"开始"/"关机"按钮，以实现系统的正常关机，实施步骤如下：

① 单击左下角图标，打开"开始"菜单；

② 指向"关机"按钮（或指向旁边向右的箭头，还可选择"注销、锁定、重启"等选项）；

③ 单击，即可退出系统关闭计算机。

其他关机方式：【Ctrl+Alt+Delete】组合键；
　　　　　　　强制关机（按关机按钮 5 s）；
　　　　　　　野蛮关机（拔电源等切断电源方式）；
　　　　　　　其他关机方式（关机软件、定时关机等）。

3. Windows 7 的用户注销

支持多用户表示允许多个用户登录到计算机系统中。各个用户除了拥有公共系统资源外，还可拥有个性化的桌面、菜单、"我的文档"和应用程序等。

① 单击"开始"/"注销"按钮。
② "切换用户"是不注销当前用户的情况下重新登录。
③ "注销"是关闭当前用户

◆ 任务三　认识 Windows 7 的桌面

登录 Windows 7 后，首先看到的是 Windows 7 的桌面。所有的程序、窗口和图标都是在桌面上显示和运行的。Windows 7 的易用性体现于桌面功能的操作方式上。

1. 桌面图标

Windows 7 是一个崇尚个性的操作系统，它不仅提供了各种精美的桌面背景，还提供了更多的外观选择、不同的主题和灵活的声音方案等，让用户可以随意设置自己的个性桌面。桌面图标是具有明确指代含义的计算机图形，是功能标识。这些图标的作用如下：

① 计算机：用于管理用户的计算机资源。
② 回收站：用于放置被用户删除的文件或文件夹，以免错误的操作造成不必要的损失。
③ 网络：用于连接网络上的用户并进行相互之间的交流。
④ Administrator：用于管理用户的文档、图片、视频等的文件夹。

桌面上还常常放置应用程序的快捷方式图标。快捷方式是一个很小的文件，其中存放的是一个实际对象（程序、文件或文件夹）的地址，用户可使用快捷方式快速启动应用程序。快捷方式图标的左下角一般有一个黑色弧形箭头作为标志，如 。

2. 任务栏

Windows 7 的任务栏如图 2-3 所示，"任务栏"各项的名称和功能见表 2-2。

图 2-3　任务栏

表 2-2　"任务栏"各项的名称和功能

部　件	功　能
"开始"按钮	用于打开"开始"菜单执行 Windows 的各项命令
快速启动栏	用于一些常用工具的快速启动
应用程序区	用于多个任务之间的切换
指示器	显示显示器、音量、输入法和时钟等图标

◆ 任务四　Windows 7 的窗口的认识及操作

窗口是用户操作 Windows 的基本对象，也是 Windows 图形界面最显著的外观特征，窗口主要组成如图 2-4 所示。

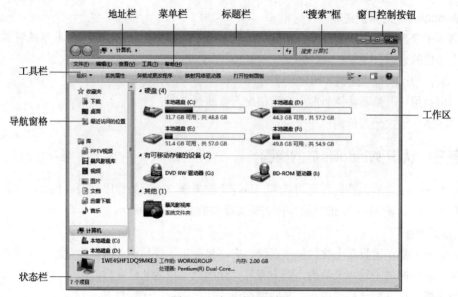

图 2-4　窗口主要组成

1．窗口组成

① 标题栏：位于窗口的顶部。标题栏上如果有文字，则是窗口的名称。右边是三个控制按钮，从左至右分别是窗口的"最小化"、"最大化"和"关闭"按钮。拖动标题栏可以移动窗口的位置。

② 地址栏：标题栏下边是地址栏，中间有一个长条文本框，表示现在所在的文件夹位置，单击旁边的下拉按钮可以切换位置。在路径名称左边有一个黑三角转到按钮，单击也可以切换到其他位置。

③ 菜单栏：位于地址栏的下面，它由多个菜单构成，每个菜单含有多个菜单选项，分别用于执行相应的命令。

④ "搜索"框：可以快速检索出指定范围内满足条件的对象。

⑤ 状态栏：位于窗口的底部，显示的是窗口状态信息。

2．窗口的操作

① 窗口的移动：把鼠标指针移动到一个打开窗口的标题栏上，按下鼠标左键不放，拖动鼠标，将窗口移动到要放置的位置，松开鼠标按键。

② 窗口的缩放：把鼠标指针移动到窗口的边框或窗口角上，鼠标光标会变为双箭头光标↖↘。按下鼠标左键不放，拖动鼠标使该边框到新位置，当窗口大小满足要求时，释放鼠标左键。

③ 窗口的关闭、最大化、最小化：单击窗口右上角的"关闭"按钮✖、"最大化"按钮▢、"最小化"按钮━，会执行相应操作。

3．对话框

对话框是系统和用户之间交互的界面，用户通过对话框向应用程序输入信息或做出选择，人与系统沟通的方法就是通过对话框询问实现的。图 2-5 所示为一个对话框的实例。

对话框中的各元素使用情况和功能如下：

① 微调框：单击其中的小箭头按钮，可以更改其中的数值，或从键盘输入数值。

② 下拉列表框：单击下拉按钮可以查看选项列表，再单击要选择的选项。

③ 复选框：可选择多个选项。单击标题，复选框中出现"√"符号，选项就被选中。

④ 文本输入框：可以在其中输入文本内容。

⑤ 单选按钮：单选按钮有多个选项，同一时间只能选择其中一项。

⑥ 滑块：用鼠标拖动滑块设置可连续变化的量。

⑦ 列表框：单击滚动箭头，可滚动显示列表，然后单击其中的项目。

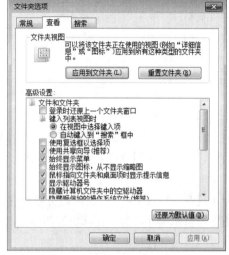

图 2-5 "文件夹选项"对话框

4．菜单栏、快捷菜单和工具栏

（1）菜单栏

菜单栏位于标题栏的下面，是程序应用功能、命令的集合。通常由多项和多层菜单组成，每个菜单又包含若干个命令，如图 2-6 所示。

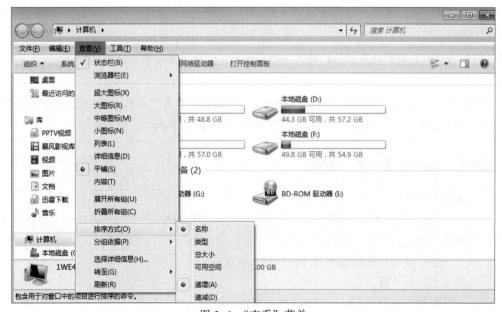

图 2-6 "查看"菜单

菜单中常常有一些特殊标记，其含义见表 2-3。

表 2-3　菜单命令的附带信息

菜单项附带的符号	举 例	符号所代表的含义
菜单后带省略号"…"	选项(O)…	执行菜单命令后将打开一个对话框，要求用户输入信息并确认
菜单前带符号"✓"	✓ 状态栏(S)	菜单选择标记，当菜单前有该符号时，表明该菜单命令有效。如果再单击，则消除该标记，该菜单命令项不再起作用
菜单前带符号"●"	● 详细资料(D)	在分组菜单中，菜单前带有该符号，表示该菜单项被选中
菜单后带符号"▶"	新建(N) ▶	表示该菜单有级联菜单，当鼠标指向该菜单项时，弹出下一级子菜单
菜单颜色暗淡时	删除(D)	表示该菜单命令项暂时无效，不可选用
菜单带组合键时	全选(L)　Ctrl+A	表示该菜单项有键盘快捷方式，按组合键可直接执行相应命令

（2）快捷菜单

快捷菜单又称辅助菜单，用于执行与鼠标指针所指对象（位置）相关的操作，它可以让用户更方便地执行命令。要显示一个快捷菜单，可将鼠标指针指向对象并右击。右击桌面的不同对象时，Windows 7 会选择最适合的命令出现在快捷菜单中。它就像是可移动的菜单栏，随着鼠标指针的位置出现。图 2-7 所示为在桌面"计算机"图标上右击后出现的快捷菜单。

（3）工具栏

工具栏是为了方便用户使用程序应用功能而设计的。直接单击各个工具按钮可以执行相应的菜单命令，免去频繁查找菜单中的命令。

图 2-7　快捷菜单

◆ 任务五　剪贴板简介

剪贴板是 Windows 系统为了传递信息在内存中开辟的临时存储区，通过它可以实现 Windows 环境下运行的应用程序之间的数据共享。通过剪贴板在应用程序间或应用程序内传递信息时，首先须将信息从源文档复制到剪贴板，然后再将剪贴板中的信息粘贴到目标文档中。

> 提示
>
> Windows 也可以将屏幕画面复制到剪贴板，在图形处理程序中粘贴加工。要复制整个屏幕，可按【Print Screen】键。要复制活动窗口，可按【Alt + Print Screen】组合键。

◆ 任务六　启动和退出应用程序

1．具体运行方式

在 Windows 下，用户可以有多种方式运行应用程序，具体使用何种运行方式，可以根据用户自己的爱好和习惯而定。启动应用程序方式主要有以下几种：

① 从"开始"菜单中选择应用程序的快捷方式运行。
② 使用桌面上的快捷方式运行程序。
③ 在"计算机"或"Windows 资源管理器"窗口中双击要运行的程序。
④ 选择"开始"/"运行"命令，输入应用程序的可执行文件路径和名称。

2．退出应用程序

运行多个程序，会占用大量的系统资源，使系统性能下降。当不需要某个应用程序运行时，应该退出这个应用程序，具体方式主要有如下几种：

① 通过关闭应用程序的主窗口来退出应用程序。

② 如果应用程序没有响应，可按【Ctrl + Alt + Delete】组合键，打开"任务管理器"，从中选择该应用程序，并单击"结束任务"按钮关闭该应用程序。

③ 在任务栏中右击要退出的应用程序，在弹出的快捷菜单中选择"关闭窗口"命令，即可退出应用程序。

3．应用程序间的切换

当用户同时打开多个程序后，可以随时调用自己所需要的程序，但在同一时间内只有一个程序窗口是活动的。当一个程序窗口为活动窗口时，称该程序处于前台，而所有其他的程序都处于后台。前台窗口标题栏的颜色比后台窗口标题栏的颜色深。如果后台窗口是可见的，单击该窗口则成为前台窗口。如果后台运行的程序窗口无法看到，可以采用下列两种切换方法：

① 使用任务栏中的应用程序窗口按钮。

② 按【Alt + Tab】组合键。

◆ 任务七 帮助系统及新增功能简介

在使用计算机的过程中，有时会遇到很多不懂的地方，例如有的术语不明白，有的功能没有掌握等。特别是对于一些较新的软件更是如此。通过使用帮助系统就可以很快获得需要的信息。

具体的操作方法是：选择"开始"/"帮助和支持"命令，即可显示"Windows 帮助和支持"窗口，如图 2-8 所示。还可以通过按【F1】键来激活帮助窗口。

通过使用控制面板就可以看到所有控制面板项窗口，可以获取新增功能。

图 2-8　"Windows 帮助和支持"窗口

具体的操作方法是：选择"开始"/"控制面板"命令，即可显示"所有控制面板项"窗口，如图 2-9 所示。

图 2-9　Windows 7 中的新增功能

◆ 任务八　在 Windows 中使用 DOS

要启动 MS-DOS 提示会话状态，可以选择"开始"/"所有程序"/"附件"/"命令提示符"命令。或者选择"开始"/"运行"命令，在弹出的"运行"对话框中输入 cmd。此时将弹出如图 2-10 所示的 MS-DOS 提示符会话窗口。可以看到命令行中有闪烁的光标，用户可以直接输入 DOS 命令。

图 2-10　MS-DOS 提示符会话窗口

关闭一个 MS-DOS 会话状态非常简单，只要在 MS-DOS 会话窗口中直接输入 exit 命令并按【Enter】键即可关闭 MS-DOS 会话窗口。在窗口模式下还可以按照关闭程序窗口的方法退出 MS-DOS 会话状态。可以通过按【Alt + Enter】组合键在会话窗口和全屏显示方式间切换。

项目三　Windows 资源管理器

Windows 7 为文件的各种操作提供了两种视图方式：一是"计算机"窗口界面；二是"Windows 资源管理器"界面。在这两种界面之间可以方便地切换。

"计算机"窗口中显示硬盘驱动器、光盘驱动器、控制面板、打印机等有效的驱动器和文件夹，从而可以对计算机中的全部硬件资源和软件资源进行管理。而资源管理器是 Windows 操作系统中一个用来管理文件和文件夹的工具程序，用户使用它可以迅速地对磁盘文件和文件夹进行复制、移动、删除和查找。为了方便文件的整理，资源管理器以倒立的树状结构来组织磁盘上的文件，与 DOS 中的目录树相似，如图 2-11 所示。所谓树状结构是指每棵树由树根开始都是"节"和"叶"的组合，"节"可以长出更多的"节"和"叶"，而"叶"则是树的末端。如图 2-12 所示，"资源管理器"窗口分为左、右两个窗格。

1. 打开 Windows 资源管理器

打开 Windows 资源管理器常用的方法有以下两种：

① 选择"开始"/"所有程序"/"附件"/"资源管理器"命令，打开"资源管理器"窗口。

② 右击"开始"按钮，在弹出的快捷菜单中选择"打开 Windows 资源管理器"命令，打开资源管理器窗口。

左窗格：导航窗格，又称文件夹树窗格。文件夹的左边有一个"▷"符号，表示此文件夹下包含子文件夹。当单击"▷"符号时,就会展开该文件夹。并且,该文件夹左侧的符号变为"◢"符号。当单击"◢"符号时,就会折叠该文件夹。

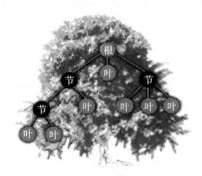

图 2-11　树状资源管理器

图 2-12　资源管理器

右窗格:文件列表窗格。当在左窗格中选定一个文件夹时,右窗格中就显示该文件夹中所包含的文件和子文件夹。

2．库

库是 Windows 7 系统最大的亮点之一,它彻底改变了文件管理方式,变得更为灵活方便。库和文件夹表面上看非常相似,但其实它们有本质区别,在文件夹中保存的文件或子文件夹都存储在该文件夹内。而库中存储的文件来自四面八方。

库提供了一种更加快捷的管理方式。例如,如果用户文档主要存在 E 盘。为了日后工作方便,用户可以将 E 盘中的文件都放置到库中。在需要使用时,只要直接打开库即可,不需要再去定位到 E 盘文件目录下。

添加文件到库的方法是:右击需要添加的目标文件,在弹出的快捷菜单中选择"包含到库中"命令,并在其子菜单中选择一项类型相同的"库"即可,如图 2-13 所示。如果 Windows 7 库中默认提供的模板、图片、文档、音乐这四种类型无法满足需求,可以通过新建库的方式增加库中类型。在"库"根目录下右击窗口空白区域,在弹出的快捷菜单中选择"新建"/"库"命令,输入类名即可。

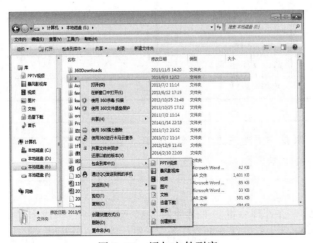

图 2-13　添加文件到库

3．文件的命名规则

文件一般是指存放在某种外部存储介质（如 U 盘、硬盘、光盘等）上的具有名字的一组相关信息的有序集合。从操作系统的角度而言，计算机的硬件设备又称文件，如显示器和打印机称为输出文件，键盘和扫描仪等称为输入文件。操作系统对计算机设备的管理是以文件为单位的。

文件的基本属性：文件名、类型、大小等。

文件名用来标识每一个文件，实现"按名字存取"，所以每个文件都必须有一个名字，而且在同一目录下的文件不能同名。文件名一般由主文件名和扩展文件名组成，它们之间用圆点分隔。

文件名格式为：〈主文件名〉[.〈扩展名〉]。

主文件名是必须有的，而扩展名是可选的，扩展名代表文件的类型。

例如：Myfirstfile.DOC。

① 允许文件或者文件夹名称不得超过 255 个字符；
② 文件名除了开头之外任何地方都可以使用空格；
③ 文件名中不能有下列符号："?"、"、"、"/"、"*"、"""、"""、"<"、">"、"|"等；
④ 文件名不区分大小写，但在显示时可以保留大小写格式；
⑤ 文件名中可以包含多个间隔符，如"我的文件.我的图片.001"。

文件的扩展名用于说明文件的类型，某些扩展名系统有特殊的规定，用户不能随意乱用和更改。扩展名也可以省略不用。常用的扩展名及其含义见表 2-4。

表 2-4　常用的扩展名及其含义

扩 展 名	文 件 类 型	扩 展 名	文 件 类 型
.avi	视频文件	.pptx	演示文稿文件
.bak	备份文件	.hlp	帮助文件
.bat	批处理文件	.inf	信息文件
.bmp	位图文件	.mid	乐器数字接口文件
.com	可执行命令文件	.mmf	Mail 文件
.dat	数据文件	.rtf	文本格式文件
.dck	传真文件	.scr	屏幕文件
.exe	可执行文件	.xlsx	Excel 文件
.docx	Word 文件	.txt	文本文件
.drv	驱动程序文件	.wav	声音文件

— 提 示 —

文件名中允许使用多个间隔符的扩展名，因此，在"重命名"有误时不会出现错误提示。另外，文件名或文件夹名不区分英文字母大小写。

4．通配符

Windows 操作系统允许处理一批文件时使用"*"和"?"，以组成多义文件名。使用字符"?"和"*"来替换其他字符，称为文件名的通配符。问号"?"替代该字符位置的任意一个字符，星号"*"替代字符位置的任意多个字符（即任意一串字符）。

例 1：A?.dll 表示主文件名由两个字符组成，第一个字符为 A，后一个为任意字符，扩展名为 .dll 的一类文件。如 A1.dll、AB.dll 等。

例 2：*.docx 表示扩展名为 .docx 的所有 Word 文件。

例 3：查找目标文件夹下第三个字母是 C 所有文本文件。可将搜索的文件名用 "??C*.txt" 来表示。

◆ 任务一　目录和路径简介

为了实现对文件的统一管理，同时又方便用户使用，Windows 采用树状结构的目录来实现对磁盘上所有文件的组织和管理。

1．树形目录结构

磁盘文件目录的树形结构是多级结构的。最高一级的目录只有一个，称为根目录。根目录下可以有子目录和文件。每级目录下可以包含低一级的子目录和文件，如图 2-14 所示。

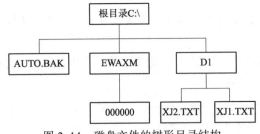

图 2-14　磁盘文件的树形目录结构

一个磁盘只有一个根目录，是在磁盘进行格式化时自动建立的，它以反斜线"\"表示。

2．目录名

除根目录外，每一级的子目录都要有一个名字，称为目录名。目录名的命名规则与文件的命名规则相同，但习惯上目录名一般没有扩展名。在同一个目录中不允许有相同的文件名和子目录名。

3．当前目录

当前目录是指用户当前正在进行文件操作的那个目录。

4．路径

路径就是要查找一个文件所必须提供能找到该文件的有效"线路"。路径用一连串反斜线"\"分隔开的子目录名表示。按照开始查找位置的不同，路径又分为绝对路径和相对路径。"绝对路径"是指从磁盘根目录出发，沿着用户提供的各级子目录名查找指定文件所确定的路径。在图 2-13 中，文件 000000 的绝对路径为 C:\EWAXM\000000。"相对路径"是从当前目录开始去查找指定的文件。例如，当前目录是\D1，则文件 XJ1.TXT 的相对路径为 D1\XJ1.TXT。

一个文件名的全称应该是：[盘符][路径]<主文件名>[.扩展名]。

◆ 任务二　文件和文件夹的管理

文件夹是存放文件的区域，和目录的意义相同。文件夹还可以含有文件或下一级文件夹，从而构成树状层次结构。

1．选定文件和文件夹

对文件或文件夹操作之前，通常要先选定它们。选择单个文件或文件夹的方法很简单，单击要选择的文件或文件夹即可。选定多个文件或文件夹的方法如下：

① 全部选定：选择"编辑"/"全选"命令（或按【Ctrl+A】组合键）。

② 选定不连续分布的文件或文件夹：按住【Ctrl】键，单击每一个要选定的对象即可。

③ 选定连续分布的文件或文件夹：先单击第一个要选定的对象，然后按住【Shift】键，单击要选定的最后一个对象即可。

打开文件或文件夹时，一般情况下双击选定文件或文件夹即可。

文件夹可以认为是分类管理各种不同资源的容器。文件夹中存放文件和子文件夹。

a. 当前打开的文件夹称为活动文件夹或当前文件夹；

b. 同级目录下不允许存放两个同名文件或子文件夹。

2．创建新文件夹和文件

新建文件夹的步骤如下：

① 在"资源管理器"左边的导航窗格中单击要在其中创建新文件夹的驱动器或文件夹，确定新建文件夹的位置。

② 选择"文件"/"新建"/"文件夹"命令，这时右边窗格的底部将出现一个名为"新建文件夹"的文件夹图标，如图 2-15 所示。

图 2-15　新建文件夹

③ 输入新文件夹的名称，按【Enter】键或用鼠标单击其他地方确认。

---提 示---

创建新文件的方法与创建新文件夹的方法相同，但注意在"新建"子菜单中选择正确的文件类型，不要与新建文件夹混淆。如在"新建"子菜单中选择"文本文件"命令，就可以新建一个文本文件。

3．移动/复制文件或文件夹

移动与复制的不同在于：移动时文件或文件夹从原位置被删除并被放到新位置，而复制时文件或文件夹在原位置仍然保留，仅仅是将副本放到新位置。

用菜单复制或移动文件和文件夹的方法如下：

在资源管理器的右窗格中选定要移动或复制的文件或文件夹。选择"编辑"/"复制"或"移动"命令,然后切换到目的文件夹,选择"编辑"/"粘贴"命令,即可完成文件的复制或移动。

> **提示**
>
> 最便捷的方法是用鼠标左键拖动要移动的文件或文件夹到目标位置,若拖动同时按住【Ctrl】键可实现复制操作。使用快捷键【Ctrl+C】(复制)、【Ctrl+X】(剪切)、【Ctrl+V】(粘贴)也可完成文件的复制。其他快捷键及对应操作见表2-5。

表2-5 其他快捷键及对应操作

快捷键	对应操作	快捷键	对应操作
【Ctrl+C】	复制	【Windows+Tab】	3D切换窗口
【Ctrl+X】	剪切	【Windows+D】	显示桌面
【Ctrl+V】	粘贴	【Windows+↑】	最大化窗口
【Ctrl+Z】	撤销	【Windows+↓】	还原/最小化窗口
【Delete】	删除	【Windows+←】	使窗口占据左侧一半的屏幕
【Shift+Delete】	彻底删除	【Windows+→】	使窗口占据右侧一半的屏幕

4. 删除文件或文件夹

选定要删除的文件或文件夹,选择"文件"/"删除"命令或按【Delete】键,如图2-16所示。弹出确认对话框,如果确定要删除,单击"是"按钮,否则单击"否"按钮。

① 逻辑删除:被删除的对象暂时存放在回收站中。

② 物理删除:对象从"回收站"中被清除或对象在文件夹窗口中按【Shift+Delete】组合键直接删除(不进入回收站)。

> **提示**
>
> 需要说明的是,这里的删除并没有把该文件真正删除,它只是将文件移到了"回收站"中,这种删除是可恢复的。如果删除的同时按住【Shift】键,则可将文件彻底删除。

图2-16 删除文件夹

删除的文件（文件夹）在回收站里的状态，如图 2-17 所示。

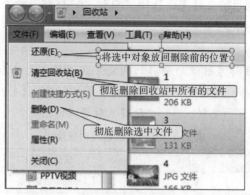

图 2-17　回收站文件（文件夹）状态

5．文件或文件夹的重命名

选定要重命名的文件或文件件，选择"文件"/"重命名"命令，这时文件名呈可修改状态，输入新的文件名，按【Enter】键或用鼠标单击其他位置确认，如图 2-18 所示。

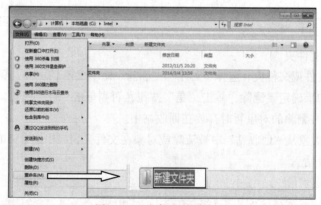

图 2-18　文件夹的重命名

6．显示和修改文件属性

Windows 7 中文件的属性有三种：只读、存档和隐藏。

① 只读：只能查看其内容，不能修改。如果要保护文件或文件夹以防被改动，可以将其标记为"只读"。

② 存档：表示是否已存档该文件或文件夹。某些程序用此选项来确定哪些文件需要备份。

③ 隐藏：表示该文件或文件夹是否被隐藏。隐藏后如果不知道其名称就无法查看或使用此文件或文件夹。通常为保护某些文件或文件夹不被轻易修改或复制才将其设为"隐藏"。

要显示和修改文件的属性，具体操作如下：

① 选择要显示和修改的文件。

② 选择"文件"/"属性"命令，弹出文件属性对话框，如图 2-19 所示。

③ 若要修改"只读"和"隐藏"属性，选中相应的属性复选框。当复选框带有选中标记时，表示对应的属性被选中，最后单击"确定"按钮。若要设置"存档"属性，需单击"新建

文件夹 属性"对话框中的"高级"按钮,在"高级属性"对话框中选择"可以存档文件夹"复选框即可。

图 2-19 设置文件属性

> **提 示**
>
> 若属性已经设置为"隐藏"的文件或文件夹在目标文件夹中找不到,可通过以下方法设置:选择"工具"/"文件夹选项"/"查看"选项卡,在"隐藏文件和文件夹"的选项中选择"显示所有文件和文件夹"单选按钮,使其完全显示后再做其他修改。

7. 查找文件或文件夹

在使用计算机的过程中,用户会不断创建新的文件或文件夹。当文件或文件夹越来越多时,有时很难准确知道某个文件或文件夹到底存放在磁盘的哪个地方。因此,利用工具来查找某个文件或文件夹就显得十分必要。Windows 7 内置有功能强大的查找工具,可以帮助用户方便地查找文件、文件夹、计算机等。可按以下两种方法来执行"查找"命令。重点介绍第二种方法。

方法一:在"开始"菜单中的"搜索程序和文件"文本框中,输入要查找的对象。

方法二:首先,确定检索范围,然后直接在检索栏中输入检索关键词即可。检索完成后,系统会以高亮形式显示与检索关键词匹配的记录,让用户更容易锁定所需结果。

Windows 7 中利用搜索筛选器可以轻松设置检索条件,缩小检索范围。使用时,在检索栏中直接单击搜索筛选器,选择需要设置参数的选项,直接输入恰当条件即可,如图 2-20 所示。

"模糊搜索"是使用通配符"*"或"?"代替一个或多个位置字符来完成检索操作的方法。其中"*"代表任意数量的任意字符,"?"仅代表某一位置上的一个字母(或数字)。

图 2-20 搜索文件

为提高搜索效率,也可按照文件的修改时间或大小进行快速搜索。选择"搜索"工具栏下拉列表中的"修改日期"或"大小"命令即可。

"修改日期"选项卡:查找在一个指定日期范围内,或者在前几天到前几个月中创建或修改的文件。

"大小"选项卡:查找在一个指定大小范围内的文件。

> **提 示**
>
> 查找指定的文件或文件夹时,先将查找范围确定在目标文件夹中,也就是先打开目标文件夹,再单击"搜索"按钮,这样可以简化操作步骤。

8. 创建快捷方式

快捷方式使得用户可以快速启动程序和打开文档。在 Windows 中,许多地方都可以创建快捷方式,例如桌面上或文件夹中。快捷方式图标和应用程序图标几乎是一样的,只是左下角有一个小箭头。快捷方式可以指向任何对象,如程序、文件、文件夹、打印机或磁盘等。

可以使用"创建快捷方式"向导创建快捷方式。例如,要在目标文件夹中创建一个快捷方式,步骤如下:

在目标文件夹中选择"文件"/"新建"/"快捷方式"命令,弹出"创建快捷方式"对话框,再根据向导的提示完成创建工作,如图 2-21 所示。快捷方式可以被删除和重命名,方法与命名文件相同。

图 2-21 "创建快捷方式"对话框

> **提 示**
>
> 以上所有操作可通过右击对象,在弹出的快捷菜单中找到相关命令,快速完成对应的操作。

练习

① 在 E:\ 下建立文件夹 FORM 和名为 LX 的文本文件,并在文件夹 FORM 中新建一个文件夹 SHEET。

② 将 LX 文件移动到文件夹 SHEET 中,并将其改名为 SWEAM.ASW。

③ 将文件夹 SHEET 的属性设置为隐藏,并取消 SWEAM.ASW 的隐藏属性,将其属性修改为只读和存档。

④ 在文件夹 FORM 中建立文件 SWEAM.ASW 的快捷方式,并更名为 SWEAM。

⑤ 在文件夹 FORM 中搜索第三个字母是 E 的文件,并将其删除。

◆ 任务三 磁盘管理

Windows 7 中有关磁盘格式化、复制和重命名等操作也都可以通过"计算机"或"资源管理器"窗口完成。

1. 磁盘格式化

通常，新磁盘在使用前必须先格式化（当然有些磁盘出售前已被格式化过）。格式化磁盘是对磁盘的存储区域进行一定的规划，以便计算机能够准确地在磁盘上记录或提取信息。格式化磁盘还可以发现磁盘中损坏的扇区，并标识出来，避免计算机向这些坏扇区上记录数据。

格式化磁盘的步骤如下：

① 在"计算机"窗口中右击要格式化的磁盘（如 F 盘）。

② 在弹出的快捷菜单中选择"格式化"命令，弹出如图 2-22 所示的对话框。

③ 在"容量"下拉列表中选择要格式化的磁盘大小。

④ 在"文件系统"下拉列表中选择要格式化的类型。

⑤ 单击"开始"按钮，系统开始进行磁盘格式化。

2. 浏览和改变磁盘的设置

要浏览和改变磁盘的设置，在"计算机"窗口中右击磁盘盘符（如 C:\），在弹出的快捷菜单中选择"属性"命令，弹出如图 2-23 所示的对话框。磁盘属性对话框中包含多个选项卡。

图 2-22　格式化磁盘

图 2-23　磁盘属性对话框

①"常规"选项卡：从中可以查看磁盘有多少存储空间，用了多少以及还剩多少。如果要改变或设置磁盘卷标，可在"卷标"文本框中输入卷标的名称。如果要对磁盘进行整理，可以单击"磁盘清理"按钮。在 Windows 7 中，磁盘碎片整理工作是由系统自动完成的，但用户也可根据需要手动进行整理。

②"工具"选项卡：从中可以进行磁盘的诊断检查、备份文件或整理磁盘碎片以提高访问速度。

③"硬件"选项卡：显示所使用磁盘的设备属性。

④"共享"选项卡：设置磁盘、文件夹在网络中的共享方式。

项目四 "回收站"的使用

回收站是硬盘上的特殊文件,用来存放用户删除的文件。通过"回收站"的"文件"菜单,可以将删除到回收站的文件恢复到原位置,也可永久删除。

从 Windows 7 中删除文件或文件夹时,所有被删除的文件或文件夹并没有完全删除,而是临时存放在"回收站"中。利用"回收站",可以对偶然误删除的文件或文件夹进行恢复。双击桌面上的"回收站"图标可打开其窗口,如图 2-24 所示。

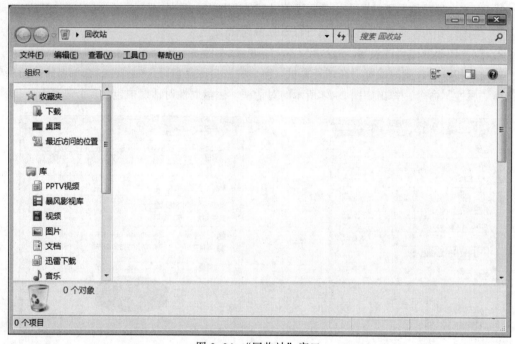

图 2-24 "回收站"窗口

1. 恢复文件或文件夹

具体方法如下:

① 从"回收站"窗口中找到要恢复的文件或文件夹并选中。

② 选择"文件"/"还原"命令,文件或文件夹就恢复到原来的位置。

2. 清空"回收站"

如果要永久性删除所有的文件或文件夹,可以选择"文件"/"清空回收站"命令。文件被永久性删除后,不能再恢复。

项目五 Windows 7 控制面板

"控制面板"是一个包含了大量系统工具的文件夹。用户可以用其中的工具来调整和设置系统的各种属性。例如,改变硬件的设置,安装新的软件和硬件,设置时间、日期等。

选择"开始"/"控制面板"命令,可打开"控制面板"窗口,如图 2-25 所示。

图 2-25 "控制面板"窗口

◆ 任务一 桌面设计

Windows 7 提供了丰富的桌面元素,使用户可以随心所欲地"绘制"属于自己的个性桌面。

(1)桌面外观设置

右击桌面空白处,在弹出的快捷菜单中选择"个性化"命令,打开"个性化"面板,或在"控制面板"中选择"外观和个性化"/"更改主题"命令,如图 2-26 所示。在 Aero 主题下预置了多个主题,直接单击所需主题即可改变当前桌面外观。

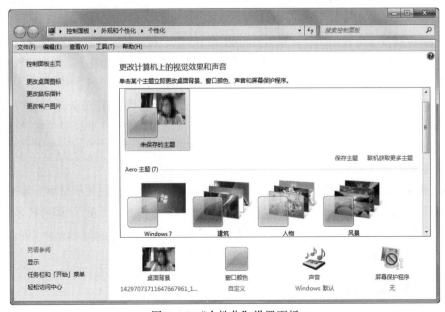

图 2-26 "个性化"设置面板

（2）桌面背景设置

自定义个性化桌面背景的操作步骤如下：

① 单击图 2-26 中的"桌面背景"图标或在"控制面板"中选择"外观和个性化"/"更改桌面背景"命令，打开"桌面背景"面板，如图 2-27 所示，选择单张或多张系统内置图片。

图 2-27 "桌面背景"面板

② 若选择了多张图片作为桌面背景，图片会定时自动切换。可以在"更改图片时间间隔"下拉列表中设置切换间隔时间，也可以选择"无序播放"选项实现图片随机播放，还可以通过"图片位置"设置图片显示效果。

③ 单击"保存修改"按钮完成操作。

（3）桌面小工具使用

Windows 7 提供了时钟、天气、日历等一些好用的小工具。右击桌面空白处，在弹出的快捷菜单中选择"小工具"命令，打开"小工具"管理面板，直接将要使用的小工具拖动到桌面即可。

Windows 7 内置了 10 个小工具，用户还可以从微软官方网站下载更多的小工具。

在"小工具"管理面板中单击右下角的"联机获取更多小工具"，打开 Windows 7 个性化主页的小工具分类页面，可以获取更多的小工具。如果想彻底删除某个小工具，只要在"小工具管理面板"中右击某个需要删除的小工具，在弹出的快捷菜单中选择"卸载"命令即可。

（4）便利贴

便利贴就是便笺，用于随时记录想要记录的信息。Windows 7 中，便利贴小工具被集成在计算机中。打开便利贴的具体操作是：在"开始"菜单搜索框中输入"便笺"，即可打开"便利贴"小工具。单击便笺左上角的 ➕ 按钮即可添加新的空白便笺；单击右上角 ✖ 按钮可删除当前便笺。在便笺上右击，可以为便笺设置不同的颜色以便于区分。

◆ 任务二 系统属性设置

要显示系统属性，可在"控制面板"中选择"系统和安全"/"系统"命令，弹出如图 2-28

左图所示的窗口。单击该窗口右下角的"更改设置"按钮,弹出"系统属性"对话框,如图 2-28 右图所示。在"系统属性"对话框中查看修改计算机硬件设置,查看设备属性及硬件配置文件。

图 2-28 "系统属性"查看和设置

◆ 任务三 打印机安装和使用

如果用户需要使用打印机,便需要安装打印机。选择"开始"/"设备和打印机"命令。也可以通过"控制面板"上的"硬件和声音"/"查看设备和打印机"命令,打开"设备和打印机"窗口,如图 2-29 所示。单击窗口中的"添加打印机"按钮,便打开了"添加打印机"窗口,然后按照向导的提示,一步步完成安装工作。

图 2-29 "设备和打印机"窗口

知识扩展

➢ 怎么选打印机?

打印机按工作方式分为针式、喷墨式和激光打印机等。

分辨率是衡量打印机质量的主要指标,一般指最大分辨率。分辨率越大,打印质量越好。分辨率用每英寸内打印的点数来衡量。分辨率越高,输出时间也就越长,售价越贵。

幅面是衡量打印机输出页面大小的指标,常见的幅面是 A3、A4、A5 等。

接口类型是指打印机与计算机之间采用的接口类型,常见的有并行接口和 USB 接口。现在市场上也有了支持 Wi-Fi 连接的打印机,可以通过 Wi-Fi 网络直接打印。

◆ 任务四 卸载应用程序

Windows 7 提供了卸载应用程序的工具。该工具能彻底快捷地删除已安装的应用程序，也可以查看或卸载更新程序。

在控制面板中，选择"程序"/"卸载程序"命令，就会打开如图 2-30 所示的窗口。在程序列表框中选择要删除的应用程序，然后单击"卸载"按钮，Windows 开始自动删除该应用程序。

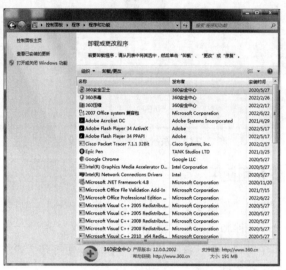

图 2-30 "卸载程序"窗口

一般软件都有卸载程序，软件不需要时一定要执行卸载程序来删除，直接删除程序的文件夹一般不会完全删除掉该程序。

◆ 任务五 中文输入法的设置

右击语言栏，在弹出的快捷菜单中选择"设置"命令，弹出"文本服务和输入语言"对话框，如图 2-31 所示。在"常规"选项卡中用户可使用该对话框的"添加"和"删除"按钮来修改语言指示器中的输入法；在"高级键设置"选项卡中可更改按键顺序。

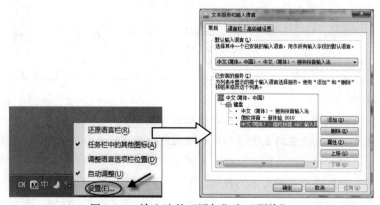

图 2-31 输入法的"添加"和"删除"

◆ 任务六　系统日期和时间设置

在控制面板中选中"时钟、语言和区域"/"日期和时间"/"设置日期和时间"命令，可在弹出的"日期和时间"对话框中进行系统日期和时间的设定，如图 2-32 所示。

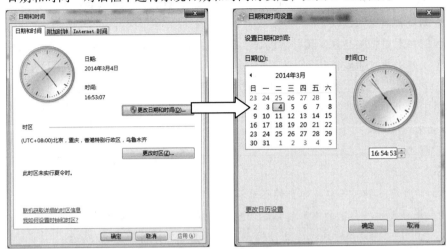

图 2-32　设置"日期和时间"对话框

项目六　Windows 附件

◆ 任务一　"画图"程序使用

"画图"程序是中文 Windows 中的一个图形处理应用程序，它除了有很强的图形生成和编辑功能外，还可绘制、编辑图片，为图片着色，将文件和设计图案添加到其他图片中，还具有一定的文字处理能力。

1. 启动"画图"程序

启动"画图"程序的步骤为：选择"开始"/"所有程序"/"附件"/"画图"命令，打开"画图"程序，其窗口如图 2-33 所示。

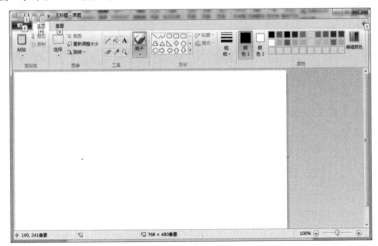

图 2-33　"画图"程序窗口

2. "画图"程序功能简介

窗口中间的空白部分为工作区，是进行绘画的地方。工作区边上有大小调整控制点，将鼠标指针指向该位置，当光标变成双箭头时，按住鼠标左键拖动可以改变工作区的大小。当工作区很大，"画图"窗口不能完全显示时，"画图"窗口的下边和右边会显示水平和垂直滚动条。可以拖动滚动条来浏览看不见的区域。

工作区的右上角是颜料盒，颜料盒包含了各种颜色。如果对提供的颜色不满意，还可以更改其中的颜色。方法是：选择"主页"选项卡中"颜色"组的"颜色1"，单击右侧的颜色将其设置为前景色；单击"颜色2"，再选择颜色将其设置为背景色。

工具组中包含了"画图"程序提供的各种工具。将鼠标指针指向工具组中的某个工具，等待1 s左右将会出现该工具的中文名称，这样可以了解该工具的功能。

知识扩展

➢ 图片有哪些格式？

图片的类型有多种，各自有各自的标准和适用场合。

BMP：用画图程序画出的图形的格式，未经过压缩，文件比较大。

JPEG（JPG）：图片经过压缩，文件较小，网页上大部分图片是这种格式。

PNG：与JPG格式类似，网页中很多图片都是这种格式，支持图像透明。

GIF："体型"娇小，网上很多小动画都是GIF格式。

◆ 任务二 记事本使用

"记事本"是一个简单的文本编辑器，使用非常方便，适用于备忘录、便条等。它的运算速度快、所占空间较小、实用性很强。选择"开始"/"所有程序"/"附件"/"记事本"命令即可打开一个空白的"无标题–记事本"文档编辑窗口。

提示

将编辑后的文本保存到指定文件夹时，可直接选择"文件"/"保存"命令。注意"保存路径"、"保存类型"以及"文件名"的正确性。

◆ 任务三 计算器使用

选择"开始"/"所有程序"/"附件"/"计算器"命令，启动计算器程序。

提示

计算器有"标准型"、"科学型"和"程序员"等类型，通过"查看"菜单可以进行切换。其中"程序员"计算器可以进行二进制、八进制、十进制和十六进制的加、减、逻辑运算以及各进制之间的转换等。

单元三　文字处理软件 Word 2016

单元导读

Word 2016 是美国 Microsoft 公司推出的一款非常完善的文字处理软件。它是微软办公软件包（Microsoft Office 2016）中最主要和最常用的应用程序之一。它继承了 Windows 友好的图形界面，可方便地进行文字、图形、图像和数据处理，是最常使用的文字处理软件之一。

使用 Word 2016 便捷全面的编辑、排版功能，可以快速地制作出各种类型的文档，如书籍、信函、公文、报告、传真、出版物、备忘录、简历、日历以及网页等。

重点难点

- 文本的输入和编辑。
- 文档页面设置。
- 文本的格式化。
- 段落的格式化。
- 表格的创建与编辑。
- 表格的排序与计算。

项目一　初识 Word 2016

Office 2016 是微软公司继 Office 2007 之后推出的集成自动化办公软件，可运行于 Windows XP/Vista/7 等环境（建议 Windows 7）。比以往的 Office 版本新增了图片艺术效果处理、随心截取当前屏幕画面、将演示文稿直接创建为视频等功能，让用户在处理文字、表格、图形或制作多媒体演示文稿时感觉更简单、更方便。

和以前的 Word 版本相比，Word 2016 新增以下几种功能：

① 安全与共享：Office 2016 具备了全新的安全策略，在密码、权限、邮件线程等方面都有更好的控制。且 Office 的云共享功能包括跟企业 SharePoint 服务器的整合，让 PowerPoint、Word、Excel 等 Office 文件皆可通过 SharePoint 平台，同时供多人编辑、浏览，提升文件协同作业效率。

② 截屏工具：Windows 7 自带了一个简单的截屏工具，Office 2016 的 Word、PowerPoint 等组件里也增加了这个非常有用的功能，在插入标签里可以找到（Screenshot），支持多种截图模式，特别是会自动缓存当前打开窗口的截图，单击鼠标就能插入文档中。

③ 背景移除工具：可以在 Word 的"图片工具"选项卡里找到，在执行简单的抠图操作时就无须动用 Photoshop 了，还可以添加、去除水印。

④ 保护模式：如果打开从网络上下载的文档，Word 2016 会自动处于保护模式下，默认禁止

编辑,想要修改必须启用编辑(Enable Editing)。

⑤ 新的 SmartArt 模板:SmartArt 是 Office 2007 引入的一个新功能,可以轻松制作出精美的业务流程图,而 Office 2016 在现有类别下增加了大量新模板,还新添了数个新的类别。

⑥ 新增导航窗格搜索、引导一体化:Word 2016 中新增了"文档导航"窗格和搜索功能。在导航窗格拖动标题到合适位置,标题及其正文都进行了位置调整,即可重排文档结构;在导航窗格直接搜索的内容会自动进行突出显示。

项目二 Word 2016 启动和退出

当用户安装完 Office 2016(典型安装)之后,Word 2016 也自动安装到系统中,这时用户就可以正常启动与退出 Word 2016。同其他基于 Windows 的程序一样,Word 2016 启动与退出可以通过多种方法来实现。

◆ 任务一 Word 2016 的启动

启动 Word 2016 的方法很多,最常用的有以下几种。

1. 常规启动

"常规启动"是指 Microsoft 在 Windows 操作系统中最常用的启动方式。启动 Windows 后,选择"开始"/"所有程序"/Microsoft Office/Microsoft Word 2016 命令,启动 Word 2016,如图 3-1 所示。

2. 从"开始"菜单的高频栏启动

单击"开始"按钮,在弹出的"开始"菜单中的高频栏中选择 Microsoft Word 2016 命令,启动 Word 2016。光标定位在 Microsoft Word 2016 命令时,还可在弹出的子菜单中选择最近打开过的文档并启动,如图 3-2 所示。

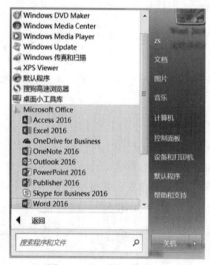

图 3-1 "开始"菜单

图 3-2 "开始"菜单高频栏

3. 通过桌面快捷方式启动

当 Word 2016 安装完成后,可手动在桌面上创建 Word 2016 快捷图标。要创建快捷图标,可在"开始"菜单的 Word 2016 处右击,在弹出的快捷菜单中选择"发送到"/"桌面快捷方式"命令,如图 3-3 所示。双击桌面上的快捷图标,即可启动 Word 2016。

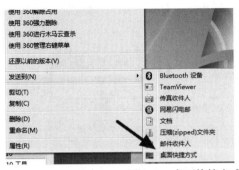

图 3-3　桌面快捷方式

4. 通过创建新文档启动

成功安装 Microsoft Office 2016 后,当在桌面或者文件夹内的空白区域右击,将弹出如图 3-4 所示的快捷菜单,此时选择"新建"/"Microsoft Word 文档"命令,即可在桌面或者当前文件夹中创建一个名为"新建 Microsoft Word 文档"的文件。此时该文件的文件名处于可修改状态,用户可以重命名该文件,如图 3-5 所示。双击文件图标,即可打开新建的 Word 2016 文档。

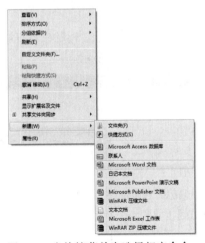

图 3-4　在快捷菜单中选择相应命令　　　　图 3-5　可修改名称的文件图标

◆ 任务二　Word 2016 的退出

退出 Word 2016 有很多方法,常用的有以下几种:

方法一:单击 Word 2016 应用程序窗口右上角的"关闭"按钮 ❌ 。

方法二:在主菜单中选择"文件"/"退出"命令。

方法三:按【Alt+F4】组合键。

◆ 任务三　认识 Word 2016 的操作界面

与以前的版本相比较,Word 2016 的界面更友好、更合理,功能更强大,为用户提供了一个智能化的工作环境。启动 Word 2016 后,就进入其主界面,在工作窗口的功能区中包括九个选项卡,分别为文件、开始、插入、设计、布局、引用、邮件、审阅、视图,这些功能选项卡基本包括了 Word 的所有命令,如图 3-6 所示。

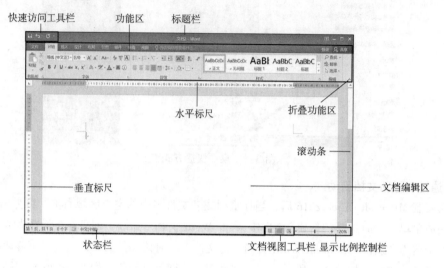

图 3-6 Word 窗口界面

1. 标题栏

标题栏位于窗口的顶端,用于显示当前正在运行的程序名及文档名等信息。标题栏最右端有三个按钮,分别用来控制窗口的最小化、最大化和关闭应用程序,如图 3-7 所示。

图 3-7 标题栏

2. 快速访问工具栏

标题栏左边除了程序图标便是快速访问工具栏,如图 3-8 所示。其作用是使用户能快速启动经常使用的命令。默认情况下快速访问工具栏包含保存、撤销重复和自定义快速访问工具栏命令按钮。快速访问工具栏命令按钮打开后,可以选择添加其他常用命令按钮到快速访问工具栏,如图 3-8 所示。

图 3-8 快速访问工具栏

3. 功能区

(1)"文件"选项卡

"文件"选项卡取代了以前版本的"文件"菜单,并增加了一些新功能,如图 3-9 所示。提供了"新建""打开""另存为""打印""共享""关闭"等命令。"打开"命令还提供了最近所用文件及位置的浏览和打开的功能。

(2)"开始"选项卡

"开始"选项卡提供了有关文字编辑和排版格式的各种功能,包括剪贴板、字体、段落、样式和编辑等命令组。

(3)"插入"选项卡

"插入"选项卡提供了在文档中插入各种元素的功能,包括页、表格、插图、链接、页眉和页脚、文本、符号等命令组。

图 3-9 "文件"选项卡

（4）"设计"选项卡

"设计"选项卡提供了设置文档主题、文档格式和页面背景命令组。

（5）"布局"选项卡

"布局"选项卡提供了设置文档页面样式的各种功能，包括页面设置、稿纸、段落、排列等命令组。

（6）"引用"选项卡

"引用"选项卡提供了在文档中插入目录、引文、题注等索引功能，包括目录、脚注引文与书目、题注、索引和引文目录等命令组。

（7）"邮件"选项卡

"邮件"选项卡提供了邮件合并方面的各种功能，包括创建、开始邮件合并、编写和插入域、预览结果和完成等命令组。

（8）"审阅"选项卡

"审阅"选项卡提供了对文档进行审阅、校对和修订等多人协作处理大文档的各种功能，包括校对、语言、中文简繁转换、批注、修订、更改、比较和保护等命令组。

（9）"视图"选项卡

"视图"选项卡提供了设置 Word 窗口的查看方式，操作对象的显示比例等便于用户获得较好视觉效果的各种功能，包括文档视图、显示、显示比例、窗口和宏等命令组。

4．文档编辑区

文档窗口的空白区域就是正文编辑区。在正文编辑区的左上角有一个不停闪烁的光标，称为插入点，其作用是指示用户可以在此输入字符等。

正文编辑区四个角上的灰色折线是正文的上下左右边界，正文只能在边界范围内录入。

插入点后的折线箭头"↵"是段落标记。

5．状态栏

状态栏位于 Word 窗口的底部，用于显示文档当前的页号、页数、字数、语言等文档信息。

6．文档视图工具按钮

Word 2016 提供了五种基本视图，即阅读视图、页面视图、Web 版式视图等。在不同情况下采用不同的视图方式可以方便页面编辑，提高工作效率。可以通过"视图"功能选项卡选择，也可以通过文档窗口右下角的"视图工具"按钮 选择。

（1）阅读视图

阅读视图是一种专门用来阅读文档的视图，在这种视图下进行阅读文档，用户会感觉到非常方便快捷。在阅读版式视图下，Word 会隐藏标题栏、功能区选项卡等内容，从而使窗口工作区中显示最多的内容。

（2）页面视图

页面视图主要用于版面设计。页面视图显示所得的文档的每一页都与打印所得的页面相同，即"所见即所得"。在页面视图下，不但能够显示普通视图所能显示的所有内容，还能显示页眉、页脚、脚注及批注等，适于进行绘图、插入图表操作和一些排版操作。但在页面视图方式下占用的计算机资源相对较多，使计算机处理速度变得较慢。

（3）Web 版式视图

Web 版式视图主要用来编辑 Web 页。当选择该视图时，其显示效果与使用浏览器打开该文档时一样。

项目三　Word 文档的基本编辑

Word 文档的基本操作主要包括创建新文档、保存文档、打开文档以及关闭文档等，而这些基本操作又是文档处理过程中的基础。

◆ 任务一　文档的基本操作

1．新建文档

要在文档中进行操作，必须先创建文档。新创建的文档可以是空白文档，也可以是基于模板的文档，如书法字帖。

新建空白文档的方法是：启动 Word 2016 应用程序后，单击"文件"/"新建"/"空白文档"按钮，如图 3-10 所示。

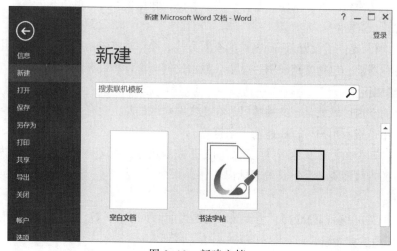

图 3-10　新建文档

如果选择某一模板，Word 2016 将按照用户选择的模板建立一个基于该模板的 Word 文档，如"书法字帖"等。

2．保存文档

文档的保存是一种常规的操作。对于新建的 Word 文档或正在编辑某个文档，一旦发生计算机突然死机、停电等非正常关闭的情况，文档中的信息就会意外丢失，因此为了保护工作成果，定期保存文档是非常重要的。对新创建文档进行保存有两种方法：

方法一：单击"快速访问工具栏"上的"保存"按钮 。

方法二：选择"文件"/"保存"命令。

两种方法都会弹出的"另存为"对话框，设置文件保存的路径、文件名及保存类型后，单击"确定"按钮完成保存，如图 3-11 所示。

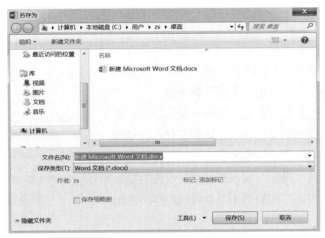

图 3-11 "另存为"对话框

── 提示 ──
Word 带有自动保存功能，可以在计算机突然死机、停电等非正常关闭的意外情况下，防止文档信息的意外丢失。

自动保存设置，如图 3-12 所示。具体操作步骤如下：

图 3-12 "Word 选项"对话框

① 选择"文件"/"选项"命令，弹出"Word 选项"对话框。
② 选择"保存"选项。
③ 选中"保存自动恢复信息时间间隔"复选框。
④ 单击"分钟"数值框的调整按钮，选择自动保存时间间隔。
⑤ 单击"确定"按钮。

3．打开文档

打开文档是 Word 日常操作中最基本、最简单的一项操作，对任意文档进行编辑、排版操作，首先必须将其打开，有如下两种方法：

方法一：双击文件图标。

方法二：选择"文件"/"打开"命令，在"打开"对话框中相应目录下选择需打开的 Word 文档，并单击"打开"按钮。

4．关闭文档

文档编辑完成后，需要关闭该文档，有如下两种方法：

方法一：选择"文件"/"关闭"命令。

方法二：单击窗口右上角的"关闭"按钮。

在关闭文档时，如果没有对文档进行编辑、修改，即可直接关闭；如果对文档做了修改，但还没有保存，系统将会弹出一个如图 3-13 所示的提示框，询问是否保存对文档所做的修改。单击"保存"按钮即保存修改内容并关闭该文档；单击"不保存"按钮则不保存修改内容并关闭该文档。

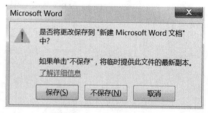

图 3-13　提示对话框

◆ 任务二　输入对象

文本的输入和编辑是 Word 整个文档编辑过程的基础。

1．输入文本

在 Word 2016 中，建立文档的目的是输入文本内容。在输入文本前，文档编辑区的开始位置将会出现一个闪烁的光标"|"，将其称为"插入点"。在 Word 文档输入的过程中，任何文本将会在插入点处出现。当定位了插入点的位置后，选择一种输入法即可开始进行文本的输入。

（1）输入英文

在英文状态下通过键盘可以直接输入英文、数字及标点符号。需要注意的是：

① 按【Caps Lock】键可输入英文大写字母，再次按下输入英文小写字母。
② 按【Shift】键的同时按双字符键将输入上档字符。
③ 按【Shift】键的同时按字母键输入英文大写字母。
④ 按【Enter】键，插入点自动换行，即插入点移到下一行行首。
⑤ 按【Space】键，在插入点的左侧插入一个空格符号。

（2）输入中文

在 Word 2016 中，要在文档中输入文字，首先要选择汉字的输入法。例如：搜狗拼音、微软拼音、智能五笔输入法等。这些中文输入法都是比较通用的，用户可以使用默认的输入法切换方式,例如:打开/关闭输入法控制条的组合键【Ctrl+Space】、切换汉字输入法的组合键【Ctrl+Shift】等。选择一种中文输入法,即可在插入点处开始输入文本。

(3)输入符号

文本输入过程中,不仅仅只是输入中文或英文字符,还需要输入一些诸如☆、¤、®以及™等符号。插入这些符号的方法是:选择"插入"/"符号"/"其他符号"命令,弹出"符号"对话框,如图 3-14 所示,用户可以轻松地在文档中插入各种符号。也可以利用中文输入法的软键盘插入特殊符号。

图 3-14 "符号"对话框

(4)插入日期和时间

单击"插入"/"文本"/"日期和时间"按钮,选择一种"可用格式",并可设置是否"自动更新",如图 3-15 左图所示。

(5)插入编号

单击"插入"/"符号"/"编号"按钮,在"编号"文本框内输入数字,并选择"编号类型",如图 3-15 右图所示。

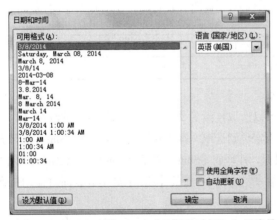

图 3-15 "日期和时间"和"编号"对话框

2. 选取文本

在 Word 中,进行文本编辑与处理的方法和日常生活中处理事务的方法相似,这就是要明确处理的目标。它要求用户必须在进行操作之前选取操作对象。

（1）使用鼠标选取文本

鼠标可以轻松地改变插入点的位置，因此使用鼠标选取文本十分方便。

① 拖动选取：将鼠标指针定位在选取文本的起始位置，按住鼠标左键，拖动鼠标至选取文本的终止位置即可。

② 单击选取：将鼠标指针移到页面左侧空白处，当鼠标指针变成◁形状时，单击即可选择该行文本。

③ 双击选取：将鼠标指针移到页面左侧空白处，当鼠标指针变成◁形状时，双击左键即可选取该段文本内容。将鼠标光标定位到词组或单词的中间或左侧，双击鼠标即可选取该词组或单词。

④ 三次连击选取：将鼠标指针移到页面左侧空白处，当鼠标指针变成◁形状时，三次连击鼠标左键即可选取所有文本内容。或将鼠标光标定位到要选取的段落中，三次连击鼠标左键即可选取该段文本内容。

（2）使用键盘选取文本

使用键盘上相应的快捷键，同样可以选取文本。利用快捷键选取文本内容的功能见表3-1。

表3-1　利用快捷键选取文本内容的功能

快 捷 键	功　　能
【Shift+→】	选取光标右侧的一个字符
【Shift+←】	选取光标左侧的一个字符
【Shift+↑】	选取光标位置至上一行相同位置之间的文本
【Shift+↓】	选取光标位置至下一行相同位置之间的文本
【Shift+Home】	选取光标位置至行首
【Shift+End】	选取光标位置至行尾
【Shift+Page Down】	选取光标位置至下一屏之间的文本
【Shift+Page Up】	选取光标位置至上一屏之间的文本
【Ctrl+Shift+Home】	选取光标位置至文档开始之间的文本
【Ctrl+Shift+End】	选取光标位置至文档结尾之间的文本
【Ctrl+A】	选取整篇文档

（3）使用鼠标和键盘结合选取文本

使用鼠标和键盘结合的方式不仅可以选取连续的文本，也可以选取不连续的文本。

① 选取连续的较长文本。将插入点定位到选取文本的开始位置，按住【Shift】键不放，再移动鼠标至要选取区域的结尾位置，单击鼠标，并释放【Shift】键即可选取该区域之间的所有文本内容。

② 选取不连续文本。先选取任意一段文本，再按住【Ctrl】键不放，同时拖动鼠标选取其他文本，即可同时选取多段不连续的文本。

③ 选取整篇文档。按住【Ctrl】键不放，将鼠标指针移到页面左侧空白处，当鼠标指针变成◁形状时，单击鼠标左键即可选取整篇文档。

④ 选取矩形文本。将插入点定位到选取区域的左上角位置，按住【Alt】键不放，再拖动鼠标至选取区域的右下角位置，即可选取矩形文本。

(4)使用菜单命令选取文本

使用菜单命令选取文本只能是选取整篇文档。选择"开始"/"编辑"/"选择"/"全选"命令，或者按【Ctrl+A】组合键，即可选取整篇文档。

◆ 任务三 文本的简单编辑

在文档编辑的过程中，通常需要对一些文本进行复制、移动和删除等编辑操作，这些操作也是 Word 中最基本、最常用的操作。熟练地运用文本的简单编辑功能，可以节省大量的时间，提高编写效率。

1. 复制文本

在文档中经常需要重复输入相同的文本，可以使用复制文本的方法进行操作以节省时间，加快输入和编辑的速度。文本复制，是指将要复制的文本移动到其他的位置，而原版文本仍然保留在原位置。其操作方法有以下几种：

方法一：使用"开始"选项卡"剪贴板"组内按钮操作的方法。具体操作步骤如下：

① 选取要复制的文本。

② 单击"开始"/"剪贴板"/"复制"按钮 复制 。

③ 定位光标至目标位置处。

④ 单击"开始"/"剪贴板"/"粘贴"按钮 。

方法二：通过快捷菜单操作的方法。具体操作步骤如下：

① 选取要复制的文本。

② 右击所选取的文本。

③ 在弹出的快捷菜单中选择"复制"命令。

④ 在目标位置处，定位插入点，并右击。

⑤ 在弹出的快捷菜单中，根据要求单击"粘贴选项"命令 中的"保留源格式""合并格式""只保留文本"其中一个按钮。

方法三：通过快捷键方式操作的方法。具体操作步骤如下：

① 选取要复制的文本。

② 按【Ctrl+C】组合键。

③ 定位光标至目标位置处。

④ 按【Ctrl+V】组合键。

方法四：用鼠标右键拖动操作的方法。具体操作步骤如下：

① 选取要复制的文本。

② 按住鼠标右键拖动到目标位置处释放。

③ 在弹出的快捷菜单中选择"复制到此位置"命令。

2. 移动文本

顾名思义，移动文本是指将当前位置的文本移到另外的位置。在移动的同时，会删除原来位置上的文本。移动文本的操作与复制文本类似，唯一的区别在于，移动文本后，原位置的文本消失；而复制文本后，原位置的文本仍在。其操作方法有以下几种：

方法一：通过工具栏按钮操作的方法。具体操作步骤如下：

① 选取要移动的文本。
② 单击"开始"/"剪贴板"/"剪切"按钮 ✂剪切。
③ 定位光标至目标位置处。
④ 单击"开始"/"剪贴板"/"粘贴"按钮 。

方法二：通过快捷菜单操作的方法。具体操作步骤如下：
① 选取要移动的文本。
② 右击选取的文本。
③ 在弹出的快捷菜单中选择"剪切"命令。
④ 定位光标至目标位置处并右击。
⑤ 在弹出的快捷菜单中选择"粘贴选项"命令 中的相应按钮。

方法三：用鼠标右键拖动操作的方法。具体操作步骤如下：
① 选取要移动的文本。
② 按住鼠标右键拖动到目标位置处释放。
③ 在弹出的快捷菜单中选择"移动到此位置"命令。

3．删除文本

在文档编辑的过程中，需要对多余或错误的文本进行删除操作。对文本进行删除时，可使用以下方法：
① 按【Backspace】键删除光标左侧的文本。
② 按【Delete】键删除光标右侧的文本。
③ 选取需要删除的文本，单击"开始"/"剪贴板"/"剪切"按钮 ✂剪切。

◆ 任务四 查找和替换文本

"查找和替换"在文档的输入和编辑中非常有用，特别是对于较长的文档。例如，在一篇几万字的文稿中查找某几个字或某个格式，需要通篇查找所要的内容，难度较大。若想用其他内容将其替换，可以说这是一项费时费力，又容易出错的工作。Word 2016 提供了"查找和替换"功能，使用该功能可以非常轻松、快捷地完成查找与替换操作。

1．查找文本

在 Word 2016 中，利用查找功能，不仅可以在普通文本中快速定位，还可以查找特殊格式的文本或符号等。

单击"开始"/"编辑"/"查找"按钮 查找，可选择"查找"子菜单中的"查找"命令，弹出查找"导航"边栏，如图 3-16 所示，或选择"高级查找"命令，在弹出的"查找和替换"对话框中选择"查找"选项卡，如图 3-17 所示。

在"查找内容"文本框中输入要查找的内容，单击"查找下一处"按钮，即可将光标定位在文档中第一个查找目标处。单击"查找下一处"按钮，可依次查找文档中其余对应的内容。

2．替换文本

如果用户需要在多页文档中找到所需的字符并进行修改、替换，可采用替换文本功能。例如，要修改某些错误的文字，而依靠用户去逐个查找并修改，既费事效率又不高，还可能发生错漏现象。

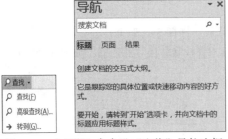

图 3-16 "查找"命令及"查找"导航边框　　图 3-17 "查找和替换"对话框

替换操作和查找操作基本类似,不同之处在于:替换不仅要完成查找,而且要用新的文本内容覆盖原有内容。单击"开始"/"编辑"/"替换"按钮,在"查找和替换"对话框中选择"替换"选项卡,如图 3-18 所示。

图 3-18 "替换"选项卡

(1)内容替换

例如:把全文中的"电脑"一词替换成"计算机"。具体操作步骤如下:

① 单击"开始"/"编辑"/"替换"按钮,弹出"查找和替换"对话框,如图 3-19 所示。

图 3-19 把全文中的"电脑"一词替换成"计算机"

② 在"查找内容"文本框中输入"电脑"。
③ 在"替换为"文本框中输入"计算机"。
④ 单击"全部替换"按钮。

（2）用替换的方法查找并删除

例如：把全文中的"电脑"一词用替换的方法删除。具体操作步骤如下：

① 单击"开始"/"编辑"/"替换"按钮，弹出"查找和替换"对话框，如图 3-20 所示。

② 在"查找内容"文本框中输入"电脑"。

③ "替换为"文本框中空白，不需输入内容。

④ 单击"全部替换"按钮。

（3）格式替换

例如：把全文中的"电脑"一词设置成红色、加粗、带着重号的三号字。具体操作步骤如下：

① 单击"开始"/"编辑"/"替换"按钮，弹出"查找和替换"对话框。

② 在"查找内容"文本框中输入"电脑"。

③ 在"替换为"文本框中输入"电脑"。

④ 单击"更多"按钮，如图 3-21 所示。

⑤ 选取"替换为"文本框中的文本成选中状态。

图 3-20　把全文中的"电脑"一词用替换的方法删除

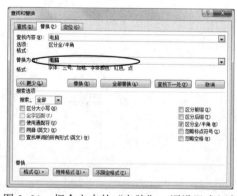

图 3-21　把全文中的"电脑"一词设置成红色、加粗、带着重号的三号字

⑥ 单击替换"格式"按钮，在下拉列表中选择"字体"命令，在"字体"对话框中设置红色、加粗、带着重号的三号字体格式。

⑦ 单击"全部替换"按钮。

◆ 任务五　撤销和恢复

撤销与恢复功能在文档的编辑中经常用到。用户在进行输入、删除和改写文本等操作时，Word 2016 会自动记录每一步操作，该功能可以帮助用户撤销刚执行的操作，或者将撤销的操作进行恢复。

1．撤销操作

撤销是指取消刚刚执行的一项或多项操作。Word 可以记录许多具体操作的过程，当发生误操作时，可以对其进行撤销。常用的撤销方法有以下两种：

方法一：单击"快速访问工具栏"/"撤销"按钮。

方法二：按【Ctrl+Z】组合键。

2. 恢复操作

恢复是针对撤销而言的，大部分刚刚撤销的操作都可以恢复。如果用户后悔进行上一步的撤销操作，那么可以通过恢复操作将文档恢复到撤销以前的状态。

方法一：单击"快速访问工具栏"/"恢复"按钮。

方法二：按【Ctrl+Y】组合键。

项目四　文档页面设置

排版设计是传播信息的桥梁，把形式和内容合理结合，强化整体布局，才能表达版面构成的主题思想内容。在很多情况下，对字符和段落的设置，只会影响到页面的局部外观，而要设置文档的整体外观，则需要用页面设置。页面设置包括页边距、纸张大小、版式等。使用 Word 2016 的页面布局功能选项卡，能够排出清晰、美观的版面，并具有更好的视觉效果。

◆ 任务一　设置页面大小

要想设计文档，需先设置纸张大小。编辑文档过程中，可以直接用标尺快速设置页边距、版面大小等，但因精确度不高，所以不是页面设置的最佳方法。如果需要制作一个版面要求较为严格的文档，可以使用"页面设置"对话框来精确设置版面、装订线位置、页眉、页脚等内容。

单击"布局"/"页面设置"按钮，在"页面设置"对话框中包括"页边距""纸张""版式""文档网络"四个选项卡，如图 3-22 所示。

① "页边距"选项卡，可以设置上、下、左、右页边距和纸张的方向，如图 3-22 所示。

> 提　示
>
> 页边距的单位默认是"厘米"，也可以把"厘米"删掉，通过键盘输入单位"磅"。

② "纸张"选项卡，可以设置纸张的大小类型，如图 3-23 所示。在"纸张"选项卡的下拉列表中选择"自定义大小"命令，可自定义纸张的宽度与高度。

③ "版式"选项卡，可以设置页眉页脚的奇偶页不同、首页不同以及距边界的距离，也可以设置页面的垂直对齐方式等，如图 3-24 所示。

图 3-22　"页边距"选项卡

图 3-23　"纸张"选项卡

图 3-24　"版式"选项卡

◆ 任务二　设置页眉和页脚

页眉和页脚是文档中每个页面的顶部和底部的区域。许多文稿，特别是比较正式的文稿都需要设置页眉和页脚。得体的页眉和页脚，会使文稿显得更为规范，也会给读者带来方便。

单击"插入"/"页眉页脚"/"页眉"按钮，弹出"页眉"下拉列表，可选择"内置"版式列表中的几种页眉类型选项，如图 3-25 所示。在"页眉页脚"编辑状态下，可在页面顶端输入页眉的文字，在页面底端输入页脚的文字，如图 3-26 所示。

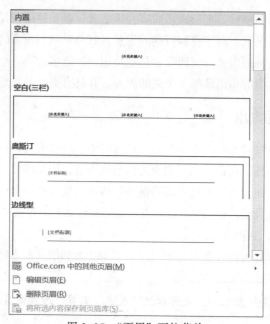

图 3-25　"页眉"下拉菜单

在"页眉和页脚工具-设计"选项卡可对页眉页脚进行相应的设计，设计完成后，单击"页眉和页脚工具-设计"/"关闭页眉和页脚"按钮完成，如图 3-26 所示。

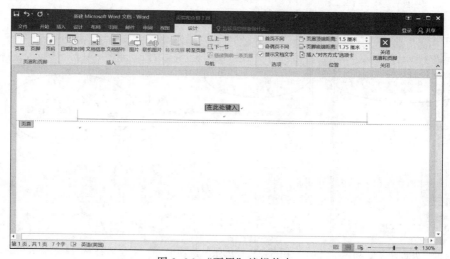

图 3-26　"页眉"编辑状态

> **提 示**
>
> 页眉页脚的区域不但可以输入文字并设置对齐方式和字体格式,还可以利用"页眉和页脚工具-设计"选项卡插入"图片"、"剪贴画"、"页码"、"时间"和"日期"等。

◆ 任务三　插入和设置页码

页码,就是书籍每一页面上标明次序的号码或数字,用以统计书籍的面数,便于读者检索。通常情况下,页码被添加在页眉或页脚中,也不排除其他特殊情况,页码也可以被添加到其他位置。

1. 插入页码

打开需要添加页码的文档,单击"插入"/"页眉页脚"/"页码"按钮,弹出"页码"下拉列表,可以选择页码的位置,如设置"页面底端"/"普通数字 2"选项,如图 3-27 所示。

2. 设置页码格式

在文档中,如果需要使用不同于默认格式的页码,例如:"i"或"甲"等,就需要对页码的格式进行设置。设置方法很简单,只需在"页码"下拉列表中,选择"设置页码格式"命令,弹出"页码格式"对话框,如图 3-28 所示。在该对话框中,用户可以根据自己的需求进行页码格式化设置和起始页码设置。

图 3-27 "页码"下拉菜单

图 3-28 "页码格式"对话框

◆ 任务四　插入分页符和分节符

使用正常模板编辑一个文档时,Word 是将整个文档作为一个大章节来处理,但在一些特殊情况下,例如要求前后两页、一页中两部分之间有特殊格式时,操作起来相当不便。此时可在其中插入分页符或分节符。

1. 插入分页符

分页符是分隔相邻页之间文档内容的符号,用来标记一页终止并开始下一页的点。通常系统会根据用户确定的文本区域大小自动计算分页位置。在 Word 2016 中,用户可以根据需要方便地插入分页符。

把光标定位在要插入分页符的位置,单击"页面布局"/"分隔符"按钮,在"分隔符"

下拉列表中,选择"分页符"列表框中的"分页符"选项,如图 3-29 所示。

2. 插入分节符

分节符是分隔相邻节的标记,分节符中存储了节的格式设置。如果把一个较长的文档分成多节,就可以单独设置每节的格式和版式,从而使文档的排版和编辑更加灵活。

把光标定位在要插入分节符的位置,单击"页面布局"/"分隔符"按钮,在"分隔符"下拉列表中,根据分节的位置要求,选择"分节符"列表框中的"下一页""连续""偶数页""奇数页"的一个选项,如图 3-29 所示。

3. 删除分页符和分节符

分页符和分节符的删除方法一样,单击"开始"/"段落"/"显示/隐藏编辑标记"按钮,显示出分页符标记。双击"分页符"三个字,选中分页符标记,按【Delete】键删除,如图 3-30 所示。

图 3-29 "分隔符"下拉菜单　　　　图 3-30 分页符标记

练习 1

本项目量清单是根据招标文件中包括的、有合同约束力的图纸以及有关工程量清单的国家标准、行业标准、合同条款中约定的工程量计算规则编制的。约定计量规则中没有的子项目,其工程量按照有合同约束力的图纸所标示尺寸的理论净量计算。计量采用中华人民共和国法定计量单位。

本项目量清单应与招标文件中的投标人须知、通用合同条款、专用合同条款、技术标准和要求及图纸等一起阅读和理解。

本项目量清单仅是投标报价的共同基础,实际工程计量和工程价款的支付应遵循合同条款的约定和第七章"技术标准和要求"的有关规定。

① 将上文所有"项目"替换为"工程"。

② 用替换的方法将文中所有"标准"加着重号。

③ 将文档页面的纸型设置为"16 开(18.4 厘米×26 厘米)",左右边界为 3 厘米;在页面底端(页脚)右边插入页码。

练习 2

制作一张如图 3-31 所示的"会议室"指示牌。具体要求如下:

① 纸张大小为 A4，方向"横向"。
② 设置页面上、下、左、右边距为 3 厘米。
③ 字体设置为"微软雅黑"，加粗，字号 150 磅，水平垂直居中，字符间距加宽 2 磅。

图 3-31　"会议室"指示牌

项目五　图　文　混　排

Word 2016 具有强大的绘图和图形处理功能，它不仅提供了大量图形以及多种形式的艺术字，而且支持多种绘图软件创建的图形，并能够轻而易举地实现图文混排。使用该功能不仅实现文、图之间的整体组合和协调性的编排，而且使文章、报告生动有趣，更能帮助读者快速理解文章内容。

◆ 任务一　使用艺术字

通过字体的格式化操作可将字符设置为多种字体，但这远远不能满足文字处理工作中对字形艺术性的设计需求。只要留意流行的报刊，就会看到各种各样的美术字，这些美术字给文章增添强烈的视觉冲击效果。Word 2016 提供了艺术字功能，可以把文档的标题以及需要特别突出的地方用艺术字显示出来，从而使文章更生动、醒目。使用艺术字功能往往能够使文字达到最佳效果。

1. 插入艺术字

在 Word 2016 中，单击"插入"/"文本"/"艺术字"按钮，弹出"艺术字"下拉列表，如图 3-32 所示。选择某一艺术字样式后，弹出"编辑艺术字文字"对话框，如图 3-33 所示。

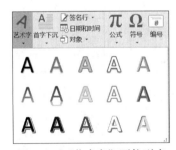

图 3-32　"艺术字"下拉列表

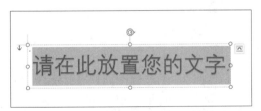

图 3-33　"编辑艺术字文字"对话框

2. 编辑艺术字

选取艺术字，功能区会出现"绘图工具-格式"选项卡，如图 3-34 所示。使用该选项卡，可以设置艺术字的形状样式、艺术字样式、文字、排列和大小调整等属性。

图 3-34　艺术字的"绘图工具-格式"选项卡

◆ 任务二　插入形状（图形）

Word 2016 包含一套可以选择绘制的形状（图形），例如：直线、箭头、流程图、星与旗帜、标注等，这些图形称为形状。使用 Word 2016 所提供的功能强大的绘图工具，就可以在文档中绘制这些形状。

1. 绘制形状

如果要绘制直线、箭头、流程图、星与旗帜、标注等形状，可单击"插入"/"插图"/"形状"按钮，弹出"形状"下拉列表，如图 3-35 所示。选择一种形状，拖动鼠标绘制出相应的形状（图形）。

2. 编辑形状（图形）

在 Word 2016 中，可以对绘制的形状（图形）进行个性化编辑。在进行设置前，首先必须选取形状（图形），功能区会出现"绘图工具-格式"选项卡，如图 3-36 所示。使用该选项卡，可以设置形状（图形）的样式、排列和大小调整等属性。

图 3-35　"形状"下拉列表

图 3-36　形状的"绘图工具-格式"选项卡

当形状（图形）绘制完毕后，将自动处于选取状态，然后右击形状（图形），在弹出的快捷菜单中选择"环绕文字"子菜单中某一种环绕方式命令，如图 3-37 所示。选择快捷菜单中"设置形状格式"命令，在窗口右侧弹出"设置形状格式"对话框，可以设置形状的填充、线条颜色、线型、阴影、三维、艺术效果等格式，如图 3-38 所示。

图 3-37　设置"环绕文字"方式

图 3-38　"设置形状格式"对话框

◆ 任务三　插入图片

在文档中插入图片，可以使文档更加美观、生动。在 Word 2016 中，可以插入本地磁盘保存的图片。这些图片文件可以是 Windows 的标准 BMP 位图，也可以是其他应用程序所创建的图片，例如：JPEG 压缩格式的图片、TIFF 格式的图片等。

单击"插入"/"插图"/"图片"按钮，弹出"插入图片"对话框，如图 3-39 所示，在图片库中选择图片文件，如图 3-40 所示，单击"插入"按钮，即可将该图片插入文档中。

图 3-39　"插入图片"对话框

图 3-40　"插入图片"对话框

图片插入 Word 文档后，选取图片后出现"图片工具-格式"选项卡，如图 3-41 所示，可以对其进行样式、排列、大小调整等编辑处理。

图 3-41　"图片工具-格式"选项卡

◆ 任务四　使用文本框

给图形添加文本，是通过文本框来实现的。文本框是一个能够容纳正文的图像对象，可以置于页面中的任何位置，可以进行诸如线条、颜色、填充色等格式化设置。

1．插入文本框

在文本框中加入文字或图片等内容，并且将其移动到适当的位置，可以使文档更具有阅读性。Word 2016 提供了水平和垂直两种形式的文本框，可以通过单击"插入"/"文本"/"文本框"按钮，在弹出的"文本框"下拉列表中可以选择一种文本框样式，如图 3-42 所示。

2．编辑文本框

插入文本框后，也可以对其进行编辑操作，使其

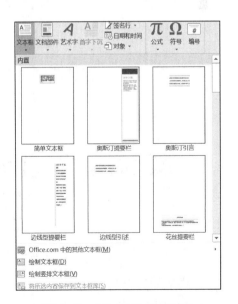

图 3-42　"文本框"下拉列表

符合用户要求。选取文本框后,出现"绘图工具–格式"选项卡,如图 3-43 所示,可以对其进行形状样式、艺术字样式、文本、排列、大小调整等编辑处理。可以右击该文本框,在弹出的快捷菜单中设置文字环绕方式和形状样式,方法与编辑形状(图形)相同。

图 3-43　文本框的"绘图工具–格式"选项卡

◆ 任务五　使用图示

Word 提供了创建图示的功能,可以非常直观地说明各种概念性的内容,并可使文档更加形象生动、条理清晰。

1. 插入组织结构图(SmartArt)

单击"插入"/"插图"/SmartArt 按钮 ,弹出"选择 SmartArt 图形"对话框,如图 3-44 所示,其中包括列表、流程、循环、层次结构等,用户可以根据需要选择合适的类型建立 SmartArt。例如某小区项目施工组织结构图,如图 3-45 所示。

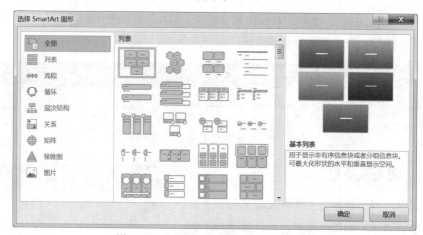

图 3-44　"选择 SmartArt 图形"对话框

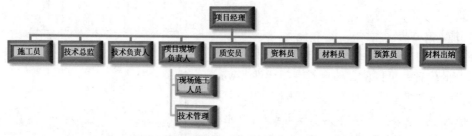

图 3-45　某小区项目施工组织结构图

2. 编辑 SmartArt

插入 SmartArt 后,选取 SmartArt 后,出现"SmartArt 工具"设计和格式选项卡,如图 3-46 所示,可以对其进行设计和格式的编辑处理。

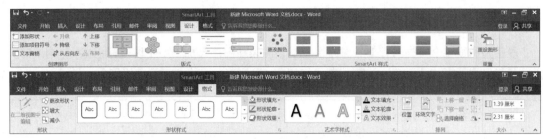

图 3-46 "SmartArt 工具"设计和格式选项卡

项目六 文本的格式化

在 Word 文档中,文字是组成段落的最基本内容,任何一个文档都是从段落文本开始进行编辑的,当用户输入完所需的文本内容后就可以对相应的段落文本进行格式化操作,从而使文档更加美观。

◆ 任务一 文本字体格式化

在 Word 中,文档经过编辑、修改成为一篇文字通顺的文章,但为了使文章更加美观、条理更加清晰,通常还需要对文本格式进行设置。

1. 通过"开始"选项卡的"字体"组设置

字体的常用格式可通过单击"开始"/"字体"组中的字体设置按钮完成。选取需设置的文本后,使用它可以快速地设置文本的字体、字号、颜色、字形等,如图 3-47 所示。

图 3-47 "开始"/"字体"组

在文档中选取需设置格式的文本,然后在"开始"/"字体"组中的"字体"下拉列表中选择字体;在"字号"下拉列表中选择字号;单击"字体颜色"按钮,在弹出的调色板中选择字体颜色等。

2. 通过"字体"对话框设置

在"字体"对话框中不仅可以完成"开始"/"字体"组中所有字体设置按钮,而且还能给文本添加特殊的效果,设置字符间距等。

单击"开始"/"字体"按钮,弹出"字体"对话框,在"字体"对话框中的"字体"选项卡设置各种字体格式,在"高级"选项卡设置字符间距,如图 3-48 所示。

单击"文字效果"按钮,在"设置文本效果格式"对话框设置文本效果格式,如图 3-49 所示。

图 3-48 "字体"对话框中的"字体"和"高级"选项卡   图 3-49 "设置文本效果格式"对话框

◆ 任务二 文本段落格式化

段落是构成整个文档的骨架，它是由正文、图表和图形等加上一个段落标记"↵"构成的。段落是指以按【Enter】键后，出现段落标记"↵"为结束标记的文字信息的集合。

> **提示**
> 两个段落的合并：指把两段之间的段落标记↵选取后，按【Delete】键删除。
> 一个段落的拆分：指把光标定位在要拆分的位置处，按【Enter】键即可。

段落的常用格式设置可通过"开始"/"段落"组中的按钮完成。选取需设置的段落后，使用它可以快速地设置段落的项目符号、编号、缩进、对齐方式、段落间距、边框底纹等，如图 3-50 所示。

单击"开始"/"段落"按钮，弹出"段落"对话框，如图 3-51 所示，段落的格式化还包括段落对齐、段落缩进、段落间距设置等。段落的各种格式设置都可以通过以下方式完成：

1. 设置段落对齐方式

段落对齐是指文档边缘的对齐方式，包括以下 5 种对齐方式：

图 3-50 "开始"/"段落"组

图 3-51 "段落"对话框

① 两端对齐：默认设置，两端对齐时文本左右两端均对齐，但是段落最后不满一行的文字右端不是右对齐的。

② 左对齐：文本左边对齐，右边参差不齐。

③ 右对齐：文本右边对齐，左边参差不齐。

④ 居中对齐：文本居中排列。

⑤ 分散对齐：文本左右两边均对齐，而且每个段落的最后一行不满一行时，将拉开字符间距使该行均匀分布。

图 3-52 所示为相同的段落分别设置五种对齐方式后的效果。

2. 设置段落缩进

段落缩进是指段落中的文本与页边距之间的距离。有如下四种格式：

① 左缩进：设置整个段落左边界的缩进位置。

② 右缩进：设置整个段落右边界的缩进位置。

③ 悬挂缩进：设置段落中除首行以外的其他行的起始位置。

④ 首行缩进：设置段落中首行的起始位置。

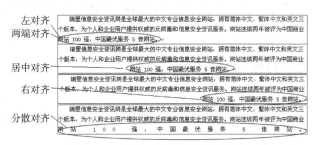

图 3-52　段落 5 种对齐方式的效果

3．设置段落间距

段落间距是指前后相邻的段落之间的距离。

4．设置行距

行距是指段落中行与行之间的距离。

提示

在行距下拉列表中，选取"固定值"时行距的单位是"磅"，即 1 磅为 25.6 毫米。选取"多倍行距"时行距的单位是"倍"。

◆ 任务三　设置项目符号和编号

为了使文章的内容条理更清晰，需要使用项目符号或编号来标识。使用项目符号和编号列表，可以对文档中并列的项目进行组织，或者将顺序的内容进行编号，并且允许用户自定义项目符号和编号。

1．用工具按钮添加项目符号编号

选取要添加项目符号的段落，单击"开始"/"段落"/"项目符号"按钮，选择需要的项目符号，如图 3-53 所示。或者单击"编号"按钮，选择需要的编号，如图 3-54 所示。

图 3-53　"项目符号"列表框

图 3-54　"编号"列表框

2. 项目符号或编号文本缩进位置

选取已添加项目符号或编号的段落，单击"开始"/"段落"/"多级列表"按钮，在"多级列表"下拉列表中选择"定义新的多级列表"命令，如图 3-55 所示，弹出"定义新多级列表"对话框，在"位置"选项区的"文本缩进位置"数值框中调整，可设置项目符号后文本的缩进位置，如图 3-56 所示。

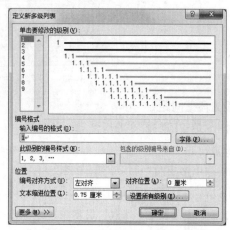

图 3-55 "多级列表"下拉列表　　　　图 3-56 "定义新多级列表"对话框

3. 定义新编号格式

选取已添加项目编号的段落，单击"开始"/"段落"/"项目编号"按钮，在"项目编号"下拉列表中选择"定义新编号格式"命令，弹出"定义新编号格式"对话框，如图 3-57 所示，可以单击"字体"按钮，设置编号的字体格式。

4. 删除项目符号和编号

对于不需要的项目符号或编号可以随时将其删除，只需选取需要删除其项目符号或编号的段落，单击选择"格式"工具栏上的"项目符号"按钮或"项目编号"按钮即可。

◆ 任务四　使用格式刷

图 3-57 "定义新编号格式"对话框

将选定文字的格式复制给其他文字，使两部分文字具有同样的格式，可以使用格式刷。此时用户无须一一设置，只需利用"开始"/"剪贴板"/"格式刷"按钮，快速复制格式即可。具体操作步骤如下：

① 选取需要复制的格式所在的文字，单击"格式刷"按钮。
② 此时鼠标指针是格式刷的样式，选取要复制格式的文本区域即可。

---提示---

当要复制格式的文字区域不连续时（即多次使用格式刷），可双击"格式刷"按钮，用格式刷鼠标指针逐一选取要复制格式的文本区域。取消格式刷只需再次单击"格式刷"按钮。

◆ 任务五 设置段落边框和底纹

使用 Word 编辑文档时，为了让文档更加吸引人，可以为文字和段落添加边框和底纹，来增加文档的生动性。

1．设置边框

Word 2016 提供了多种边框供选择，用来强调或美化文档内容。具体操作步骤如下：

① 单击"设计"/"页面背景"/"页面边框"按钮，弹出"边框和底纹"对话框。

② 选择"边框"选项卡，如图 3-58 所示。

 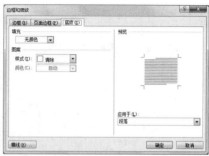

图 3-58 "边框和底纹"对话框

③ 在"设置"选项区中有五种边框样式，从中可选择所需的样式。

④ 在"线型"列表框中列出了各种不同的线条样式，从中可选择所需的线型。

⑤ 在"颜色"和"宽度"下拉列表中，可以为边框设置所需的颜色和相应的宽度。

⑥ 在"应用于"下拉列表中，可以设定边框应用的对象是文字或者段落。

2．设置底纹

① 在"边框和底纹"对话框中选择"底纹"选项卡，如图 3-58 所示。

② 在"填充"选项区中列出了各种用来设置底纹的填充颜色。

③ 在"图案"选项区中的"样式"下拉列表中，可以选择填充图案的其他样式。

④ 在"图案"选项区中的"颜色"下拉列表中，可以选择填充图案的颜色。

⑤ 在"应用于"下拉列表中，可以设定底纹应用的对象是文字或者段落。

> **提 示**
>
> 注意观察图 3-59 中，页面边框、段落边框、文字边框、段落底纹和文字底纹的区别。
>
>
>
> 图 3-59 不同边框底纹的区别

◆ 任务六 其他常用格式设置

1. 分栏

选取需要分栏的一个或多个段落,单击"布局"/"分栏"按钮,弹出"分栏"下拉列表,选择"更多分栏"命令,弹出"分栏"对话框,如图 3-60 所示。在"分栏"对话框中进行分栏数目、栏宽度、分隔线的设置,设置后分栏的效果如图 3-61 所示。

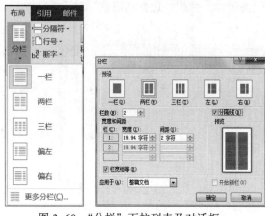

图 3-60 "分栏"下拉列表及对话框

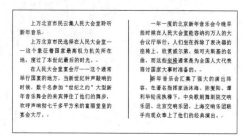

图 3-61 分栏效果

2. 首字下沉

把鼠标定位在要设置下沉或悬挂下沉的段落,单击"插入"/"文本"/"首字下沉"按钮,弹出"首字下沉"下拉列表,选择"首字下沉选项"命令,弹出"首字下沉"对话框,如图 3-62 所示。

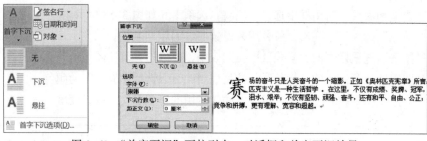

图 3-62 "首字下沉"下拉列表、对话框和首字下沉效果

练习

单位工程概算是编制单项工程综合概算(或项目总概算)的依据,单位工程概算项目根据单项工程中所属的每个单体按专业分别编制。

单位工程概算书是计算一个独立建筑物或构筑物(即单项工程)中每个专业工程所需工程费用的文件。单位工程概算一般分建筑工程、设备及安装工程两大类。

投资估算表。投资估算表应以一个单项工程为编制单元,由土建、给排水、电气、暖通、空调、动力等单位工程的投资估算和土石方、道路、广场、围墙、大门、室外管线、绿化等室外工程的投资估算两大部分内容组成。

编制内容可参照有关建筑工程概、预算文件的规定。在建设单位有可能提供工程建设其他费用时,可将工程建设其他费用和按适当费率取定的预备费列入投资估算表，汇总成建设项目的总投资。

① 将上文第一段文字（"单位工程概算是……每个单体按专业分别编制。"）设置三号、宋体、蓝色、加粗、居中并添加红色底纹和着重号。

② 将上文第三段右缩进 4 字符，悬挂缩进 1.5 字符；第三段前添加项目符号◆。

③ 第二段设置首字下沉，下沉行数为 2，距正文 0.2 厘米。将正文第四段分为等宽的两栏，栏宽为 18 字符。

④ 根据图 3-63 样式，建立一份合同协议书。

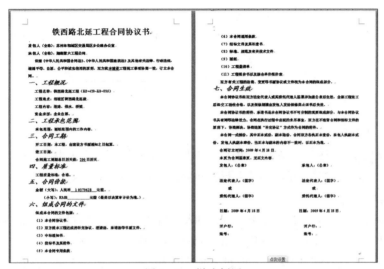

图 3-63　样式例图

项目七　表格的创建和应用

表格是日常工作中一项非常有用的表达方式。在编辑文档时，为了更形象地说明问题，常常需要在文档中创建各种各样的表格。例如，课程表、学生成绩表、个人简历表、商品数据表和财务报表等。Word 2016 提供了强大而丰富的表格处理功能，可以把多种形式的表格插入到文档的任意位置，并对表格及表格中的资料进行各种编辑与排版。

◆ 任务一　创建表格

在 Word 2016 中可以使用多种方法来创建表格，例如按照指定的行、列插入表格；绘制不规则表格和插入 Excel 电子表格等。表格的基本单元称为单元格，它由许多行和列的单元格组成一个综合体。

1. 使用表格按钮创建表格

① 单击"插入"/"表格"/"表格"按钮，弹出如图 3-64 所示网格框。

② 在网格框中，拖动鼠标确定要创建表格的行数和列数，再单击确定。

③ 完成一个规则表格的创建，如图 3-65 所示，创建一个 2×3 表格的效果图。

2. 使用对话框创建表格

使用"插入表格"对话框来创建表格，可以在建立表格的同时设定列宽并自动套用格式。具

体操作如下:

图 3-64 "插入表格"下拉列表

图 3-65 表格效果图

单击"插入"/"表格"/"表格"按钮,在"插入表格"下拉列表中,选择"插入表格"命令,在弹出的"插入表格"对话框中输入行数和列数,如图 3-66 所示。

3. 自由绘制表格

在实际应用中,行与行之间以及列与列之间都是等距的规则表格很少,在很多情况下,还需要创建各种栏宽、行高都不等的不规则表格,如图 3-67 所示。具体操作如下:

单击"插入"/"表格"/"表格"按钮,在"插入表格"下拉列表中,选择"绘制表格"命令,如图 3-64 所示,鼠标指针变为铅笔形状,拖动鼠标完成手工绘制表格。

图 3-66 "插入表格"对话框

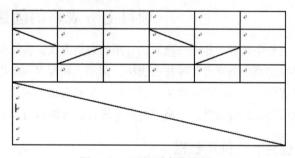

图 3-67 不规则表格绘制

◆ 任务二 表格的设置

表格创建完成后,还需要对其进行编辑修改操作,如插入行和列、删除行和列、合并和拆分单元格等,以满足不同用户的需要。

创建好表格后,功能区便出现"表格工具-设计"和"表格工具-布局"选项卡,如图 3-68 所示,可以对表格进行设计与布局编辑处理。

1. 在表格中选取对象

如对表格内的一些单元格内容进行字体、对齐方式等设置。首先要选取表格内需设置的单元格,然后才能对表格进行设置。

2．插入和删除行、列

在创建表格后，经常会遇到表格的行、列不够用或多余的情况。

（1）插入行、列方法

表格中添加行或列，应先将鼠标指针定位在需要添加行或列相邻的单元格中，然后单击"表格工具-布局"/"行和列"组中相应的插入按钮，如图3-68所示。

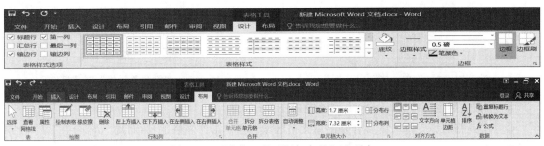

图3-68 "表格工具-设计/布局"选项卡

（2）删除行、列方法

选取要删除的行或列，然后单击"表格工具-布局"/"行和列"/"删除"按钮，在弹出的子菜单中选择"删除行"或"删除列"命令，如图3-69所示。

3．插入和删除单元格

在 Word 2016 中，插入和删除单元格的操作与在表格中插入和删除行和列类似。

（1）插入单元格

① 选取要插入位置所在的单元格。

② 单击"表格工具-布局"/"行和列"按钮。

③ 弹出"插入单元格"对话框，选中"活动单元格右移"或"活动单元格下移"单选按钮，如图3-70所示。

图3-69 "删除"子菜单　　　　　　图3-70 "插入单元格"对话框

（2）删除单元格

① 选取要删除的单元格。

② 单击"表格工具-布局"/"行和列"/"删除"按钮，在弹出的子菜单中选择"删除单元格"命令。

③ 弹出"删除单元格"对话框，选中"右侧单元格左移"或"下方单元格上移"单选按钮，如图3-71所示。

4．拆分和合并单元格

拆分单元格是指把一个或多个相邻的单元格拆分为若干个单元格。

具体操作步骤如下:
① 选取要拆分的单元格,单击"表格工具-布局"/"合并"/"拆分单元格"按钮。
② 在"拆分单元格"对话框的"列数"和"行数"文本框中分别输入需要拆分的列数和行数,如图 3-72 所示。

图 3-71 "删除单元格"对话框

图 3-72 "拆分单元格"对话框

③ 单击"确定"按钮。
合并单元格时,先选取需要合并的单元格区域,再单击"表格工具-布局"/"合并"/"合并单元格"按钮。

5. 调整表格的行高和列宽

创建表格时,表格的行高和列宽都是默认值。在实际工作中,如果觉得表格的尺寸不合适,可以随时调整表格的行高和列宽,通常使用"表格工具-布局"/"行和列"组中的"高度"和"宽度"数值框调整。也可使用"表格属性"对话框进行设置,具体操作步骤如下:

(1)行高的调整
① 选取表格中需要调整行高的行,单击"表格工具-布局"/"表"/"属性"按钮。
② 选择"表格属性"/"行"选项卡,在"指定高度"数值框中调整行高,如图 3-73 所示。

(2)列宽的调整
① 选取表格中需要调整列宽的列,单击"表格工具-布局"/"表"/"属性"按钮。
② 选择"表格属性"/"列"选项卡,在"指定宽度"数值框中调整列宽,如图 3-74 所示。

图 3-73 "行"选项卡

图 3-74 "列"选项卡

◆ 任务三 表格的基本编辑

表格创建完成后,还需要对其进行文字、图形的编辑修改操作,以满足不同用户的需要。

1. 输入表格内容

用户可以在表格的各个单元格中输入文字、插入图形,也可以对各单元格中的内容进行剪切和粘贴等操作，这和正文文本中所做的操作基本相同。用户只需将光标置于表格的单元格中，然后直接利用键盘输入文本即可。

2. 移动或复制表格内容

在编辑表格内容的过程中，有时需要对表格内容进行移动或复制等操作。在表格中，同样可以将表格内容从一个位置移动或复制到另一个位置，以节省文本输入时间。

3. 设置文本格式

在表格的每个单元格中，可以进行字符格式化、段落格式化、添加项目符号和设置文本对齐方式等，其方法与在 Word 文档中设置普通文本的方法基本相同。

（1）单元格对齐方式的设置

① 选取需要设置对齐方式的单元格。

② 在"表格工具-布局"/"对齐方式"列表中，如图 3-75 左图所示，选择一种对齐方式，九种对齐方式的名称如图 3-75 右图所示。

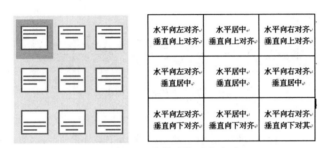

图 3-75　9 种单元格对齐方式

（2）单元格的垂直对齐方式

选取需要设置单元格垂直对齐方式的单元格，单击"表格工具-布局"/"表"/"属性"按钮，选择"单元格"选项卡，在"垂直对齐方式"选项区中选择一种对齐方式，如图 3-76 所示。

图 3-76　"单元格"选项卡

4. 表格的对齐方式

让光标定位到表格，选择"表格"/"表格属性"命令，选择"表格"选项卡，在"对齐方式"选项区中选择一种对齐方式，如图 3-77 所示。

图 3-77 "表格"选项卡

5. 表格样式

① 让光标定位到要套用样式的表格中，单击"表格工具-设计"/"表格样式"/"其他"按钮，弹出"表格样式"下拉列表，如图 3-78 所示。

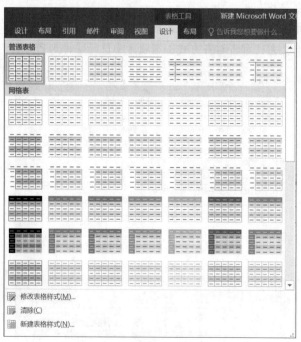

图 3-78 "表格样式"下拉列表

② 如果选取一种样式，所选取的表格会有相应"预览"。

③ 选择"修改表格样式"命令，在"修改样式"对话框中可以设置需要修改的属性和格式，如图 3-79 所示。

图 3-79　"修改样式"对话框

练习

根据题目要求，完成以下练习：

电力电缆、电线价格一览表（单位：元/千米）

型号	规格 2.5	规格 10
塑铜 BV	455	1850
塑软 BVR	518	2100
塑软 BVR	518	2100
橡铜 BX	560	2000
橡铝 BLX	245	735
塑铝 BLV	200	735

① 将上方表格中内容居中，并删除表格第三行，表格样式设置为"浅色底纹"。

② 设置表格中的第一行和第一列内容水平居中，其他各行内容右对齐。

6. 表格边框和底纹

选取要设置边框和底纹的表格或单元格，单击"表格工具-设计"/"表格样式"/"边框"按钮，在弹出的下拉列表中选择"边框和底纹"命令，弹出"边框和底纹"对话框，进行相应的设置，方法同文字边框和底纹的设置。

练习

根据题目要求，完成以下练习：

姓名	职称	职务	单位	电话号码	E-mail
李小可	副教授	主任	应用科技大学	010-82314400	xkli@bj163.com
许伟	工程师	车间主任	变压器工厂	021-62310987	xuwei@hotmail.com

① 删除上方表格的第三列，在表格最后一行之下增加三个空行。

② 设置上方表格列宽：第一列和第二列为 2 厘米，第三至五列为 3.2 厘米。

③ 将此表格外部框线设置为蓝色，1.5 磅，表格内部框线设置为红色，0.75 磅，第一行加蓝色底纹。

④ 根据图 3-80 的样式，建立一份表格文档。

单位工程质量控制资料核查统计

工程名称			施工单位		
序号	项目	资　料　名　称	份数	核查意见	核查人
1	绿化工程	图纸会审统计、设计变更、工程洽商统计、定点放线统计			
2		园林植物进场检验统计和材料、配件出厂合格证书和进场检验统计			
3		隐蔽工程验收统计及相关材料检测试验统计			
4		施工统计			
5		分项、分部工程质量验收统计			
1	园林附属工程	图纸会审、设计变更、洽商统计			
2		工程定位测量、放线统计			
3		原材料出厂合格证书及进场检（试）验汇报			
4		施工试验汇报及见证检测汇报			
5		隐蔽工程验收统计			
6		施工统计			
7		预制构件			
8		地基础			
9		管道、设备强度试验、严密性试验统计			
10		系统清洗、灌水、通水试验统计			
11		分项、分部工程质量验收统计			
12		工程质量事故及事故调查处理资料			
13		新材料、新工艺施工统计			

结论：符合要求　　　　　　　　　结论：符合要求

施工单位项目责任人：　　　　　　总监理工程师：
　　　　　　　　　　　　　　　　（建设单位项目责任人）
　　　　　　　　年　月　日　　　　　　　　年　月　日

图 3-80　样式例图

◆ 任务四　表格与文本之间的转换

在 Word 2016 中，可以将文本转换为表格，也可以将表格转换为文本。

1．将表格转换为文本

将表格转换为文本，可以去除表格线，仅将表格中的文本内容按原来表格的位置顺序提取出来，但会丢失一些特殊的格式，具体操作步骤如下：

① 选取表格，单击"表格工具-设计"/"数据"/"转换为文本"按钮。

② 在"表格转换成文本"对话框中，一般选择"制表符"单选按钮（见图 3-81），单击"确定"按钮就可以将原表格中的单元格文本转换成文字，如图 3-82 所示。

图 3-81　"表格转换成文本"对话框

2. 将文本转换为表格

将文本转换为表格与将表格转换为文本不同，有两种情况：

① 待转换的文本之间没有分隔符。在转换之前必须对要转换的文本进行分隔。文本中的每一行之间要用段落标记符隔开，每一列之间要用分隔符隔开。列之间的分隔符可以是逗号、空格、制表符等。

② 待转换的文本之间已有分隔符（如逗号）相隔。选取已分隔好的文本，单击"插入"/"表格"/"表格"按钮，在弹出的子菜单中选择"文字转换成表格"命令，弹出"将文字转换成表格"对话框，在"文字分隔位置"栏中选择待转换文本之间的分隔符，如图 3-83 所示，单击"确定"按钮完成转换。

姓名	性别	籍贯
张三	男	上海
李四	女	广州
王五	男	北京

姓名，性别，籍贯
张三，男，上海
李四，女，北京
王五，男，广东

图 3-82　表格转换成文本样式　　　　图 3-83　"将文字转换成表格"对话框

> **提　示**
>
> 待转换成表格的文本之间的分隔符如果是中文逗号，则在"文字分隔位置"栏不能选择"逗号"单选按钮，因为这个逗号指的是英文逗号。必须在"其他字符"处通过快捷键的方法复制、粘贴输入中文逗号。

◆ 任务五　表格排序和计算

1. 表格排序

Word 2016 可以对表格中的内容进行排序，排序的依据为：按列（即字段）的数字、拼音、笔画或日期进行递增（从小到大）或递减（从大到小）。

例如：把下表进行排序，主要关键字按数学成绩降序排序，次要关键字按计算机成绩降序排序，第三关键字按英语成绩降序排序。

学号	姓名	性别	数学	计算机	英语
01	丘陵	女	100	98	88
02	刘柳	女	78	79	86
03	孙文	男	85	86	75
04	李孔	男	65	73	70
05	严冬	女	78	83	63
06	马克	男	86	81	75
07	董奇	女	77	91	69

具体操作步骤如下：

① 全选表格，单击"表格工具-设计"/"数据"/"排序"按钮。

② 弹出"排序"对话框，如图3-84所示，在"列表"选项区中，选中"有标题行"单选按钮。

③ 在"主要关键字"下拉列表中，选择"数学"选项，在"类型"下拉列表中，选择"数字"选项（如果要按拼音、笔画或日期排序可以分别选取"拼音"、"笔画"或"日期"选项），选中"降序"单选按钮。

④ 在"次要关键字"下拉列表中，选择"计算机"选项，在"类型"下拉列表中，选择"数字"选项，选中"降序"单选按钮。

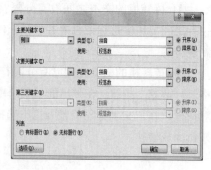

图3-84 "排序"对话框

⑤ 在"第三关键字"下拉列表中，选择"英语"选项，在"类型"下拉列表中，选择"数字"选项，选中"降序"单选按钮。

⑥ 单击"确定"按钮完成。

2. 表格计算

Word 2016为表格中的数值提供了一些简单的算术运算功能（例如求和、求平均值等）。

（1）行或列中数值求和

① 选取放置求和结果的单元格。

② 单击"表格工具-设计"/"数据"/"公式"按钮，弹出"公式"对话框。

如果选定的单元格位于一列数值的底端，默认公式为"=SUM(ABOVE)"，即求上方所有数值的和，并将结果存放在选定的单元格。

如果选定的单元格位于一行数值的右端，默认公式为"=SUM(LEFT)"，即求左侧所有数值的和，并将结果存放在选定的单元格。

③ 单击"确定"按钮，完成计算。

（2）行或列中数值求平均值

① 定位光标在放置平均值结果的单元格。

② 单击"表格工具-设计"/"数据"/"公式"按钮，弹出"公式"对话框。

在"粘贴函数"下拉列表中，选择求平均值函数"AVERAGE"选项，将会在"公式"文本框中显示"=AVERAGE()"，在括号中输入"left"或"above"求左侧或上方数值的平均值。

例如：建立下表样式的表格，并用公式计算总分和平均分。

学号	姓名	数学	计算机	英语	总分
01	丘陵	100	98	88	
06	马克	86	81	75	
03	孙文	85	86	75	
05	严冬	78	83	63	
平均分					

具体操作步骤如下：

① 新建表格，根据样式输入数据内容。

② 把插入点移到"总分"下方第一个单元格（即第二行第六列单元格），单击"表格工具-设计"/"数据"/"公式"按钮，弹出"公式"对话框。

③ 选择"粘贴函数"下拉列表中的 SUM 选项，将会在"公式"文本框中显示"=SUM()"。

④ 在"公式"文本框中的"=SUM()"的括号中输入参数"left"（对左边数据求和），如图 3-85 所示，单击"确定"按钮。

⑤ 第三、四、五行的"总分"计算方法相同，再重复②③④的步骤。

⑥ 把插入点移到"平均分"右边第一个单元格，求平均分。

⑦ 单击"表格工具-设计"/"数据"/"公式"按钮，弹出"公式"对话框。

⑧ 选择"粘贴函数"下拉列表中的 AVERAGE 选项，将会在"公式"文本框中显示"=AVERAGE()"。

⑨ 在"公式"文本框中的"=AVERAGE()"的括号中输入参数"above"（对上方数据求平均值），如图 3-86 所示，单击"确定"按钮。

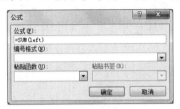
图 3-85　求总分

图 3-86　求平均分

⑩ 第四、五、六列的平均分计算方法相同，再重复⑦⑧⑨的步骤。

— 提　示 —

　　Word 的表格中行号用阿拉伯数字 1、2、3…表示，列标用大写英文字母 A、B、C…表示，单元格用列号加行标表示，如 A3，表示第三行第一个单元格。

例如：建立下表样式的表格，要求计算每位职工的应发工资，计算结果保留 2 位小数，并放入相应的单元格中。

职工姓名	基本工资	奖金	岗位津贴	扣款	应发工资
张 平	800	400	350	58	
李 军	600	370	300	67	
朱 君	600	300	240	43	
王 丽	750	350	380	76	

具体操作步骤如下：

① 将光标定位于 F2 单元格中。

② 单击"表格工具-设计"/"数据"/"公式"按钮，弹出"公式"对话框。

③ 在"公式"文本框中输入"=B2+C2+D2-E2"或"=SUM(B2:D2)- E2"。

注意："SUM(B2:D2)"表示从 B2 到 D2 连续的三个单元格求和。

④ 在"编号格式"下拉列表中选择要保留 2 位小数"0.00"选项。

⑤ 单击"确定"按钮，完成计算。

⑥ 分别将光标定位于 F3、F4、F5 单元格，重复以上步骤，可计算出每位职工应发工资。

项目八 综合实训

1. 实训目的

综合应用字体格式、段落格式、页码、页眉页脚、图片、水印和表格等功能完成以下实训内容。

2. 实训内容

实训一：根据以下样文，完成如下综合练习。

过采样技术

数据采集技术的工程实际应用问题，归结起来主要有两点：一是要求更高的采样率，以满足对高频信号的采样要求；二是要求更大的采样动态范围，以满足对微弱信号的采样要求。

为了解决这两类问题，新的采样方式应运而生。最具有代表性的是过采样技术和欠采样技术。

若 fc 为原始模拟信号中最高频率分量，fs 为采样频率，则当 fs>2fc 时，称为过采样。过采样技术是一种用高采样率换取高量化位数，即以速率换取分辨率的采样方案。用过采样技术，可以提高信噪比，并便于使用数字滤波技术提高有效分辨率。过采样技术是某些 A/D 转换器（如Σ-Δ型 A/D 转换器）得以工作的基础。

采样方式分类

定时采样 定时采样（等间隔采样）

定点采样（变步长采样）

等效采样 时序变换采样（步进、步退、差频）

随机变换采样

① 将标题段（"过采样技术"）文字设置为二号红色阴影黑体、加粗、居中。

② 将正文各段落（"数据采集技术……工作的基础。"）中的中文文字设置为五号宋体、西文文字设置为五号 Arial 字体；各段落首行缩进 2 字符；将正文第三段（"若……工作的基础。"）中出现的所有"fc"和"fs"中的"c"和"s"设置为下标形式。

③ 在页面底端（页脚）居中位置插入页码，并设置起始页码为"Ⅲ"。

④ 将文中后四行文字转换为一个四行二列的表格。设置表格居中，表格第一列列宽为 2.5 厘米，第二列列宽为 7.5 厘米，行高 0.7 厘米，表格中所有文字中部居中。

⑤ 将表格第一、二行的第一列，第三、四行的第一列分别进行单元格合并；设置表格所有框线为 1 磅蓝色单实线。

实训二：根据图 3-87 样式，建立一份自荐书文档。文字内容自拟。

图 3-87 样式例图

单元四　演示文稿软件 PowerPoint 2016

单元导读

　　PowerPoint 2016 是一款功能强大并且可塑性强的图形文稿制作软件。它提供了生成、显示和制作演示文稿、投影片以及幻灯片的各种工具，同时在演示文稿中可以嵌入音频、视频裁剪及 Word 或 Excel 等其他应用程序对象。它帮助用户以简单的可视化操作，快速创建具有精美外观和极富有感染力的演示文稿，帮助用户图文并茂地向公众表达自己的观点、传递信息，是进行学术交流、产品展示、工作汇报的重要工具。

　　四个术语：

　　演示文稿文件：PowerPoint 制作的作品保存的文件类型。

　　演示文稿：由一张或多片幻灯片组成的，是存放内容的地方。

　　占位符：用来提示在幻灯片上插入内容的符号。

　　幻灯片版式：将占位符按一定位置组合排列。

　　本单元主要通过介绍 PowerPoint 2016 的基本概念与基本操作，演示文稿的制作，以及浏览、放映、打印演示文稿等方面的内容，讲解 PowerPoint 2016 的使用与操作。

重点难点

- 演示文稿的创建、打开、关闭与保存。
- 演示文稿视图的使用和幻灯片基本制作。
- 演示文稿主题选用和背景设置。
- 演示文稿动画设置。

项目一　初识 PowerPoint 2016

◆ 任务一　了解 PowerPoint 2016 的新功能与特点

　　PowerPoint 2016 在原有版本基本功能的基础上，做了进一步的扩充与增强，直接支持嵌入和编辑视频文件，统一幻灯片母版设计，丰富的在线主题应用，快速创建图表演示文稿，展现全新的动态切换效果，控制不同方式的播放等，为演示文稿的美化修饰、交互播放起到意想不到的效果。其主要功能与特点体现如下。

　　1. 智能搜索

　　这是 PowerPoint 2016 乃至 Office 2016 全套组件的第一个主打新功能（见图 4-1），包括两大版块：

　　功能查找：以"形状"为例，可以直接搜索"形状"，并且在搜索框里面点击使用。

智能查找：内置了微软的必应搜索，可以在互联网查询关键词的相关信息（见图4-2）。

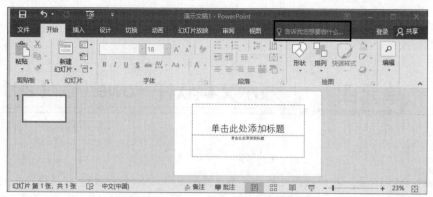

图4-1 PowerPoint 2016智能搜索

缺点：首先是加载相当的慢，可以看到图4-1中一直在加载。其次是加载完毕以后，如果要进一步查看搜索出来的功能，就会自动打开浏览器并连接到对应的搜索。

2. 彩色、深灰色和白色 Office 主题

有三个可应用于 PowerPoint 的 Office 主题：彩色、深灰色和白色。若要访问这些主题，请转到文件/账户，然后单击 Office 主题旁边的下拉按钮（见图4-3）。

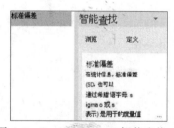

图4-2 PowerPoint 2016智能查找

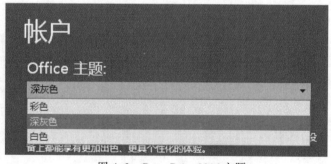

图4-3 PowerPoint 2016主题

3. 新增五个图表类型（见图4-4）

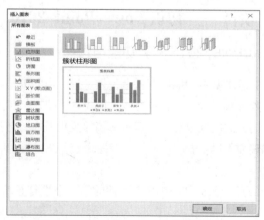

图4-4 PowerPoint 2016新增图表类型

a. 树状图（见图 4-5）：按颜色和距离显示不同类别的数据，数据中的各类分支由矩形块来区别，同一个层次的矩形块表示在一行或一列，矩形块的大小表示数值的多少。

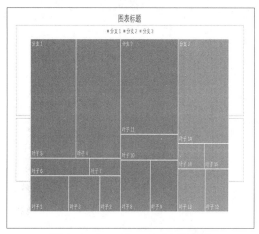

图 4-5　PowerPoint 2016 树状图

b. 旭日图（见图 4-6）：用来反映多重属性的数据，分析数据的层次及占比。

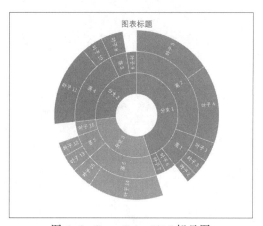

图 4-6　PowerPoint 2016 旭日图

c. 直方图（见图 4-7）：常用来确定一系列数据中不同数据范围在整体的分布情况，比如考试分数分布的人群.

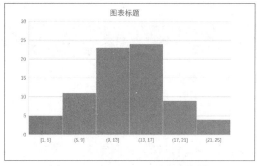

图 4-7　PowerPoint 2016 直方图

d. 箱体图（见图 4-8）：用来简单地看出数据的分布情况，常用于股票等。

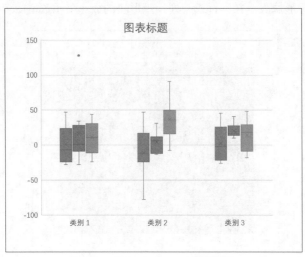

图 4-8　PowerPoint 2016 箱体图

e. 瀑布图（见图 4-9）：用来表示数据增减的变化，多用来标示资金的流入流出。

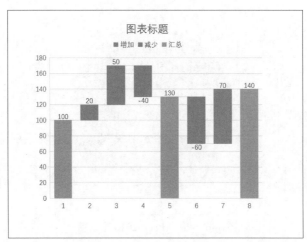

图 4-9　PowerPoint 2016 瀑布图

4．屏幕录制

顾名思义，屏幕录制是用来录制屏幕视频，是相当实用的一个新增功能（见图 4-10）。

图 4-10　PowerPoint 2016 屏幕录制功能

可以选择录制区域、音频以及录制指针，录制完毕以后按【Windows 徽标+Shift+Q】组合键，视频将自动插入演示文稿中。

优点：录制出来的视频帧数率小、码率大、文件小、视频高清。

5．墨迹书写

简单来说就是一个"手绘"功能，突显触摸设备的优势。

如图 4-11 所示，可以直接进行绘画操作。

图 4-11　PowerPoint 2016 墨迹书写功能

优点：点击将墨迹转换为形状之后，即使不会画画，也可以绘制出规则的图形来。

缺点：目前只能识别圆形、矩形、三角形和菱形四种。

除此之外，还有一个墨迹公式功能。和墨迹书写的区别就是从手绘变成手写。用来识别公式，PowerPoint 会将其转换为文本。

打开"插入"/"公式"/"墨迹公式"，在这里可以手动输入复杂的数学公式如图 4-12 所示。如果用户有触摸设备，则可以使用手指或触摸笔手动写入数学公式，PowerPoint 会将它转换为文本。(如果没有触摸设备，也可以使用鼠标进行写入)。用户还可以在进行过程中擦除、选择以及更正所写入的内容。

图 4-12　PowerPoint 2016 墨迹书写插入公式

6．变形切换效果

PowerPoint 2016 附带全新的切换效果类型"变形"，可帮助用户在幻灯片上执行平滑的动画、切换和对象移动。若要有效地使用变形切换效果，通常需要至少包含一个对象的两张幻灯片，最简单的方法是复制幻灯片，然后将第二张幻灯片上的对象移动到其他位置，或者复制并粘贴一张幻灯片中的对象并将其添加到下一张幻灯片。然后，选中第二张幻灯片，转到"切换"/"变形"，如图 4-13 所示，以了解变形如何能够在多张幻灯片上为对象添加动画、移动和强调效果。

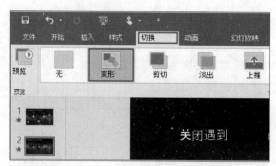

图 4-13　PowerPoint 2016 变形切换

7. 高清 1080P

PowerPoint 2016 支持将演示文件导出为 1080P 视频，如图 4-14 所示。

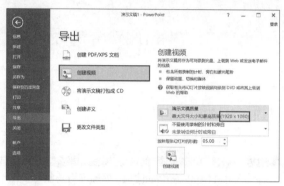

图 4-14　PowerPoint 2016 变形切换

◆ 任务二　了解主要组成对象

1. 演示文稿

PowerPoint 2016 生成的文件称为演示文稿，其扩展名为.pptx。演示文稿是由若干张幻灯片连续组成的文档，幻灯片是演示文稿的组成单位。一个演示文稿包含若干张幻灯片，每一张幻灯片都是由对象及其版式组成的。演示文稿可以通过普通视图、阅读视图、备注页视图、幻灯片浏览视图、幻灯片放映视图来显示。

2. 对象及版式

对象是 PowerPoint 2016 幻灯片的重要组成元素。当向幻灯片中插入文字、图表、结构图、图形、Word 表格以及任何其他元素时，这些元素就是对象。每一个对象在幻灯片中都有一个占位符，根据提示单击或双击它可以填写、添加相应的内容。用户可以选择对象，修改对象的属性，还可以对对象进行移动、复制、删除等操作。

版式就是对象的布局。PowerPoint 2016 提供了多种版式，制作新的幻灯片时，可以根据需要从中任意选择一种。每种版式都包含多个对象，对象的位置也各不相同，如图 4-15 所示。在编辑幻灯片的过程中，还可以修改其版式。

图 4-15　幻灯片版式

◆ 任务三　PowerPoint 2016 的启动与退出

启动 PowerPoint 2016 的方法有多种，一般来说可以从"开始"菜单的"程序"项中启动，双击 PowerPoint 文件，或双击快捷图标启动。退出时可选择"文件"/"退出"命令，或单击右上角的"关闭"按钮。

> 提 示
> PowerPoint 2016 的启动与退出操作与 Word 的启动与退出类似，请参考本书单元三的相关内容。

◆ 任务四　了解 PowerPoint 2016 的窗口与视图

PowerPoint 2016 窗口布局（见图 4-16）与 Word 2016 窗口布局类似，也包括文件、开始、插入等选项卡，前面已详细介绍，这里不再累述。下面重点介绍演示文稿编辑区和"视图"选项卡中的演示文稿视图。

图 4-16　PowerPoint 2016 窗口布局

1. 幻灯片编辑区

幻灯片编辑区在功能区的下方，分为左侧的幻灯片浏览窗格、右侧上方的幻灯片编辑窗格和右侧下方的备注窗格（单击"备注"按钮可显示或隐藏）三个部分。在"普通"视图下，这三个窗格同时显示在幻灯片编辑区，拖动窗格之间的分界线可以调整各窗格的大小。用户可以在幻灯片窗格中编辑当前幻灯片的内容，包括文本、图片、表格等对象；可以在备注窗格中输入对幻灯片的解释、说明等备注信息，供演讲者参考；可以在幻灯片/大纲浏览窗格中查看幻灯片的缩略图，调整幻灯片的排列次序，添加或删除幻灯片。

2. 演示文稿视图

PowerPoint 2016 的演示文稿主要有六种视图表现方式，分别是"普通"视图、"幻灯片浏览"视图、"备注页"视图、"阅读"视图、向观众放映和演示的"幻灯片放映"视图以及"母版"视图。控制视图的工具栏按钮在"视图"选项卡，如图 4-16 状态栏中视图切换按钮所示。

(1)"普通"视图

打开"视图"选项卡,单击"演示文稿视图"/"普通视图"按钮,切换到"普通"视图。在普通视图下,屏幕被分为三块不同的区域,可以分别从中查看大纲、幻灯片以及为每张幻灯片添加的备注内容,这也是幻灯片默认的显示方式。在幻灯片浏览窗格可以对幻灯片进行简单的编辑(如复制、删除、移动);在幻灯片编辑窗格中可以对幻灯片进行编辑(如编辑文字、设置背景、设置动画等);在备注窗格可以对当前幻灯片添加备注信息。这三个窗格的大小是可以调节的,方法是拖动两部分之间的分界线即可。

(2)"大纲"视图

"大纲"视图含有大纲窗格、幻灯片缩图窗格和幻灯片备注页窗格。在大纲窗格中显示演示文稿的文本内容和组织结构,不显示图形、图像、图表等对象。

在"大纲"视图下编辑演示文稿,可以调整各幻灯片的前后顺序;在一张幻灯片内可以调整标题的层次级别和前后次序;可以将某幻灯片的文本复制或移动到其他幻灯片中。

(3)"幻灯片浏览"视图

"幻灯片浏览"视图用来掌握演示文稿的整体,但不能对每张幻灯片进行编辑。单击"视图"/"幻灯片浏览"按钮,切换到"幻灯片浏览"视图中,一屏可显示多张幻灯片缩略图,可以直观地反映演示文稿的整体外观,便于进行多张幻灯片的编排等操作。

(4)"备注页"视图

备注页是供演讲者使用的,它的上方是幻灯片缩图,下方记录演讲者讲演时所需的一些提示重点。打开"备注页"视图的方法是单击"视图"/"备注页"按钮。

(5)"阅读"视图

"阅读"视图是幻灯片制作完成后的简单放映浏览。在"阅读"视图下,只保留幻灯片窗格、标题栏和状态栏,其他编辑功能被屏蔽。通常是从当前幻灯片一直切换放映到最后一张幻灯片后退出"阅读"视图。放映过程中可以按【Esc】键退出"阅读"视图。

(6)"母版"视图(见图4-17)

当演示文稿中的某些幻灯片拥有相同的格式时,可以采用幻灯片母版来定义。幻灯片母版是一张具有特殊用途的幻灯片,它为基于该母版的演示文稿的幻灯片提供一个共同的格式,如果修改了母版的样式,将会影响所有基于该母版的演示文稿的幻灯片样式。每个相应的幻灯片视图都有与其相对应的母版。要切换到母版,只需单击"视图"/"母版视图"/"幻灯片母版"按钮,会在"文件"选项卡之后新增"幻灯片母版"选项卡,可在此功能区编辑母版。值得注意的是,在"幻灯片母版"视图中,若选择"幻灯片/大纲浏览窗格"中的第一张幻灯片做编辑,其修改效果将应用于所有幻灯片;若选择窗格中其他幻灯片,编辑效果仅对当前幻灯片有效。

如果要在每张幻灯片的同一位置插入一幅图形,不必在每张幻灯片上一一插入,只需在幻灯片母版上插入即可。

图4-17 幻灯片母版视图

练习

使用母版，在演示文稿中的每张幻灯片中加入一幅剪贴画。

操作步骤如下：

① 打开演示文稿，单击"视图"/"母版视图"/"幻灯片母版"按钮，再单击"幻灯片/大纲浏览窗格"中的第一张幻灯片。

② 在"幻灯片窗格"中，单击"插入"/"图像"/"剪贴画"按钮。

③ 在"剪贴画"任务窗格中搜索需插入的剪贴画，插入后将其调整到合适的位置和大小。

④ 在"幻灯片母版"选项卡的最右侧关闭"幻灯片母版"视图。

项目二　演示文稿的创建

◆ 任务一　创建演示文稿

在制作一个演示文稿之前，必须对所要阐述的问题有着清醒和深刻的认识。用户要对整个内容做充分的准备工作，比如：确定演示文稿的应用范围和重点，加入一些有说服力的数据和图表，给出概括性的结论等，当然对于不同的应用有着不同的设计规则，这只有通过不断的实践才能获得。创建演示文稿主要有如下几种方式：

1. 创建空白演示文稿

启动 PowerPoint 2016 后，会显示"开始"屏幕。在其中单击"空白演示文稿"，就可以打开空白演示文稿，如图 4-18 所示。

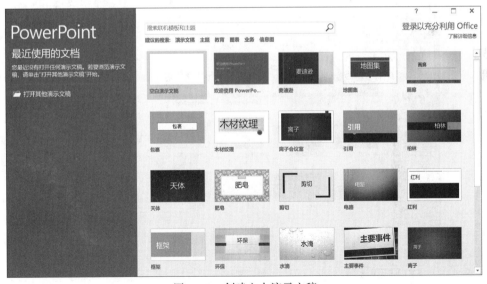

图 4-18　创建空白演示文稿

2. 创建主题演示文稿

启动 PowerPoint 2016 后，新建一个空白演示文稿。选择"开始"/"新建"命令，显示模板和主题，选择 Office 主题中的一种即可，如图 4-19 所示。

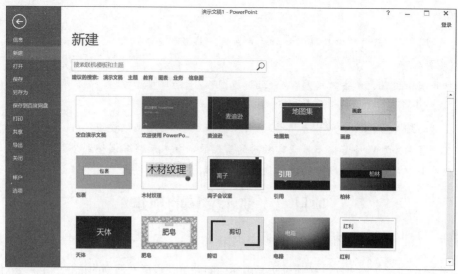

图 4-19　创建主题演示文稿

3．利用模板创建演示文稿

① 打开 PowerPoint 2016，选择"文件"/"新建"命令。

② 在"搜索联机模板和主题"框中，输入要搜索的关键字或短语，按【Enter】键，也可以单击搜索框下面"建议的搜索"行上的某一个类别链接，如图 4-20 所示，将会显示满足条件的一组模板，选择符合的主题，开始创建。

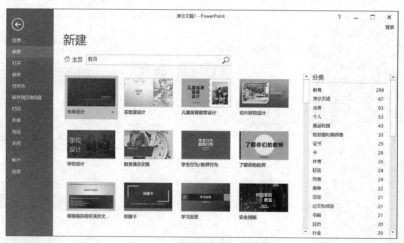

图 4-20　模板创建演示文稿

◆ 任务二　打开演示文稿

① 打开演示文稿的一般方法。选择"文件"/"打开"命令。此时将显示"打开"屏幕。单击"浏览"按钮，显示"打开"对话框，在左侧选择文件所在的路径。在"文件类型"下拉列表中选择文件类型，选择需要打开的文件，然后单击"打开"按钮即可。

② 打开最近使用的演示文稿。选择"文件"/"打开"命令，在打开的页面中将显示最近使用的演示文稿名称和保存路径，然后选择需要打开的演示文稿即可。

③ 以只读方式打开演示文稿。选择"文件"/"打开"命令，显示"打开"屏幕，单击"浏览"按钮，显示"打开"对话框；然后单击"打开"按钮右侧的下拉按钮，在下拉列表中选择"以只读方式打开"命令，在打开的演示文稿"标题"栏中将显示"只读"字样。

④ 以副本方式打开演示文稿。选择"文件"/"打开"命令，显示"打开"屏幕，单击"浏览"按钮，显示"打开"对话框；然后单击按钮右侧的下拉按钮，在下拉列表中选择"以副本方式打开"命令在打开的演示文稿"标题"栏中将显示"副本"字样。

◆ 任务三　保存演示文稿

用户可以在投影仪或者计算机上进行演示，也可以将演示文稿打印出来，制作成胶片，以便应用到更广泛的领域中。演示文稿扩展名为 ppt 或 pptx；或者保存为 pdf、图片格式等。PowerPoint 2010 及以上版本中可保存为视频格式。演示文稿中的每一页称为幻灯片，每张幻灯片都是演示文稿中既相互独立又相互联系的内容。演示文稿制作完成后，应将其保存在磁盘上。演示文稿可以保存在原位置，也可以换名保存在其他位置。

① 直接保存演示文稿。第一次保存时，选择"文件"/"保存"命令或单击快速访问工具栏中的"保存"按钮或按【Ctrl+S】组合键。此时将会打开"另存为"对话框。单击"浏览"按钮，打开"另存为"对话框，在"另存为"对话框左侧的导航窗格中列出了几个可以折叠/展开的类别，单击要保存的根目录，依次选择保存的路径，最后在"文件名"文本框中，输入要给演示文稿使用的名称，替代原来的名称，单击"保存"按钮，就会保存当前文件。

② 另存为演示文稿。若不想改变原有演示文稿中的内容，可以通过"另存为"命令将演示文稿保存在其他位置或更改其名称，操作与第一次保存演示文稿操作相同。

③ 将演示文稿保存为模板。打开"另存为"对话框，在"保存类型"下拉列表中选择"PowerPoint 模板"命令。其余操作与第一次保存演示文稿操作相同。

④ 保存为低版本演示文稿。打开"另存为"对话框，在"保存类型"下拉列表中选择"PowerPoint 97－2003 演示文稿"命令，其余操作与第一次保存演示文稿操作相同。

⑤ 自动保存演示文稿。选择"文件"/"选项"命令，打开"PowerPoint 选项"对话框，在左边单击"保存"选项卡，右边的"保存演示文稿"栏中单击选中两个复选框：在"保存自动恢复信息时间间隔"复选框后面的数值框中输入自动保存的时间间隔，在"自动恢复文件位置"文本框中输入文件未保存就关闭时的临时保存位置，单击"确定"按钮。

◆ 任务四　打印演示文稿

为便于演讲者参考、现场分发给观众、保存文档等，可以将演示文稿打印成文档。若需要打印演示文稿，可以采用如下步骤：

① 打开演示文稿，选择"文件"/"打印"命令，右侧窗格中各选项可以设置打印份数、打印范围、添加打印机等。

② 在"打印"栏输入打印份数，在"打印机"栏中选择当前要使用的打印机。

③ 在"设置"栏中从上至下依次确定打印范围、打印版式、打印顺序和彩色/灰度打印等。

④ 设置完成后，单击"打印"按钮。

◆ 任务五　关闭演示文稿

① 通过单击按钮关闭。单击 PowerPoint 2016 工作界面标题栏右上角的"关闭"按钮，关闭演示文稿并退出 PowerPoint 2016 程序。

② 通过快捷菜单关闭。在 PowerPoint 2016 工作界面标题栏上右击，在弹出的快捷菜单中选择"关闭"命令。

③ 通过命令关闭。选择"文件"/"关闭"命令，关闭当前演示文稿。

项目三　演示文稿的编辑

演示文稿创建完成后，可以对其进行一些调整操作，就像在 Word 中对文字进行编辑一样，非常简单方便。普通用户一般在幻灯片视图下制作演示文稿。一张内容丰富多彩的幻灯片往往包含多种对象，对象是 PowerPoint 幻灯片的重要组成元素。当向幻灯片中插入文字、图形、表格以及任何其他元素时，这些元素就是对象。每一个对象在幻灯片中都有一个占位符，根据提示单击或双击它可以填写、添加相应的内容。用户可以选择对象，修改对象的属性，还可以对对象进行移动、复制、删除等操作。

◆ 任务一　管理幻灯片

管理幻灯片包括插入新幻灯片，移动、复制、删除幻灯片以及打开、保存、关闭幻灯片等操作。

1. 插入幻灯片

（1）插入新幻灯片

增加幻灯片可以通过插入操作来实现。常用方法是：在"普通"视图下，在"幻灯片/大纲浏览"窗格选择目标幻灯片缩略图（新幻灯片将插在其之后），然后选择"开始"选项卡，单击"幻灯片"/"新建幻灯片"的下拉按钮，从出现的幻灯片版式列表中选择一种版式（例如"标题和内容"），如图 4-21 所示，则在当前幻灯片后出现新插入的指定版式幻灯片。

另外，也可以在"幻灯片/大纲浏览"窗格右击某幻灯片缩略图，在弹出的快捷菜单中选择"新建幻灯片"命令，在该幻灯片缩略图后面出现新幻灯片。

（2）插入来自其他演示文稿文件的幻灯片

如果需要插入其他演示文稿文件的幻灯片，可以采用重用幻灯片功能。具体步骤如下：

① 在"普通"视图下，左侧窗格中选择目标幻灯片缩略图。

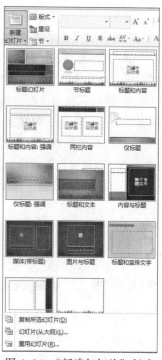

图 4-21　"新建幻灯片"版式

② 单击"开始"/"幻灯片"/"新建幻灯片"下拉按钮，在下拉列表中选择"重用幻灯片"命令。右侧出现"重用幻灯片"窗格。

③ 单击"重用幻灯片"窗格的"浏览"按钮，并选择"浏览文件"命令。在出现的"浏览"对话框中选择要插入的演示文稿并单击"打开"按钮。此时，"重用幻灯片"窗格中出现该演示文

稿的全部幻灯片。

④ 单击"重用幻灯片"窗格中的某张幻灯片，该幻灯片被插入到当前演示文稿的插入位置。继续单击"重用幻灯片"窗格中的幻灯片，可依次插入多张幻灯片到当前的演示文稿。若某张幻灯片要插入到另一位置，则在插入前先确定插入位置即可。

另外，也可在"幻灯片浏览"视图下单击当前演示文稿的目标插入位置，该位置出现竖线，再完成以上②、③、④步骤。

2．移动和复制幻灯片

演示文稿中的幻灯片有时要调整位置，按新的顺序排列。因此需要向前或向后移动幻灯片。移动幻灯片方法如下：

在"普通"视图下，选择"幻灯片/大纲浏览"窗格中需要移动位置的幻灯片缩略图，按住鼠标左键拖动幻灯片缩略图到目标位置，当目标位置出现一条竖线时，松开左键。若拖动的同时，按住【Ctrl】键可实现幻灯片的复制。使用"剪切"/"复制"+"粘贴"幻灯片的方法也可移动/复制幻灯片。

以上操作也可在"幻灯片浏览"视图下实现。

3．删除幻灯片

在"幻灯片/大纲浏览"窗格选择目标幻灯片缩略图，然后按删除键；也可以右击目标幻灯片缩略图，在弹出的快捷菜单中选择"删除幻灯片"命令。若删除多张幻灯片，可按住【Shift】/【Ctrl】键选择连续/不连续的幻灯片，然后按删除键。

> **提　示**
> 选择多张幻灯片的方法与 Windows 中选择多个文件夹的方法相同。

4．将幻灯片分节

使用 PowerPoint 2016 新增的节功能组织管理幻灯片，就像使用文件夹管理文件一样，快速、便捷，且结构清晰。

① 选定"幻灯片/大纲"区域中要添加节的第一张幻灯片，选择"开始"/"幻灯片"/"节"/"新增节"命令，在当前幻灯片前面创建新的"节"，默认名称为"无标题节"，如图 4-22 所示。

② 选择"开始"/"幻灯片"/"节"/"重命名节"命令，弹出"重命名节"对话框，如图 4-23 所示，输入"节名称"，单击"重命名"按钮即可。

③ 用上述方法创建的节，包含了选定幻灯片后面的所有幻灯片，如果要创建若干个节，对幻灯片进行分类管理，则每次选定要创建节的第一张幻灯片，重复上述操作即可。

图 4-22　新增节

图 4-23　重命名节

④ 将演示文稿组织为多个节。单击节标题左侧的按钮 ◢ 或 ▷，折叠或展开节。创建好的节，既可以在幻灯片浏览视图中查看，也可以在普通视图中查看。如果希望按定义的逻辑类别对幻灯片进行组织和分类，则使用幻灯片浏览视图往往更直观清晰。

◆ 任务二　编辑幻灯片中的文本对象

1．输入文本

在幻灯片中创建文本对象有两种方法：

当建立空白演示文稿时，系统自动生成一张标题幻灯片，其中包括两个虚线框，框中有提示文字，这个虚线框称为占位符。如果用户使用的是带有文本占位符的幻灯片版式，单击文本占位符位置，就可在其中输入文本。

如果用户要在没有文本占位符的幻灯片版式中添加文本对象，可以单击"插入"/"文本"/"文本框"按钮，在下拉列表中选择"横排文本框"或"垂直文本框"命令，鼠标指针呈十字状；然后将指针移动到目标位置，按左键拖出大小合适的文本框。在闪动的插入点处输入文本即可。

2．编辑文本

要对某文本进行编辑，必须先选择该文本，即编辑文本的前提是选择文本，选择文本的方式与 Word 中相同，这里不再赘述。

（1）替换文本

选择要替换的文本，使其反白显示后直接输入新文本。也可以在选择要替换的文本后按删除键，将其删除，然后再输入所需文本。

（2）在占位符中输入文本与删除文本

占位符是指幻灯片中被虚线框起来的部分。虚线框内往往有"单击此处添加标题"之类的提示语，一旦单击之后，提示语会自动消失，并且在其中输入文字，带有固定的格式。如果当前幻灯片中无占位符，则用户不能输入字符信息，通过单击"插入"/"文本"/"文本框"按钮，插入文本框，方可输入文本内容。

删除文本时，选择要删除的文本，使其反白显示，按【Delete】键即可。此外，还可以选择文本后右击，在弹出的快捷菜单中选择"剪切"命令。

（3）移动与复制文本

选择要移动的文本，然后鼠标指针移到该文本上并把它拖到目标位置，就可以实现移动操作。移动的同时并按住【Ctrl】键将其拖到目标位置，就可以实现复制操作。

3．调整文本格式

通常输入文本的格式都是系统默认的，但有时这种格式并不能完全满足需要，比如可能要对文本的字体、颜色、对齐方式等进行修改。

（1）调整字体、字号、字体样式和字体颜色

字体、字号、字体样式和字体颜色可以通过"开始"/"字体"组的相关命令设置。

（2）文本对齐

若要改变文本的对齐方式，可以先选择文本，然后单击"开始"/"段落"组的相应按钮，同样也可以单击"段落"组右下角的 按钮，在弹出的"段落"对话框中更精细地设置段落格式，如图 4-24 所示。

单元四 演示文稿软件 PowerPoint 2016

图 4-24 "段落"对话框

提 示

在"开始"选项卡的"段落"组中还可以为对象设置项目符号和编号,方法与 Word 中设置方法相同。

练习

建立一个空白的演示文稿设置第一张幻灯片的标题为"PowerPoint 2016 教程",并插入一张幻灯片作为第一张幻灯片,版式为标题幻灯片,其主标题为"幻灯片制作实例",副标题为"计算机等级考试"。主标题的字体设置为"黑体",字号 65 磅,加粗。副标题字体设置为"仿宋",字号为 31 磅,字体颜色为红色(请用自定义标签的红色 250、绿色 0、蓝色 0)。

◆ 任务三 编辑幻灯片的外观

幻灯片的背景对幻灯片放映的效果起重要作用。为达到更好的放映效果,常常需要调整幻灯片背景的颜色、图案和纹理等。幻灯片背景的设置主要通过改变主题样式和背景样式来实现。

1. 应用主题

采用主题样式可以统一修饰幻灯片的外观,也就是通过变换不同的主题更改幻灯片的版式和背景。PowerPoint 2016 提供了 40 多种内置主题。用户可以选择中意的主题,重新设置幻灯片的外观风格。

在"普通"视图下,选择"设计"选项卡,"主题"组中显示了部分主题列表,单击主题列表右下角的"其他"按钮,显示全部的内置主题,如图 4-25 所示。鼠标指向某主题,会显示该主题的名称,并在幻灯片上预览应用该主题后的效果。单击该主题,将修饰效果应用于演示文稿。

图 4-25 "设计"选项卡"主题"组

> **提示**
> 若只想修改部分幻灯片的主题，可以选择这些幻灯片后右击需应用的主题，在弹出的快捷菜单中选择"应用于选定幻灯片"命令，则选定的幻灯片更换主题，其他幻灯片保持不变。若在弹出的快捷菜单中选择"应用于所有幻灯片"命令，则所有幻灯片均采用所选主题。

2. 改变背景样式

PowerPoint 的每个主题提供了 12 种背景样式，用户可以选择一种样式快速改变演示文稿中幻灯片的背景。若右击所选背景样式，在弹出的快捷菜单中，既可以改变所有幻灯片的背景，也可以只改变所选择幻灯片的背景。打开演示文稿，单击"设计"/"变体"/"背景样式"按钮，则显示当前主题 12 种背景样式下拉列表，如图 4-26 所示。从背景样式下拉列表中选择一种背景样式，则所有幻灯片均采用该背景样式。

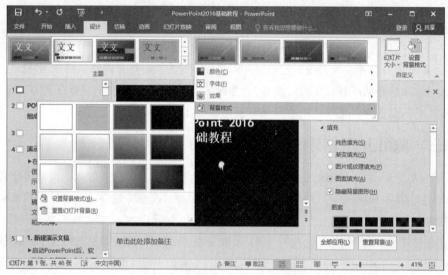

图 4-26 "背景样式"下拉列表

3. 设置背景格式

（1）改变背景颜色

改变背景颜色有"纯色填充"和"渐变填充"两种方式。"纯色填充"是选择单一颜色填充背景，而"渐变填充"是将两种或更多种填充颜色逐渐混合在一起，以某种渐变方式从一种颜色逐渐过渡到另一种颜色。

① 单击"设计"/"背景"/"背景样式"按钮，在弹出的下拉列表中选择"设置背景格式"命令，弹出"设置背景格式"对话框，如图 4-27 所示。也可以右击幻灯片的空白处，在弹出的快捷菜单底部找到"设置背景格式"命令。

② 选择"设置背景格式"对话框的左侧"填充"选项，右侧提供两种背景颜色填充方式："纯色填充"和"渐变填充"。

③ 选择"纯色填充"单选按钮，单击"颜色"栏下拉按

图 4-27 "设置背景格式"对话框

钮，在下拉列表中选择背景填充颜色，如图 4-28 所示。若不满意列表中的颜色，也可以选择"其他颜色"命令，从弹出的"颜色"对话框中选择或按 RGB 颜色模式自定义背景颜色，如图 4-29 所示。

④ 若选择"渐变填充"单选按钮，可以直接选择系统"预设颜色"填充背景（如：心如止水），也可以设置类型（如：线性）和方向（如：线性对角-左上到右下）。

⑤ 单击"关闭"按钮，则所选背景颜色应用于当前幻灯片；若单击"全部应用"按钮，则改变所有幻灯片的背景。若单击"重置背景"按钮，则撤销本次设置，恢复设置前状态。

（2）图案填充

在"设置背景格式"对话框中，选择对话框左侧"填充"选项，右侧选择"图案填充"单选按钮，在出现的图案列表中选择所需图案（如：浅色下对角线）。通过"前景"和"背景"栏可以自定义图案的前景色和背景色，单击"关闭"或"全部应用"按钮将效果应用于所选幻灯片或所有幻灯片。

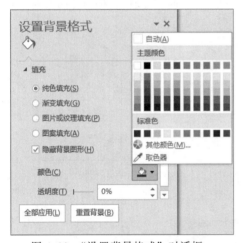

图 4-28　"设置背景格式"对话框

图 4-29　"自定义颜色"对话框

（3）纹理填充

选择"设置背景格式"对话框左侧的"填充"选项，右侧选择"图片或纹理填充"单选按钮，单击"纹理"下拉按钮，在出现的各种纹理列表中选择所需纹理（如"花束"），最后单击"关闭"或"全部应用"按钮。

（4）图片填充

选择"设置背景格式"对话框左侧的"填充"选项，右侧选择"图片或纹理填充"单选按钮，在"插入自"栏中单击"文件"按钮，在弹出的"插入图片"对话框中选择所需图片文件，并单击"插入"按钮，回到"设置背景格式"对话框，最后单击"关闭"或"全部应用"按钮。

练习

创建一个空白演示文稿，插入两张版式为"标题和竖排文字"的幻灯片。在隐藏背景图形的情况下，将第一张幻灯片的背景填充为"渐变填充"，"预设颜色"为"顶部聚光灯-个性色 1"，类型为"线性"，方向为"线性对角-左上到右下"。将第二张幻灯片背景填充设置为"水滴"纹理。

项目四　在演示文稿中插入对象

在演示文稿中添加图片、图形、艺术字、表格等对象可以丰富演讲的表现形式，极大增强幻灯片的演示效果，Office 2016 中包含多种剪贴画、图片、声音和图像，它们都能插入到演示文稿中使用。有时需要使用自己设计的图形、艺术字或表格，以配合演示文稿的内容，系统提供了多种基本形状和样式供选择。

◆ 任务一　插入剪贴画和图片

在幻灯片中使用图片可以将图形和文字有机地结合起来，避免单调的文字讲述使人产生厌烦情绪。同时，也可通过图片将难以描述的数据清晰表现，使演示效果更加生动，内容更加丰富。

1. 插入图片

单击"插入"/"图片"按钮，弹出"插入图片"对话框。在该对话框左侧选择存放目标图片的位置，在右侧该文件夹中选择满意的图片文件，然后单击"插入"按钮，将图片插入到当前幻灯片中，如图 4-30 所示。

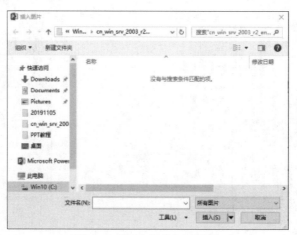

图 4-30 "插入图片"对话框

2. 调整图片的大小和位置

当选定插入的图片后，功能区的最后会增加"设置图片格式"对话框。如果插入的剪贴画或图片的大小和位置不合适，则可以选择图片，按住左键并拖动左右（上下）边框控制点可以在水平（垂直）方向缩放。若需精确调整图片的大小，可单击"图片工具-大小与属性"组中"高度"和"宽度"按钮进行设置。调整图片位置时，选择图片，鼠标指针移到图片上，按左键并拖动，可以将该图片移动到目标位置。

3. 旋转图片

（1）手动旋转图片

单击要旋转的图片，图片四周出现控制点，按住左键拖动上方绿色控制点即可随意旋转图片。

（2）精确旋转图片

选择图片，单击"图片工具-大小与属性"组中"旋转"按钮进行设置。在下拉列表中选择需要旋转的角度。

若要实现精确旋转图片，可以选择"旋转"子菜单中的"其他旋转选项"命令，弹出"设置图片格式"对话框，如图 4-31 所示。在"旋转"栏输入要旋转的角度，正度数为顺时针旋转，负度数表示逆时针旋转。

4．用图片样式美化图片

选择幻灯片并单击要美化的图片，在"图片工具-格式"/"图片样式"组中显示若干图片样式列表，如图 4-32 所示。单击样式列表右下角的"其他"按钮，会弹出包括 28 种图片样式的列表，从中选择一种。单击"图片样式"组右侧的"图片效果"按钮可以设置图片的 12 种预设效果以及阴影、映像、发光等特定视觉效果。

图 4-31　"设置图片格式"对话框

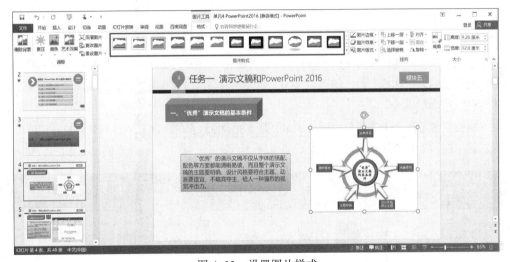

图 4-32　设置图片样式

◆ 任务二　插入图形

有时在编辑演示文稿时，需要在里面插入几何图形。PowerPoint 2016 中预先提供了一组基础图形，插入的图形可以直接使用，也可以与其他图形组合为更复杂的图形。

插入形状有两种方法：单击"插入"/"形状"按钮，或者单击"开始"/"绘图"形状下拉列表右下角"其他"按钮，就会出现各类形状的列表，如图 4-33 所示。

1．绘制图形

首先，单击"插入"/"形状"按钮，在出现的形状下拉列表中选择需绘制的图形形状。然后，鼠标指针移到幻灯片上呈十字形，按住鼠标左键拖动绘制图形。通过拖动选定图形的控制点，可以改变图形的大小和形状。拖动绿色控制点，可以旋转图形。

图 4-33　插入形状下拉列表

> **提示**
> 按住【Shift】键可以画特定方向的直线，例如水平线、垂直线、对角线等。

绘制图形后，若不喜欢当前形状，可以删除后重新绘制，也可以直接更改为喜欢的形状。选择要更改的图形，单击"绘图工具-格式"/"插入形状"/"编辑形状"按钮，在展开的下拉列表中选择"更改形状"命令，然后在弹出的形状列表中选择要更改的目标形状，则原图形更改成目标形状。

2．在形状中添加文本

在图形上添加文字，能使表达的含义更清晰。单击形状，周围出现控制点后直接输入所需的文本，即可实现图文并茂的效果。或者右击形状，在弹出的快捷菜单中选择"编辑文字"命令，在光标处输入文字即可。

3．组合形状

有时需要将两个或两个以上的图形组合成一个整体，组合图形的操作是：按住【Shift】键并依次选择要组合的每个形状，使每个形状周围出现控制点。再单击"绘图工具-格式"/"排列"/"组合"按钮，并在弹出的下拉列表中选择"组合"命令，可以将多个图形组合成一个图形。

如果想取消组合，则首先选中组合形状，然后再单击"绘图工具-格式"/"排列"/"组合"按钮，并在弹出的下拉列表中选择"取消组合"命令。此时，组合形状又恢复为组合前的几个独立形状。

4．格式化形状

插入图形后常常还要美化图形，PowerPoint 提供了多种预设的形状样式，只要简单套用就可以对图形格式化。图形的格式化通过插入图形后新增的"绘图工具-格式"选项卡实现，如图 4-34 所示。

图 4-34 "绘图工具-格式"选项卡

◆ 任务三 插入艺术字和文本框

为使文本更加醒目、美观、有趣，有时要将文字设置成艺术字效果。艺术字可以突出显示需强调的文字，对文本进行拉伸、变形或渐变填充等艺术化处理。在演示文稿中可以将文本转换成艺术字，也可以创建艺术字。

1．创建艺术字

创建艺术字时，首先选中要插入艺术字的幻灯片，单击"插入"/"艺术字"按钮，弹出艺术字样式列表，如图 4-35 所示。在艺术字样式列表中选择一种艺术字样式（如："填充-白色，轮廓-着色 1-发光-着色 1"），出现指定样式的艺术字编辑框，在艺术字编辑框中删除原有文本并输入新文本（如："计算机等级考试"）。最后对艺术字格式进行设置。若输入的文本有误，单击艺术字，直接编辑修改文字即可。

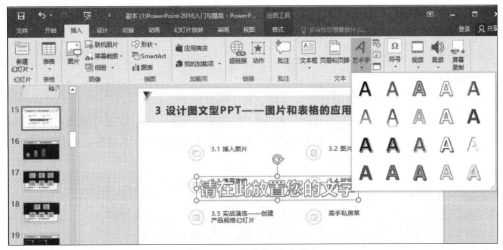

图 4-35 艺术字样式列表

2. 艺术字的效果和设置

创建艺术字后，若要对艺术字格式进行修饰，如需设置艺术字的填充颜色、艺术字轮廓、艺术字效果等，可以先选择艺术字，单击"绘图工具-格式"/"艺术字样式"组中的各个按钮完成设置，其方法与设置图形效果方法相同，这里不再赘述。

如果需要精确定位艺术字，确定艺术字在幻灯片中的具体位置，方法是：选择艺术字，单击"绘图工具-格式"/"大小"/"大小和位置"按钮（在"大小"组的右下角），弹出"设置形状格式"对话框。在该对话框的左侧选择"位置"选项，右侧分别在"水平"栏、"垂直"栏填入所需的数据，单击"确定"按钮，则精确定位艺术字，如图 4-36 所示。

3. 转换普通文本为艺术字

先选择需要转换的文本，然后单击"插入"/"艺术字"按钮，在弹出的艺术字样式列表中选择一种样式，即可将普通文本转换为艺术字。

图 4-36 "设置形状格式"对话框

练习

用样本模板创建一个"PowerPoint 2016 简介"的演示文稿。在演示文稿中第一张幻灯片的左下角插入文字"演示文稿简介"，这些文字所在文本框的位置是：水平为 3.4 厘米，度量依据为左上角；垂直为 17.4 厘米，度量依据为左上角。其字体为"黑体"，字号 15 磅。

◆ 任务四 插入表格

表格是由行、列交叉构成的单元格。在许多报告中，如成绩表、工资表等，常常采用表格的形式来表达，可以更好地显示和表达数据。PowerPoint 提供了丰富的表格功能，使得表格的制作和排版比较容易、简单。

1. 创建表格

创建表格的常用方法是利用功能区命令创建。在演示文稿中，打开要插入表格的幻灯片，单击"插入"/"表格"按钮,在弹出的下拉列表中,选择"插入表格"命令,弹出"插入表格"对话框,如图 4-37 所示,输入要插入表格的行数和列数,单击"确定"按钮即可。

图 4-37 "插入表格"对话框

2. 编辑表格

制作表格后,可以编辑表格的行高、列宽、大小以及对齐方式等。在编辑表格时,先选定编辑的对象,再选择"表格工具–布局"选项卡就可以完成对表格的编辑。"表格工具–布局"选项卡中的常用命令简介如图 4-38 所示。可参照图 4-38 的提示选择相应的命令,完成对表格的编辑。

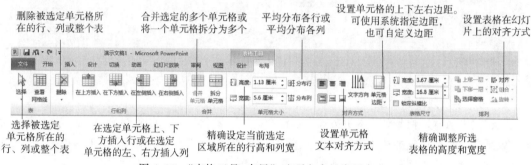

图 4-38 "表格工具–布局"选项卡中的常用命令

3. 设置表格格式

（1）套用表格样式

为美化表格,系统提供了大量的预设表格样式,供用户选择。单击表格的任意单元格,在"表格工具-设计/表格样式"组中,单击样式列表右上角的下拉按钮,在下拉列表中会展开"文档最佳匹配对象""淡""中""深"四类表格样式,从中选择自己喜欢的表格样式即可,如图 4-39 所示。

提 示

若对已经选用的表格样式不满意,可以利用"表格工具–设计"/"表格样式"/"其他"/"清除表格"命令清除该样式。

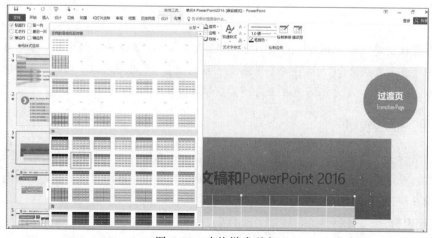

图 4-39 表格样式列表

（2）设置表格边框和底纹

如果对系统设置的边框（或底纹）样式不满意，用户可自定义边框（或底纹）。其方法是：选择要设置底纹的表格区域，单击"表格工具-设计"/"表格样式"/"边框（或底纹）"下拉按钮，在下拉列表中有各种边框（或底纹）设置命令，用户可以利用其设置所需要的边框（或底纹）。

（3）设置表格效果

选择表格，单击"表格工具-设计"/"表格样式"/"效果"下拉按钮，在下拉列表中包括"单元格凹凸效果"、"阴影"和"映像"三类效果命令，选择其中一种效果即可。

◆ 任务五 插入 SmartArt 图形

① 在"幻灯片"浏览窗格中选择一张幻灯片，在右侧单击占位符中的"插入 SmartArt 图形"按钮。

② 打开"选择 SmartArt 图形"对话框，在左侧选择"循环"选项，在中间选择第二行第三列"分段循环"选项，单击"确定"按钮，如图 4-40 所示。

③ 此时在占位符处插入一个"分段循环"样式的 SmartArt 图形，该图形主要由三部分组成，在每一部分的"文本"提示中分别输入"产品+礼品"、"夺标行动"和"刮卡中奖"，如图 4-41 所示。

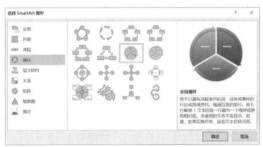

图 4-40 SmartArt 图形对话框

图 4-41 SmartArt 对话框内容

④ 选择另一张幻灯片，选中内容文本框，按【Delete】键将其删除，单击"插入"/"插图"/SmartArt 按钮。

⑤ 打开"选择 SmartArt 图形"对话框，在左侧选择"棱锥图"选项，在中间选择"棱锥型列表"选项，单击右下角"确定"按钮。

⑥ 在幻灯片中插入一个带有三项文本的棱锥型图形，分别在各个文本提示框中输入对应文字，然后在最后一项文本上右击，在弹出的快捷菜单中选择"添加形状"/"在后面添加形状"命令，如图 4-42 所示。

⑦ 在新添加的形状中，输入新的文本"厂家促销"。

图 4-42 SmartArt 形状添加内容

◆ 任务六　插入媒体剪辑

为了让制作的幻灯片给观众带来视觉、听觉上的冲击，可在演示文稿中插入视频和音频。视频和音频的插入方法相似，只需要单击"插入"/"媒体"/"视频"按钮，即可插入视频，单击"音频"按钮即可插入音频。

在 PowerPoint 2016 中不仅可以插入计算机中的视频或音频文件，还可以插入网络中的视频或音频，以及自定义录制的音频文件。以插入计算机中的音频文件为例，方法如下。

① 在"插入"功能区的"媒体"组中单击"插入音频"按钮，系统弹出"插入音频"对话框，查找并选择音频文件后单击"插入"按钮，将其插入到幻灯片中。

② 音频测试。插入音频后，在幻灯片中出现"音频标记"图片，可以拖动调整其位置。当鼠标指针移至其上或单击选中标记时，出现"播放控件"，可对音频进行测试调整。在演示文稿的播放画面中，当鼠标指针移至音频标记上时，自动出现"播放控件"可对演示文稿中的音频进行播放控制，如图 4-43 所示。

图 4-43　音频选项卡

◆ 任务七　插入屏幕录制

录制计算机屏幕并将录制内容嵌入 PowerPoint 2016 中。

打开想要放置屏幕录制内容的幻灯片。在功能区的"插入"选项卡上，选择"屏幕录制"。

在屏幕上，单击"选择区域"（按【Windows + Shift + A】组合键）。如果想要选择录制整个屏幕，请按【Windows + Shift + F】组合键。

控制录制过程：单击"暂停"按钮可暂时停止录制（按【Windows + Shift + R】组合键）。单击"录制"按钮可恢复录制（按【Windows + Shift + R】组合键）。单击"停止"按钮可结束录制（按【Windows + Shift + Q】组合键）。

> **提示**
>
> 除非将"控制停靠"固定在屏幕上，否则它会在录制期间向上滑入边距。 若要使取消固定的"控制停靠"重新出现，请将鼠标光标指向屏幕顶部。

完成录制后，保存演示文稿。录制内容现已嵌入在前面步骤中选择的幻灯片上。若要将录制内容本身保存为计算机上的单独文件，请右击幻灯片上代表该录制内容的图片，然后在弹出的快捷菜单中选择"将媒体另存为"命令。在"将媒体另存为"对话框中，指定文件名和文件夹位置，然后单击"保存"按钮。

项目五　演示文稿的浏览和放映

幻灯片制作好以后，就可以进行浏览、放映和打印了。浏览主要是在幻灯片浏览视图中查看演示文稿中所有幻灯片的缩略图，方便用户进行添加、删除和移动幻灯片等操作。放映是在屏幕上看幻灯片的最终效果，放映时所有的动画、声音等效果都会显示出来。打印则是将演示文稿打印到纸上或胶片上。

◆ 任务一　幻灯片的浏览

幻灯片"浏览"视图主要是对演示文稿的整体有一个认识，前面已经讲过如何切换到幻灯片"浏览"视图，其显示结果如图 4-44 所示。在使用"浏览"视图时，应注意以下几点：

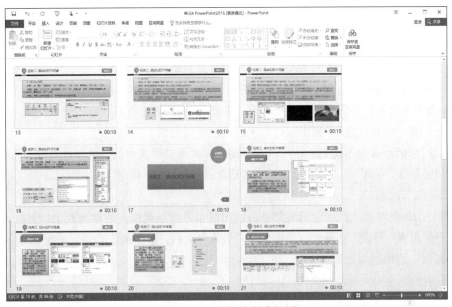

图 4-44　幻灯片浏览视图

① 幻灯片采用的显示比例通常是 66%，如果用户对此显示比例不满意，可以单击"视图"/"显示比例"/"显示比例"按钮，弹出如图 4-45 所示的"显示比例"对话框，在该对话框中选择合适的显示比例。也可以在"百分比"栏中直接输入比例，以调整幻灯片的显示比例。

② 在"幻灯片浏览"视图下也可以插入、删除、移动和复制幻灯片。只需右击选定的幻灯片，在弹出的快捷菜单中选择相应的命令即可。

图 4-45　"显示比例"对话框

提　示

在"幻灯片浏览"视图下，移动和复制幻灯片的方法与移动和复制文件夹的方法相同，按住鼠标左键拖动选定的幻灯片可将幻灯片移动到目标位置，拖动的同时按住【Ctrl】键可实现复制操作。

◆ 任务二　幻灯片的动画设置

为向观众展示更好的放映效果，除了清晰地表达主题思想外，还需将演示文稿制作得丰富多彩、引人入胜。为此，可以在幻灯片中设置动画效果和声音，也可以设置幻灯片的切换方式和选择适当的放映方式等。

幻灯片的动画效果是指在播放一张幻灯片时，随着播放的进展，逐步显示片内不同层次、不同对象的内容。比如，一张幻灯片上有标题、正文、图片等，当依次为它们设置了动画效果后，演示文稿播放时就按照设置时的先后顺序和动画效果进行。用户可根据实际情况更改动画的演示顺序。

1．动画类型

动画有四类："进入"、"强调"、"退出"和"动作路径"动画。

（1）"进入"动画

"进入"动画是使对象从外部飞入幻灯片播放画面的动画效果，如：飞入、旋转、弹跳等。设置"进入"动画的方法为：在幻灯片中选择需要设置动画效果的对象，单击"动画"/"动画"/"其他"按钮，弹出各种动画效果的下拉列表，如图4-46所示。然后，在"进入"类中选择一种动画效果，例如"随机线条"，则所选对象被赋予该动画效果。

如果对所列动画效果不满意，还可以选择动画样式下拉列表中的"更多进入效果"命令，弹出"更改进入效果"对话框，其中列出了更多动画效果供选择，如图4-47所示。

（2）"强调"动画

"强调"动画是对播放画面中的对象进行突出显示，起强调作用的动画效果，如放大/缩小、加粗闪烁等。设置"强调"动画的方法类似于"进入"动画，在动画效果的下拉列表（见图4-46）中选择"强调"组中的样式即可。

图4-46　动画效果样式列表

图4-47　"更改进入效果"对话框

（3）"退出"动画

如果希望某个对象在演示过程中退出幻灯片，就可以通过设置"退出"动画效果来实现，其操作方法与进入动画设置类似。单击"动画"/"动画"/"其他"按钮，在动画效果的下拉列表中选择"退出"组的样式，则所选对象被赋予"退出"动画效果。

（4）"动作路径"动画

"动作路径"动画是使播放画面中的对象按指定路径移动的动画效果。如：弧形、直线、循环等。"动作路径"动画的设置方法与其他动画类型的设置方法相同，在打开的动画效果下拉列表中选择"动作路径"组的一种动画效果，例如"弧形"，则所选对象被赋予该动画效果。

---提 示---
若在"路径"动画中选择"自定义"动画样式，则鼠标指针变成十字形状，在幻灯片上按住鼠标左键绘制出自定义的动画路径，在需要变换方向的地方，单击鼠标。全部路径描绘完成后，双击鼠标即可。则设置动画的对象按照自定义动画路径播放。

动画设置完成后，可以预览动画的播放效果。单击"动画"/"预览"/"预览"按钮或单击动画窗格上方的"播放"按钮，即可预览动画。

2. 设置动画属性

动画化将成为 PowerPoint 作品的必然趋势。对于工作型 PowerPoint 动画的制作与设计，遵循简单而不简陋、连贯、适用的原则。预期达到以下几点：

① 细微性。动画效果、范围相对适中，不显夸张。
② 简约性。动画表现追求干净利落、清新。
③ 逻辑性。动画呈现形式符合演示内容的内在逻辑，让观众看得明白。
④ 精妙性。追求新颖，有创意，使观众耳目一新。
⑤ 合理性。动画效果与延迟时间，根据演示需要进行控制。

总之，突显演示内容，吸引观众注意力是最佳制作选择。

（1）设置动画效果选项

动画效果选项是指动画的方向和形式。选择已设置动画类型的对象，单击"动画"/"动画"/"效果选项"按钮，出现各种效果选项的下拉列表，从中选择满意的效果选项。例如：为选定的对象设置动画类型为"随机线条"，则可以设置其对应的动画效果选项，即方向为水平或垂直。

（2）设置动画开始方式、持续时间和延迟时间

动画开始方式是指开始播放动画的方式；动画持续时间是指动画开始播放到结束播放的整个时间；动画延迟时间是指播放操作开始后延迟播放的时间。

设置动画开始方式时，先选择设置动画的对象，再单击"动画"/"计时"/"开始"下拉按钮，在出现的下拉列表中选择动画开始方式。设置动画持续时间和延迟时间是在"动画"选项卡的"计时"组左侧"持续时间"栏中调整动画的持续时间。在"延迟"栏中调整动画的延迟时间。

（3）设置动画音效

播放动画时，有时需要配有背景音乐，使演示文稿的播放效果更佳。默认动画无音效，需要音效时可以自行设置。设置音效的方法是：单击"动画"/"动画"/"显示其他效果选项"按钮，在弹出的动画效果选项对话框的"效果"选项卡中单击"声音"栏的下拉按钮，在下拉列表中选择一种音效，如"风铃"。

3. 调整动画播放顺序

为对象设置动画效果后，对象的左上角出现该动画播放顺序的序号。序号按照设置动画的先后次序自动生成。当对一张幻灯片上的多个对象设置动画效果时，需注意动画播放的先后次序。若对原有播放次序不满意，可以调整动画的播放顺序。方法是：选择动画对象，单击"动画"/"计时"/"对动画重新排序"按钮，单击"向前移动"或"向后移动"按钮，调整该动画对象的播放顺序。

练习

建立一个空白的演示文稿，将其版式设置为"标题和内容"，在第一张幻灯片的文本部分输入文字"北京应急救助预案"，文本动画设置为"进入-飞入、自底部"。在标题部分插入艺术字"基本生活保障"（位置为水平 3 厘米，度量依据为左上角；垂直 3 厘米，度量依据为左上角），艺术字动画设置为"进入-插入、自顶部"。动画的播放顺序是先艺术字后文本。

◆ 任务三 了解幻灯片切换方式

幻灯片切换方式是指移走当前幻灯片并显示下一张幻灯片之间的方式。设置幻灯片切换方式的操作方法如下：

在演示文稿中选择要设置切换效果的幻灯片，单击"切换"/"切换到此幻灯片"/"其他"按钮，弹出包括"细微型"、"华丽型"和"动态内容型"等各类切换效果列表，如图 4-48 所示。在切换效果列表中选择一种切换样式即可。此时，设置的切换效果对所选幻灯片有效，如果希望全部幻灯片均采用该切换效果，可以单击"计时"/"全部应用"按钮。在设置完切换效果后，可单击"切换/预览"/"预览"按钮，预览切换效果。

设置幻灯片的切换方式后，还可以设置幻灯片的切换属性，其中包括效果选项、换片方式、持续时间和声音效果。如果对已有的切换属性不满意，可以单击"切换"/"切换到此幻灯片"/"效果选项"按钮和右侧"计时"组中的相应命令进行设置。

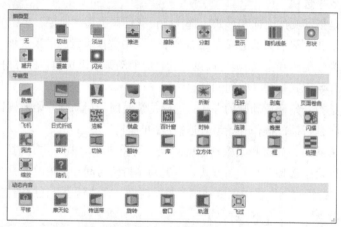

图 4-48 "幻灯片切换样式"列表

◆ 任务四 了解幻灯片放映

幻灯片放映是制作演示文稿的最终目的。在针对不同的应用时往往要设置不同的放映方式，放映方式选取得当也能增强演示的效果。放映当前演示文稿必须先进入"幻灯片放映"视图，单击"幻灯片放映"/"开始放映幻灯片"/"从头开始"或"从当前幻灯片开始"按钮，可以将演示文稿从第一张或从当前幻灯片开始播放。

一般，幻灯片放映是按顺序依次放映。若需要改变放映顺序，可以右击幻灯片，在弹出的快捷菜单中选择"上一张"或"下一张"命令，即可放映当前幻灯片的上一张或下一张幻灯片。若要在放映过程中退出放映，可以右击幻灯片，在弹出的快捷菜单中选择"结束放映"命令即可。

放映过程中，可能要强调或勾画某些重点内容，也可能临时即兴勾画标注。可以右击幻灯片，在弹出的快捷菜单的"指针选项"中选择"笔"（或"荧光笔"）命令，按住鼠标左键即可在幻灯片上标注书写。如果希望删除已标注的痕迹，可以在"指针选项"中选择"橡皮擦"命令，在需要删除的墨迹上单击即可清除该痕迹。

1. 自动播放演示文稿

演示文稿的播放，大多数情况下都由演示者手动控制，如果要让其自动播放，需要进行排练计时，操作方法如下：

在演示文稿中，单击"幻灯片放映"/"设置"/"排练计时"按钮，进入"排练计时"状态。此时，单张幻灯片和所有幻灯片耗用的时间显示在"录制"对话框中，如图 4-49 所示。手动播放一遍幻灯片，并利用"录制"对话框中的"下一项"和"暂停录制"等按钮控制排练时间，以获得最佳播放时间。播放结束后，系统会弹出对话框询问是否保存计时结果，若保存计时结果，则幻灯片按照排练计时预设时间进行自动播放。

图 4-49 "录制"对话框

2. 设置幻灯片的放映方式

单击"幻灯片放映"/"设置"/"设置幻灯片放映"按钮，弹出"设置放映方式"对话框，如图 4-50 所示。

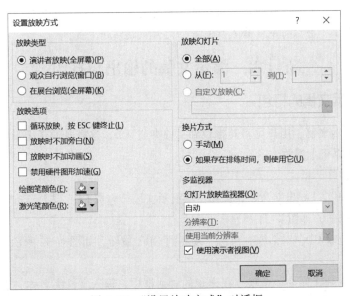

图 4-50 "设置放映方式"对话框

① 在"放映类型"栏中，可以设置幻灯片的放映类型。

幻灯片放映类型包括：演讲者放映、观众自行浏览和在展台浏览。

演讲者放映（全屏幕）：演讲者放映是常规的全屏幻灯片放映方式，这种放映方式适合会议或教学的场合。在放映过程中既可以人工控制幻灯片的放映，也可以使用"幻灯片放映"菜单上的"排练计时"命令让其自动放映。

观众自行浏览（窗口）：它在窗口中展示演示文稿，如果允许观众自己动手操作，可选择这种方式。

在展台浏览（全屏幕）：这种放映方式采用全屏幕放映，适合无人看管的场合。此时，PowerPoint 2016 会自动选中"循环放映，按 ESC 键终止"复选框。

② 在"放映幻灯片"栏中，可以确定幻灯片的放映范围（全部或部分幻灯片）。放映部分幻灯片时，可以指定放映幻灯片的开始序号和终止序号。

③ 在"换片方式"栏中，可以选择手动放映幻灯片或者设置"排练时间"后自动播放幻灯片。

3. 放映幻灯片时使用绘图笔

在演示文稿放映过程中，右击，在弹出的快捷菜单中选择一些需要的操作，比如为幻灯片添加墨迹。

（1）绘制墨迹

① 在幻灯片放映过程中，右击，在弹出的快捷菜单中选择"指针选项"下的"笔"命令。

② 此时鼠标指针变为笔的形状，拖动鼠标即可在幻灯片上添加墨迹。

（2）更改绘图笔颜色

① 单击"幻灯片放映"/"设置"/"设置幻灯片放映"按钮。

② 打开"设置放映方式"对话框，在"绘图笔颜色"下拉列表中选择"其他颜色"命令。

③ 打开"颜色"对话框，选中需要的颜色，单击"确定"按钮，即可更改绘图笔的颜色。

练习

创建一个新的演示文稿，将幻灯片的切换效果设置成"随机垂直线条"，放映方式设置为"演讲者放映（全屏幕）"，并练习从开始或从当前幻灯片放映演示文稿。

项目六　演示文稿的输出与打印

◆ 任务一　演示文稿的打包

制作完成的演示文稿，用户可将其打包到文件夹或 CD，这样既便于携带，又可以在没有安装 PowerPoint 的计算机上播放。

1. 打包成 CD

① 选择"文件"/"导出"命令，选择"将演示文稿打包成 CD"选项，在最右侧的窗口中单击"打包成 CD"按钮，如图 4-51 所示。

② 打开"打包成 CD"对话框，单击"复制到 CD"按钮，如图 4-52 所示，即可将演示文稿保存为 CD。

③ 选择"复制到文件夹"选项，在出现的对话框中，输入文件夹名称，选择保存位置，单击"确定"按钮，将演示文稿保存为文件夹，此时可以脱离 PowerPoint 环境播放演示文稿。

图 4-51 选择"打包成 CD"保存方式

图 4-52 复制到 CD 或文件夹

2. 打包成讲义

① 选择"文件"/"导出"命令,选择"创建讲义"选项,单击"创建讲义"按钮,如图 4-53 所示。

② 打开"发送到 Microsoft Word"对话框,如图 4-54 所示,选择使用的版式,单击"确定"按钮,即可将演示文稿打包成讲义。

图 4-53 选择"讲义"保存方式

图 4-54 选择讲义样式

3. 直接将演示文稿转换为 PDF/XPS 文档

① 选择"文件"/"导出"命令,选择"创建 PDF/XPS 文档"选项,单击"创建 PDF/XPS 文档"按钮。

② 在"另存为"对话框中,输入文件名和存放路径,设置文件类型为"PowerPoint 放映(*.pdf)",单击"保存"按钮。

③ 双击上述保存的放映格式文件,即可观看播放效果。

◆ 任务二 演示文稿的打印

① 单击"设计"/"自定义"/"幻灯片大小"按钮,弹出对话框,设置幻灯片显示比例、纸张大小,幻灯片编号起始值、幻灯片与讲义的方向等,如图 4-55 所示。

② 页面设置完毕后,选择"文件"/"打印"命令,设置打印幻灯片范围、整页中幻灯片数量、打印颜色、打印份数等选项,最后,单击"打印"按钮。

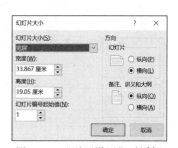
图 4-55 "页面设置"对话框

项目七 综 合 实 训

1. 实训目的

综合运用演示文稿,完成等级考试题目,适应全国一级等级考试。

2. 实训内容

实训一:

① 使用"画廊"主题修饰全文,全部幻灯片切换方案为"擦除",效果选项为"自左侧"。

② 将第二张幻灯片版式改为"两栏内容",将第3张幻灯片的图片移到第2张幻灯片右侧内容区。图片动画效果设置为"轮子",效果选项为"3轮辐图案"。

③ 将第三张幻灯片版式改为"标题和内容",标题为"公司联系方式",标题设置为"黑体""加粗""59磅"。内容部分插入三行四列表格,表格的第一行一至四列单元格依次输入"部门"、"地址"、"电话"和"传真",第一列的二、三行单元格内容分别是"总部"、"中国分部"。其他单元格按第一张幻灯片的相应内容填写。

④ 删除第一张幻灯片,并将第二张幻灯片移为第三张幻灯片。

实训二:

① 为整个演示文稿应用"离子会议室"主题;设置全体幻灯片切换方式为"覆盖",效果选项为"从左上部",每张幻灯片的自动切换时间是5秒;设置幻灯片的大小为"宽屏(16∶9)";放映方式设置为"观众自行浏览(窗口)"。

② 将第二张幻灯片文本框中的文字,字体设置为"微软雅黑",字体样式为"加粗"、字号为24磅,文字颜色设置成深蓝色(标准色),行距设置为"1.5倍行距"。

③ 在第一张幻灯片后面插入一张新幻灯片,版式为"标题和内容",在标题处输入文字"目录",在文本框中按顺序输入第三到第八张幻灯片的标题,并添加相应幻灯片的超链接。

④ 将第七张幻灯片的版式改为"两栏内容",在右侧栏中插入一个组织结构图,设置该结构图的颜色为"彩色填充-个性色2"。

⑤ 为第七张幻灯片的结构图设置"进入"动画为"浮入",效果选项为"下浮",序列为"逐个级别";左侧文字设置"进入"动画为"出现";动画顺序是先文字后结构图。

⑥ 在第八张幻灯片中插入考生文件夹中的"考核.JPG"图片,设置图片尺寸"高度7厘米""锁定纵横比",位置设置为"水平20厘米"和"垂直8厘米",均为"自左上角";并为图片设置"强调"动画的"跷跷板"。

⑦ 在最后一张幻灯片后面加入一张新幻灯片,版式为"空白",设置第九张幻灯片的背景为"羊皮纸"纹理;插入样式为"渐变填充:淡紫,主题色5,映像"的艺术字,文字为"谢谢观看",字号为80磅,文本效果为"半映像,4磅偏移量",并设置为"水平居中"和"垂直居中"。

单元五　电子表格软件 Excel 2016

单元导读

Microsoft Excel 2016 是 Microsoft 公司出品的 Office 2016 系列办公软件中的一个组件。Excel 2016 不仅具有强大的数据组织、计算、分析和统计功能，还可以通过图表、图形等多种形式对处理结果加以形象显示，更能够方便地与 Office 2016 其他组件相互调用数据，实现资源共享。

Excel 2016 可以高效地完成各种表格和图表的设计，进行复杂的数据计算与分析，提供赏心悦目、生动活泼的操作环境，实现了易学易用的效果。Excel 2016 可以广泛用于财务、行政、金融、经济、统计和审计等众多领域。

重点难点

- Excel 电子表格的基本概念、功能、启动和退出。
- 工作簿和工作表的创建、输入、编辑、保存、单元格格式化等基本操作。
- 工作表中输入公式与常用函数的使用。
- 工作表数据库的概念，记录的排序、筛选和查找、汇总等数据统计操作。
- Excel 图表的建立及图表的格式设置。

项目一　初识 Excel 2016

Excel 2016 是一款功能强大、技术先进、使用方便灵活的电子表格软件，可以用来制作电子表格、完成复杂的数据运算，进行数据分析和预测，并且具有强大的制作图表的功能及打印功能。其中主要的功能概括如下：

1. 创建统计表格

Excel 2016 的制表功能是将用户所用到的数据输入到 Excel 2016 中而形成表格，如将期末考试成绩输入到 Excel 2016 中。在 Excel 2016 中实现数据的输入，首先要创建一个工作簿，然后在所创建工作簿的工作表中输入数据，输入数据后的工作表如图 5-1 所示。

2. 数据计算

Excel 2016 可以对用户所输入的数据进行计算，比如求和、平均值、最大值以及最小值等。此外，Excel 2016 还提供强大的公式运算与函数处理功能，可以对数据进行更复杂的计算工作。

通过 Excel 来进行数据计算，可节省大量的时间，并降低出现错误的概率，甚至对输入数据，Excel 能自动完成计算操作。

	A	B	C	D	E	F	G
1							
2	工程预算表						
4	项目	名称	单位	数量	单价	合计	备注
5	1	墙顶面拆除	项	2	1800		
6	2	地面砖铺贴	m²	80	118		马可波罗仿古砖+人工
7	3	地面砖铺贴辅材	m²	80	20		
8	4	贴地脚线	m	26	17		主材+辅材+人工+加工费
9	5	石膏板艺术吊顶	m²	80	118		
10	6	艺术中式隔墙	m²	17	89		
11	7	墙纸	卷	6	200		
12	8	中式实木线条包柱	个	3	600		主材及人工+油漆
13	9	中式图案布窗帘	m	32	40		
14	10	竹帘垂直起落帘	m²	80	35		
15	11	暗式窗帘盒	m	16	65		
16	12	封玻璃门洞	m²	4	175		
17	13	玻璃门	m²	4	275		含五金
18	14	电路改造	m²	81	55		
27					合计		工期17天完工
28	本预算不含发票及整体家居中式隔断						

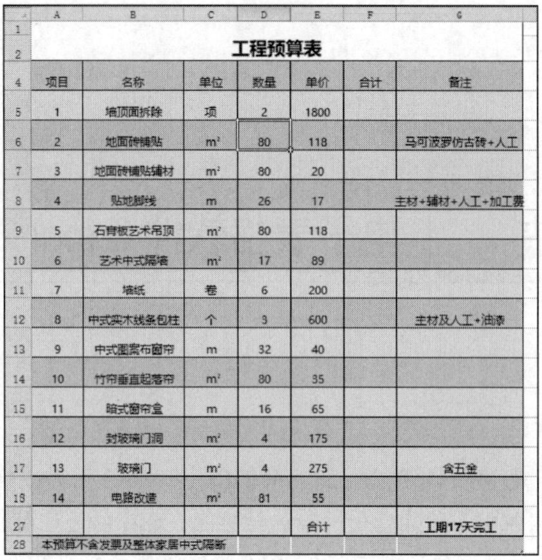

图 5-1 输入数据后的工作表

3. 建立多样化的统计图表

在 Excel 2016 中，可以根据输入的数据来建立统计图表，如图 5-2 所示，以便更加直观地显示数据之间的关系，让用户可以比较数据之间的变动、成长关系以及趋势等。

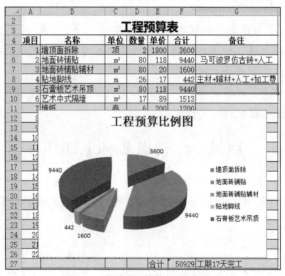

图 5-2 根据用户数据创建图表

4. 分析与筛选数据

Excel 2016 可以对计算后的数据进行统计分析，如排序、筛选、汇总，还可进行数据透视表、单变量求解、模拟运算表和方案管理统计分析等操作。

5. 打印数据

为了能够让其他人看到 Excel 电子表格处理完的数据结果或保存成材料，通常需要进行打印操作。进行打印操作前先进行页面设置，并为了能够更好地对结果进行打印，在打印之前进行打印预览，最后进行打印。

项目二　认识 Excel 2016 界面

Excel 2016 启动后，将自动建立一个新的空白工作簿，并显示如图 5-3 所示的 Excel 2016 主窗口。主窗口由标题栏、功能区、工具栏、状态栏、名称框和编辑栏等组成。

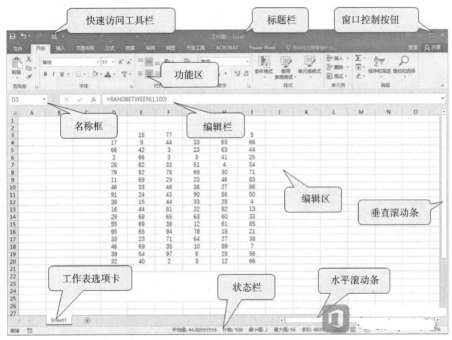

图 5-3　Excel 2016 窗口界面

◆ **任务一　认识标题栏**

标题栏位于工作窗口的最上端，用于标识所打开的程序及文件名称。标题栏最左端是 Excel 2016 的窗口控制图标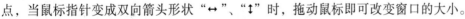，单击该图标，弹出如图 5-4 所示的 Excel 窗口控制菜单。利用这个控制菜单可以进行还原窗口、移动窗口、最小化窗口、最大化窗口、关闭已打开的 Excel 文件并退出 Excel 程序等操作。其中各命令功能如下：

① 还原：将窗口还原为最大化之前的窗口大小。

② 移动：用鼠标拖动窗口的标题栏可移动窗口。

③ 大小：将鼠标指针指向窗口的边框或四个角中的任意顶点，当鼠标指针变成双向箭头形状"↔"、"↕"时，拖动鼠标即可改变窗口的大小。

图 5-4　窗口控制图标快捷菜单

④ 最小化：将窗口缩至最小，以图标形式显示在桌面任务栏中。

⑤ 最大化：将窗口放至最大，占满整个屏幕。

⑥ 关闭：关闭 Excel 窗口，退出该程序。

◆ **任务二　认识功能区**

在 Excel 2016 工作窗口的功能区中包括八个选项卡，分别为文件、开始、插入、页面布局、公式、数据、审阅、视图，这些选项卡基本包括了 Excel 的所有命令。选择某一个选项卡即可显示不同的功能区，如图 5-5 所示为"开始"选项卡界面。

图 5-5　"开始"选项卡

◆ 任务三　认识工具栏

Excel 2016 在每个功能区选项卡下设置了不同的工具栏按钮及下拉工具栏按钮，用户利用这些工具按钮可以更快速、更方便地工作。当把鼠标指针悬停在按钮上时，系统会自动显示该按钮的功能提示。图 5-6 所示为"公式"菜单下的工具栏。

图 5-6　"公式"菜单下的工具栏

◆ 任务四　认识状态栏

状态栏位于 Excel 窗口底部，用于显示当前工作表区的状态。在大多数情况下，状态栏的左端显示"就绪"字样，如图 5-7 所示。

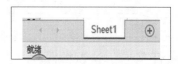

图 5-7　状态栏

◆ 任务五　认识编辑栏

Excel 的编辑栏用于显示、输入或修改工作表单元格中的数据或公式。若要向某个单元格输入数据，则应先单击该单元格，然后输入数据，这些数据将在该单元格和编辑栏中显示，按【Enter】键，输入的数据便插入到当前单元格中；在完成输入数据之前，若要取消输入的数据，则按【Esc】键即可。如果用户向单元格输入、编辑数据或公式，可以先选取单元格，然后直接在编辑栏中输入数据（与单元格输入数据联动），再按【Enter】键确认。

◆ 任务六　认识工作表

在工作窗口中由多个单元格组成的区域就是工作表区，是 Excel 的基本操作界面，如图 5-8 所示。其中包括行号、列标和工作表标签、名称框（对称活动单元格）等。

下面介绍一些有关工作簿和工作表的基本概念。

1. 工作簿

Excel 是以工作簿为单位来处理和存储数据的。工作簿文件是 Excel 存储在磁盘上的最小独立单位，它由多个工作表组成。在 Excel 中，数据和图表都是以工作表的形式存储在工作簿文件中的。一个工作簿文件，其扩展名是.xlsx。

2. 工作表

工作表是单元格的集合,是 Excel 进行一次完整作业的基本单位,通常称为电子表格。若干个工作表构成一个工作簿;工作表是通过工作表标签来标识的,工作表标签显示于工作表区的底部,用户可以通过单击不同的工作表标签来进行工作表之间的切换;同时,被选中的工作表成为活动工作表,活动工作表仅有一个。

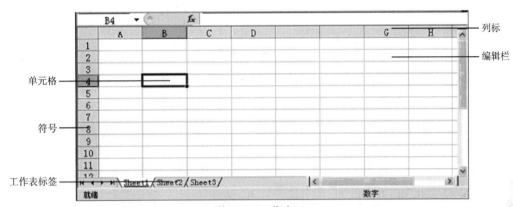

图 5-8 工作表区

3. 单元格

单元格是工作表中的小方格,它是工作表的基本元素,也是 Excel 独立操作的最小单位。用户可以向单元格中输入文字、数据、公式,也可以对单元格进行各种格式的设置,如字体、颜色、长度、宽度、对齐方式等。单元格的位置是通过它所在的行号和列标来确定的,将列标写在行号的前面构成该单元格的地址,例如:第 C 列和第 10 行交汇处的单元格地址是 C10。

4. 单元格区域

单元格区域是一组被选中的相邻或不相邻的单元格,如图 5-9 所示。被选中的单元格都会高亮显示,取消选中时又恢复原样显示。对一个单元格区域的操作就是对该区域内的所有单元格执行相同的操作。要取消单元格区域的选择,只需在所选区域外单击即可。

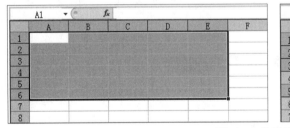

图 5-9 单元格区域

单元格或单元格区域可以以一个变量的形式引入到公式中参与计算。为了便于使用,需要给单元格或单元格区域命名,这就是单元格引用。

5. 行号和列标

单元格是 Excel 独立操作的最小单位,用户的数据只能输入在单元格内。同一水平位置的单元格构成一行,每行由行号来标识该行,行号用阿拉伯数字来表示(1~65 536);每列由列标来标识该列,列标用英文字母来表示(A~IV,共 256 列);每个单元格都有一个唯一的地址,该地址用所在列的列标和所在行的行号来表示。例如,单元格 B7 表示其列标为 B,行号为 7。

6. 名称框

名称框在编辑栏左边,用来标记当前活动单元格的地址。

7. 工作表标签

由于 Excel 的工作界面是多文档的工作界面,即可以同时打开多个工作表。每个标签代表了一个工作表。虽然当前的工作表只有一个,但是可以通过工作表标签在各个工作表之间切换。

项目三　创建和编辑工作表

Excel 2016 的重要功能是制作电子表格和在电子表格中进行数据处理。下面将介绍如何创建和编辑工作表。

◆ 任务一　创建工作簿

工作簿是 Excel 用来运算和存储数据的文件,每个工作簿都可以包含多个工作表,因此可以在单个工作簿文件中管理各种类型的相关数据。

启动 Excel 2016 时,系统将自动创建一个新的工作簿,其中默认包括三个工作表 Sheet1、Sheet2、Sheet3。创建一个新的工作簿,可以用以下方法来实现:选择"文件"/"新建"命令,在 Excel 的各种模板选项区域中选择一项,单击"新建"按钮。

◆ 任务二　输入数据

在单元格中输入数据,首先要选取单元格,然后再输入数据,所输入的数据将会显示在编辑栏和单元格中。在单元格中可以输入的内容包括文本、数字、日期和公式等,常用的输入数据方法有以下三种:

方法一:选取单元格,直接输入数据,按【Enter】键确认。

方法二:选取单元格,在"编辑栏"中单击,并输入数据,按【Enter】键确认。

方法三:双击单元格,单元格内显示"|"插入点光标,移动插入点光标,在指定位置输入数据,此方法主要用于修改工作。

1. 输入文本

Excel 2016 中的"文本"通常是指字符或者是任何数字和字符的组合。

在工作区中输入文本的具体操作步骤如下:

① 选取单元格,直接输入文本内容。

② 按【Enter】键或单击其他单元格即可完成输入。

在默认状态下,单元格中的所有文本都是"左对齐"。若输入全部由数字字符组成的字符串,如邮政编码、电话号码等,为了避免被认为是数值型数据,在输入数字字符前添加英文状态的" ' "来区分是"数字字符串"而非数值型数据。Excel 2016 会自动在该单元格左上角加上绿色三角标记,说明该单元格中的数据为文本。

若一个单元格中输入的文本过长,Excel 2016 允许其覆盖右边相邻的无数据的单元格;若相邻的单元格中有数据,则过长的文本将被截断,部分隐藏显示,选取该单元格时,在编辑栏中可以看到该单元格中输入的全部文本内容。

2. 输入数字

默认情况下，Excel 2016 中的数字沿单元格"右对齐"。在单元格中输入货币数值或百分比数值时，不必输入人民币符号、美元符号或者其他符号，用户可以预先进行设置，以使 Excel 能够自动添加相应的符号。例如，输入货币数值，两种操作方法如下：

① 选取输入数字的单元格或单元格区域，单击"开始"/"数字"按钮，在弹出的对话框中选择"货币"命令即可。

② 选取输入数字的单元格或单元格区域右击，在"会计数字格式"下拉列表中选择"中文"命令即可，如图 5-10 所示。其他单元格格式设置均可采用此方法。

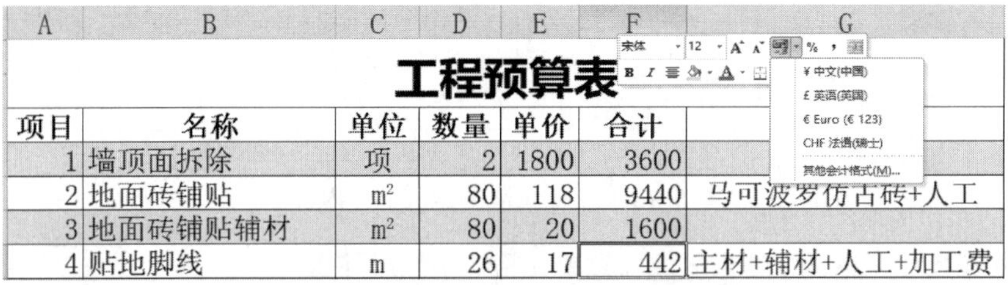

图 5-10　单元格货币格式设置

> **提　示**
>
> 在单元格输入负数时，数字前加减号"-"或用括号括起数字，例如，输入"-123"或"（123）"。在单元格输入分数时，必须先输入"0"和半角空格后再输入数值。

3. 输入公式

在 Excel 2016 中，用户不仅可以输入文本、数字，还可以输入公式对工作表中的数据进行计算。公式是在工作表中对数据进行分析的等式，它可以对工作表数值进行加、减、乘等运算。公式可以引用同一工作表中的其他单元格、同一工作簿不同工作表中的单元格或者其他工作簿的工作表中的单元格。

在工作表中输入公式的具体操作步骤如下：

① 选取需要输入公式的单元格，如图 5-11 所示，在单元格中输入公式"=2+3"。

② 按【Enter】键，便在选取单元格中得到计算的结果，如图 5-12 所示。

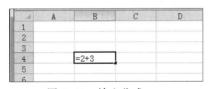

图 5-11　输入公式

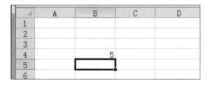

图 5-12　公式计算结果

4. 输入批注

在 Excel 2016 中，用户还可以为工作表中某些单元格输入批注进行注释，用以说明该单元格中数据的含义或强调某些信息。当在单元格中添加批注后，该单元格的右上角将会显示一个红色三角，将鼠标指针移动到该单元格时，就会显示出添加的批注内容。

在工作表中输入批注的具体操作步骤如下：

① 选取需要添加批注的单元格。

② 鼠标指针指向单元格右击，在弹出的快捷菜单中选择"插入批注"命令，在该单元格的旁边弹出的批注框中输入批注内容，如图 5-13 所示。

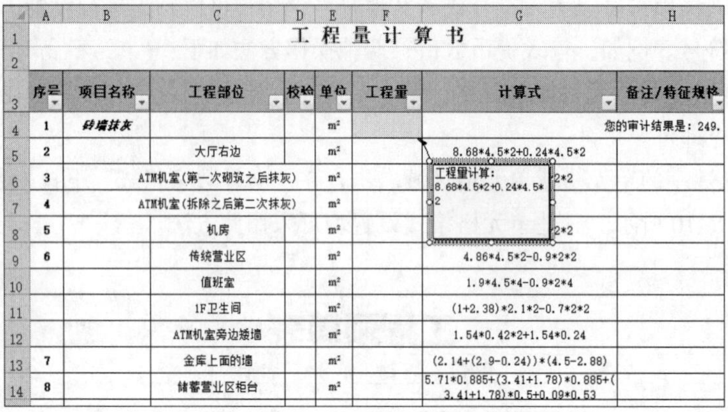

图 5-13　在批注框中输入批注内容

③ 输入完成后，单击工作表区域任意单元格，关闭批注框。

5. 输入日期和时间

在 Excel 2016 中，当在单元格中输入系统可识别的时间和日期型数据时，单元格的格式就会自动转换为相应的"时间"和"日期"格式，而不需要专门设置。在单元格中输入的日期采取"右对齐"方式，如果系统不能识别输入的日期或时间格式，则输入的内容将被视为文本，并在单元格中"左对齐"。

若要使用其他的日期和时间格式，可在"单元格格式"对话框中进行设置。两种操作方法如下：

① 选取输入数字的单元格或单元格区域，单击"开始"/"数字"组右下角的 按钮，弹出"设置单元格格式"对话框，如图 5-14 所示。

图 5-14　日期格式设置

② 选取输入数字的单元格或单元格区域右击，在弹出的快捷菜单中选择"设置单元格格式"命令，弹出"设置单元格格式"对话框，在"分类"列表中选择"日期"选项，在"类型"列表中选择需要的类型。单击"确定"按钮即可。

时间格式设置步骤与日期格式设置步骤相似，这里不再做详细介绍。其他类型数据的单元格格式设置均可采用此种方法。

---提 示---

系统默认输入的时间是 24 小时制，若要以 12 小时制的方式输入时间，则要在输入的时间后输入一个空格，再输入 AM（或 A，表示上午）或 PM（或 P，表示下午）。

◆ 任务三 填充数据

在 Excel 2016 数据输入时，还可以利用"自动填充柄"向单元格快速输入有一定规律或重复的数据序列。

1. 复制序列与等差填充

通常使用的方法是在单元格中输入数值，例如：输入数值"1"，将鼠标指针移动到单元格的右下角，当鼠标指针变成粗体的"+"（即"自动填充柄"）时，沿行或列方向拖动鼠标至某一单元格，释放鼠标后就会将数值"1"复制到鼠标拖动过的单元格区域内，如图 5-15 所示。

如果在拖动过程中按住【Ctrl】键，则以等差序列的方式进行填充（沿左侧或上方拖动鼠标以递减序列填充，沿右侧或下方拖动鼠标以递增序列填充）。例如：沿右侧或下方拖动鼠标填充数值序列为"2，3，4…"，如图 5-16 所示。

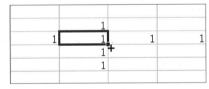

图 5-15 复制序列

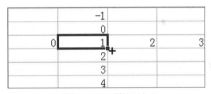

图 5-16 等差填充

2. 连续复制

在两个连续单元格中分别输入"1"和"2"后，将鼠标指针移动到"2"所在单元格的右下角，当鼠标指针变成粗体的"+"时，沿行或列方向拖动鼠标至某一单元格，则会以等差序列的方式进行填充。例如：沿行或列方向填充数值序列为"3，4，5，6"，如图 5-17 所示。

如果在拖动过程中按住【Ctrl】键，则会以复制的形式将数值复制到其他单元格。例如：沿行或列方向填充数值序列为"1，2，1，2，1，2"，如图 5-18 所示。

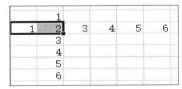

图 5-17 连续复制 1

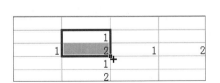

图 5-18 连续复制 2

3. 右键拖动序列

在单元格中输入数值，将鼠标移动到单元格右下角，沿行或列方向右键拖动鼠标，拖动到指定位置后松开右键，在弹出的快捷菜单中选择所需命令，如图 5-19 所示。

图 5-19　右键拖动序列复制

4. 自定义序列填充

上面几种填充方法，主要是针对数值序列的填充。如果进行文本序列的填充就要涉及自定义序列。在 Excel 2016 中，已经创建了一些文本序列，例如：常见的星期、天干地支等。在单元格中输入"星期一"，拖动鼠标，即在其连续单元格区域中出现"星期二、星期三……"序列值的填充。

自定义序列为数据填充提供了极大的方便，可以将经常使用的姓名、部门、分类方法等自定义成序列，输入时只需要输入第一个词组，拖动鼠标，其连续单元格区域内即可实现所有文本序列的填充。

◆ 任务四　选取单元格

在 Excel 2016 中，对工作表的操作都是建立在对单元格或单元格区域操作的基础上，所以对当前的工作表进行各种操作，必须以选取单元格或单元格区域为前提。

1. 选取一个单元格

打开工作簿后，用鼠标单击要编辑的工作表标签使其成为当前工作表。具体操作方法如下：

方法一（用鼠标选取单元格）：首先将鼠标指针定位到需要选取的单元格上并单击，该单元格即为当前单元格。如果要选取的单元格没有显示在窗口中，可以通过拖动滚动条使其显示在窗口中，然后再选取单元格。

方法二（用键盘选取单元格）：使用【↑】、【↓】、【←】、【→】方向键，可移动当前单元格，直至所需选取的单元格成为当前单元格。

2. 选取单元格区域

在 Excel 2016 中，使用鼠标和键盘结合的方法，可以选取一个连续单元格区域或多个不相邻的单元格区域。

方法一（选取一个单元格区域）：先单击该区域左上角的单元格，按住鼠标左键拖动，到区域的右下角后释放即可；若想取消选取，只需要在工作表中单击任意单元格即可。

方法二（选取较大范围单元格区域）：先按住【Shift】键，同时单击区域左上角单元格，然后单击区域右下角单元格，释放【Shift】键。

方法三（选取多个不相邻的单元格区域）：如图 5–20 所示，先选取第一个单元格区域，然后按住【Ctrl】键，再选取其他单元格区域即可。

	A	B	C	D	E
1	某出版社图书发行情况表				
2	图书类别	本年发行量	去年发行量	增长比例	
3	信息	679	549	0.236794	
4	社会	756	438	0.726027	
5	经济	502	394	0.274112	
6	少儿	358	269	0.330855	
7	合计	2295	1650		
8					

图 5–20　选取单元格区域

3. 选取特殊单元格区域

① 整行：单击工作表中的行号。

② 整列：单击工作表中的列标。

③ 整个工作表：单击工作表行号和列标的交叉处，即全选按钮。

④ 相邻的行或列：在工作表行号或列标上按下鼠标左键，并拖动选取要选择的所有行或列。

⑤ 不相邻的行或列：单击第一个行号或列标，按住【Ctrl】键，再单击其他行号或列标。

◆ 任务五　编辑单元格

在编辑工作表的过程中，常常需要进行删除和更改单元格中的内容，移动和复制单元格数据，插入和删除单元格、行和列等编辑操作。

1. 插入行、列和单元格

① 插入行、列：在需要插入新行、列的位置处单击任意单元格，右击并在弹出的快捷菜单中选择“插入”命令，弹出“插入”对话框，如图 5–21 所示。选择“整行”或“整列”即可。

② 插入多行或多列：选取插入新行位置下方或新列位置右侧相邻的若干行或列（选取的行/列数应与要插入的行/列数相等），右击并在弹出的快捷菜单中选择“插入行”或“插入列”命令即可。

③ 在要插入单元格的位置选取单元格或单元格区域，右击并在弹出的快捷菜单中选择“插入”命令，弹出“插入”对话框。如图 5–21 所示，选中相应的单选按钮，单击“确定”按钮即可。

“活动单元格右移”单选按钮：插入的单元格出现在选取的单元格的左侧。

“活动单元格下移”单选按钮：插入的单元格出现在选取的单元格的上方。

2. 删除行、列

当工作表的某些数据不需要时，可以按【Delete】键清除内容。

工作表中删除不需要的行、列，具体操作步骤如下：

① 选取要删除的行、列。

② 右击并在弹出的快捷菜单中选择“删除”命令。

③ 选中相应的单选按钮，单击“确定”按钮即可，如图 5–22 所示。

“整行”单选按钮：选取的单元格或单元格区域所在的行将被删除。

“整列”单选按钮：选取的单元格或单元格区域所在的列将被删除。

3. 删除单元格内容

如果在单元格中输入数据时发生了错误，用户可以方便地删除单元格中的内容，用全新的数据替换原来数据。

图 5-21 "插入"对话框

图 5-22 "删除"对话框

要删除某个单元格内容或多个单元格中的内容，可先选取单元格或单元格区域，按【Delete】键删除。当按【Delete】键删除单元格（或一组单元格）时，只有输入的内容从单元格中被删除，单元格的其他属性（如格式、注释等）仍然保留。

4．移动和复制单元格数据

移动单元格或单元格区域数据是指将某个或某些单元格中的数据移动至其他单元格中，复制单元格或单元格区域数据是指将某个或某些单元格中的数据复制到其他单元格中，原位置的数据仍然存在。

移动或复制单元格或单元格区域数据的方法基本相同，具体操作步骤如下：

① 选取要移动或复制数据的单元格或单元格区域，单击"开始"/"剪贴板"/"剪切"或"复制"按钮。

② 鼠标定位要粘贴数据的单元格或单元格区域左上角的单元格。

③ 单击"开始"/"剪贴板"/"粘贴"按钮，即可将单元格或单元格区域的数据移动或复制到新位置。

在进行单元格或单元格区域复制操作时，如果需要复制其中的特定内容而不是所有内容，则可以使用"选择性粘贴"命令来实现，具体操作步骤如下：

① 选取需要复制的单元格或单元格区域，单击"开始"/"剪贴板"/"复制"按钮。

② 选取目标区域的左上角单元格，单击"开始"/"粘贴"按钮，选择"选择性粘贴"命令，弹出对话框。

③ 在对话框中选择所需的选项，单击"确定"按钮即可，如图 5-23 所示。

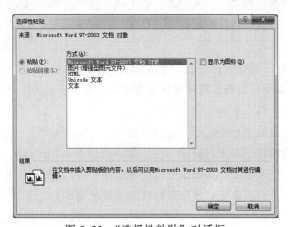
图 5-23 "选择性粘贴"对话框

5. 合并与拆分单元格

使用 Excel 2016 制作表格时，为了使表格更加专业与美观，常常需要将一些单元格合并或者拆分。

（1）合并单元格区域

首先选定需合并的单元格区域，右击并在弹出的快捷菜单中选择"设置单元格格式"命令，在弹出的对话框中选择"对齐"选项卡，如图 5-24 所示。在"文本控制"选项区域中选中"合并单元格"复选框，单击"确定"按钮即可，合并效果如图 5-25 所示。

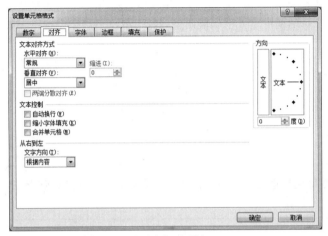

图 5-24 "对齐"选项卡　　　　　　　　图 5-25 单元格的合并

提　示

用户也可通过"开始"选项卡的工具栏  "合并后居中"按钮来实现单元格区域的快速合并。再次单击"合并后居中"按钮即可拆分合并的单元格区域。

（2）拆分单元格区域

Excel 2016 只允许拆分合并后的单元格，其方法与合并单元格相似，在"设置单元格格式"对话框的"对齐"选项卡中取消选中"合并单元格"复选框，然后单击"确定"按钮即可。

6. 设置行高和列宽

Excel 2016 设置了默认的行高和列宽，但有时默认值并不能满足实际工作的需要，因此就需要对行高和列宽进行适当的调整。

（1）调整行高

Excel 默认工作表中任意一行的所有单元格的高度总是相等的，所以调整单元格的高度，实际上是调整该单元格所在行的行高。

① 手工调整：先将鼠标指向某行行标号的下框线，当鼠标指针变为双向箭头时，拖动鼠标指针上下移动，直到合适的高度为止。

② 精确调整：选择要调整行高的行，单击"开始"/"单元格"/"格式"按钮，在下拉列表中选择"行高"命令，在"行高"对话框中输入具体值，单击"确定"按钮调整行高，如图 5-26 所示。

提 示

双击行号间的分隔线,Excel 将会自动调整行高以适应该行中最大的字体,单元格的高度会随用户改变单元格的字体而自动变化。

(2)调整列宽

① 手工调整:先将鼠标指向某列列标号的右框线,当鼠标指针变为双向箭头时,拖动鼠标指针左右移动,直到合适的宽度为止。

② 精确调整:鼠标定位要调整列宽的一列,单击"开始"/"单元格"/"格式"按钮,在下拉列表中选择"列宽"命令,在"列宽"对话框中输入精确值调整列宽,单击"确定"按钮,如图 5-27 所示。

图 5-26 "行高"对话框

图 5-27 "列宽"对话框

提 示

以上方法不仅可对某一行或一列的高度和宽度进行调整,也可对选定的多行或多列调整高度和宽度。

练习

新建工作表"工程报价单",如图 5-28 所示。计算"小计"列的内容。

注意:小计=单价*数量(例如:F7=C7*E7)。

	A	B	C	D	E	F	G
1	工 程 报 价 单							
2	客户姓名:			联系方式:			
3	工程地址:	惠兰园		预算员:		彭川	工程等级:
4	开工日期:			竣工日期:			金额总计:
5	序号	项目名称	数量	单位	单价(元)	小计(元)	工艺做法、材料说明、工程量计算方法
6	一、客餐厅及过道、阳台、入户厅						
7	1	防水石膏板包管	5	根	220	1100.00	轻钢龙骨打底,防水石膏板罩面
8	3	客厅门套(实木、红胡桃木)	8.3	m²	180	1494.00	成品门套
9	4	入户厅造型顶	8	m²	135	1080.00	根据图纸,轻钢龙骨带木龙骨基层,石膏板罩面
10	5	餐厅圆形叠级吊顶、内藏灯带	12	m²	135	1620.00	根据图纸,轻钢龙骨带木龙骨基层,石膏板罩面
11	9	电视背景墙	1	项	2000	2000.00	根据施工图(甲供)
12	10	客厅阳台造型顶	8	m²	115	920.00	根据图纸
13	11	餐厅阳台造型顶	3.5	m²	120	420.00	根据图纸
14	二、主卧及主卫						
15	1	卫生间墙体拆除	1	项	400	400.00	含人工及搬运
16	2	红砖砌24墙	2.5	m²	130	325.00	红砖砌墙,双面粉水
17	3	主卧室走道平顶	2	m²	135	270.00	根据图纸,轻钢龙骨带木龙骨基层,石膏板罩面
26		小计				7716.00	
27		总计					

图 5-28 "工程报价单"

项目四　工作表基本操作

在利用 Excel 进行数据处理的过程中，很多情况下也需要对工作表进行操作，如工作表的选定、插入、删除、重命名、移动、复制、隐藏和显示等。

◆ 任务一　选定工作表

1. 选定一个工作表
单击工作表标签即可，该工作表标签反白显示，表示已经选定，且成为当前活动工作表。

2. 同时选定多个工作表
按住【Ctrl】键的同时单击多个工作表标签。多个工作表形成一个"工作组"，在"工作组"中对任意工作表的操作将同时作用于组内所有工作表。

3. 选定全部工作表
右击任意一个工作表标签，在弹出的快捷菜单中选择"选定全部工作表"命令。

◆ 任务二　插入、删除、重命名工作表

1. 插入新工作表
在首次创建一个新工作簿时，默认情况下，该工作簿包括了一个工作表，但是在实际应用中，所需的工作表数目可能各不相同，有时需要向工作簿中添加工作表，具体操作步骤如下：
① 选取当前工作表（新的工作表将插入在当前工作表前面）。
② 将鼠标指针指向该工作表标签并右击，在弹出的快捷菜单中选择"插入"命令。
③ 在"插入"对话框中，选择需要的模板，如图 5-29 所示。
④ 单击"确定"按钮，根据所选模板新建一个工作表。

图 5-29　"插入"对话框

2. 删除工作表
删除工作表的具体操作步骤如下：
在需要删除的工作表标签上右击，在弹出的快捷菜单中选择"删除"命令。
用户删除有数据的工作表前，系统会询问用户是否确定要删除，如图 5-30 所示，如果确认删除，则单击"删除"按钮；否则单击"取消"按钮。

图 5-30　删除提示框

3. 重命名工作表

Excel 2016 在创建一个新的工作簿时，所有的工作表都是以 Sheet1、Sheet2……来命名的，不方便记忆和进行有效的管理。用户可重新更改工作表的名称，例如，将学校某年级四个班级学生成绩表的工作表分别命名为"班级一""班级二""班级三""班级四"，以符合一般的工作习惯。

重命名工作表的具体操作步骤如下：

① 在需要重命名的工作表标签上右击，在弹出的快捷菜单中选择"重命名"命令，此时选取的工作表标签呈反白显示，即处于编辑状态，可输入新的工作表名称。

② 在该工作表标签以外的任何位置，单击或者按【Enter】键结束重命名操作，如图 5-31 所示。

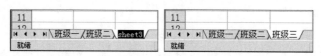

图 5-31　工作表重命名

> **提示**
>
> 要更改工作表的名称，也可双击要更改名称的工作表标签，这时可以看到工作表标签呈反白显示，输入新的名称并按【Enter】键即可。

练习

将"Sheet1"工作表表名改为"年度合计"。

◆ 任务三　移动、复制工作表

1. 移动工作表

（1）在同一个工作簿中移动工作表

单击要移动的工作表标签，拖动鼠标，在鼠标指针箭头上出现一个文档标记"🗋"符号，同时在工作表标签区域上出现一个黑色三角形"▼"标记，该标记用来指示工作表拖动的位置，到达目标位置处松开鼠标左键，工作表的位置就改变了，如图 5-32 所示。

（2）在不同工作簿中移动工作表

在工作表标签区域中选定要移动的工作表，右击并在弹出的快捷菜单中选择"移动或复制"命令，在"移动或复制工作表"对话框"工作簿"下拉列表中选择一个目标工作簿，在"下列选定工作表之前"列表框中选定要移动到的位置，然后单击"确定"按钮，如图 5-33 所示。

2. 复制工作表

（1）在同一个工作簿中复制工作表

同一个工作簿中移动工作表操作相似，按下【Ctrl】键，用鼠标拖动要复制的工作表标签，鼠标指针上的文档标记符号中出现加号"+",拖动鼠标至目标位置,松开鼠标左键,选中的工作表制作了一个副本,如图 5-34 所示。

使用此法相当于插入一张含有与源表相同数据的新表,新表的名字以"源工作表名(2)"命名。

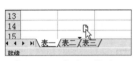

图 5-32　移动工作表

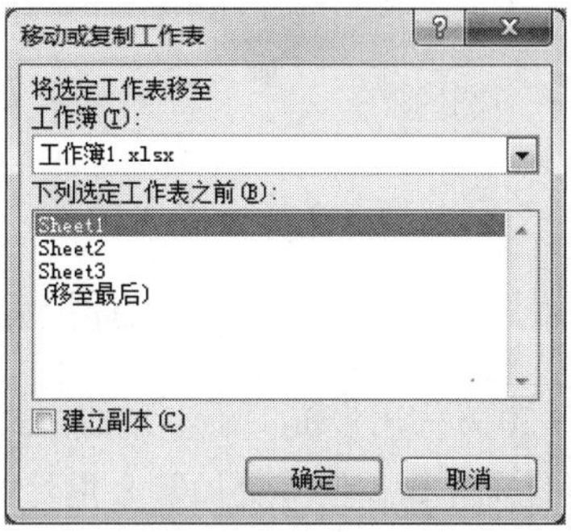

图 5-33　"移动或复制工作表"对话框

(2)复制工作表到另一个工作簿

同移动工作表操作相似,在"移动或复制工作表"对话框"工作簿"下拉列表中选择一个目标工作簿,在"下列选定工作表之前"列表框中选定要复制到的位置,选中"建立副本"复选框,然后单击"确定"按钮,如图 5-35 所示。

图 5-34　复制工作表

图 5-35　"移动或复制工作表"对话框

◆ 任务四　隐藏或显示工作表

在 Excel 2016 中,可以有选择地隐藏工作簿的一个或多个工作表,被隐藏的工作表,其内容将无法显示。

1. 隐藏工作表

在需要隐藏的工作表标签上右击,在弹出的快捷菜单中选择"隐藏"命令即可。

2. 显示(取消隐藏)工作表

① 在任意工作表标签上右击,在弹出的快捷菜单中选择"取消隐藏"命令,将弹出"取消隐藏"对话框,如图 5-36 所示。

② 选择要取消隐藏的工作表,单击"确定"按钮。

图 5-36　"取消隐藏"对话框

练习

① 新建工作簿"某建筑公司 2018 年 1-12 月工程项目合计"。
② 删除新建工作簿中 Sheet2、Sheet3 工作表。
③ 将 Sheet1 工作表重命名为"三月工程项目合计"。
④ 新建工作表"一月工程项目合计",将其移动至"三月工程项目合计"表之前。
⑤ 复制"一月工程项目合计"至"三月工程项目合计"之前,并重命名为"二月工程项目合计"。
⑥ 依次建立四月至十二月工程项目合计工作表,并将其工作表标签设置不同颜色予以区别。

项目五　格式化工作表

Excel 2016 为用户提供了丰富的格式编排功能,既可以使工作表的内容正确显示,便于阅读,又可以美化工作表,使其更加赏心悦目。

Excel 2016 的单元格格式设置包括字符格式、数字格式、对齐方式、字符边框和背景底纹等设置。

◆ 任务一　设置数字格式

用户对工作表中输入的数字通常有格式的要求。例如,财务报表中的数据常用的是货币格式。Excel 针对常用的数字格式事先进行了设置,并加以分类,其中包括常规、数值、货币、会计专用、日期、时间、百分比、分数、科学记数、文本、特殊以及自定义等数字格式。在工作表的单元格中输入的数字,通常按常规格式显示。

1. 使用工具栏设置数字格式

选取要格式化数字的单元格或单元格区域,单击"开始"/"数字"组中各按钮,可实现数字格式的设置。各按钮含义如下:

① "会计数字格式"按钮 ：在下拉区域中选取一种格式。
② "百分比样式"按钮 ：将数字转化为百分数格式,即原数乘以 100,并末尾加上百分号。
③ "千位分隔样式"按钮 ：使数字从小数点向左每三位间用逗号分隔。
④ "增加小数位数"按钮 ：每单击一次该按钮,可使选取区域数字的小数位数增加一位。
⑤ "减少小数位数"按钮 ：每单击一次该按钮,可使选取区域数字的小数位数减少一位。

2. 使用菜单命令设置数字格式(以设置数字的"数值"格式为例)

选取要格式化数字的单元格或单元格区域右击,在弹出的快捷菜单中选择"设置单元格格式"命令,在"设置单元格格式"对话框中选择"数字"选项卡,在"分类"列表中选择"数值"选项,按图 5-37 所示设置参数。完成设置后,单击"确定"按钮。

> **提示**
> 取消数字的数值格式,可以选定要取消格式的单元格,然后在"设置单元格格式"对话框的"数字"选项卡的"分类"列表中选择"常规"选项,单击"确定"按钮,即可取消所选单元格数字的数值格式。

图 5-37 "数字"选项卡

◆ 任务二 设置对齐方式和字体格式

1. 设置对齐方式

方法一：选取要格式化数字的单元格或单元格区域，单击"开始"/"对齐方式"组中相应按钮即可。

方法二：选取要格式化数字的单元格或单元格区域右击，在弹出的快捷菜单中选择"设置单元格格式"命令，在"设置单元格格式"对话框中选择"对齐"选项卡，在列表框中设置参数，在"水平对齐"和"垂直对齐"下拉列表中选择对齐方式选项，在"文本控制"选项区中选择需要的类型，如图 5-38 所示。

—— 提 示 ——

"居中对齐单元格"操作，也可使用"格式"工具栏的"合并后居中"按钮来实现，该按钮不仅可以将所选的多个单元格合并，还可以将单元格的内容"居中"对齐，所以常使用"合并后居中"按钮设置数据区的标题文字。

2. 设置字符格式

如图 5-39 所示，在"单元格格式"对话框中选择"字体"选项卡。在该选项卡中可以设置字体、字形、字号及文字效果等，其操作同 Word 2016 字符格式设置，这里不再做详细介绍。

图 5-38 "对齐"选项卡

图 5-39 "字体"选项卡

练习

如图 5-40 所示，建立工作表，将 A1:G1 单元格合并为一个单元格，内容居中。将“项目”所在行的行高调整为 30，并将该行字形设置为加粗、字体颜色设置为蓝色。设置 C 列数据水平对齐方式为填充，垂直对齐方式为靠上。

工程预算表						
项目	名称	单位	数量	单价	合计	备注
1	墙顶面拆除	项	2	1800		
2	地面砖铺贴	m^2	80	118		马可波罗仿古砖+人工
3	地面砖铺贴辅材	m^2	80	20		
4	贴地脚线	m	26	17		主材+辅材+人工+加工费
5	石膏板艺术吊顶	m^2	80	118		
6	艺术中式隔墙	m^2	17	89		
7	墙纸	卷	6	200		
8	中式实木线条包柱	个	3	600		主材及人工+油漆

图 5-40 练习样表

◆ 任务三 添加边框和底纹

工作表中显示的网格线是为用户输入、编辑方便而预设的，在打印或显示时，可以全部用它作为表格的格线，也可以全部取消它。在设置单元格格式时，为了使单元格中的数据显示更清晰，增加工作表的视觉效果，还可对单元格进行边框和底纹的设置。

1. 单元格添加边框

方法一：选定要添加边框的单元格区域，单击“开始” / “字体”组中的“边框”按钮，在下拉列表中选择“所有框线”命令即可。

方法二：选取要格式化数字的单元格或单元格区域右击，在弹出的快捷菜单中选择“设置单元格格式”命令，在“设置单元格格式”对话框中选择“边框”选项卡，在列表框中选择需要的类型，如图 5-41 所示。单击“开始” / “字体”组中的“边框”按钮，在下拉列表中选择“所有框线”命令。

如果想改变线条的样式、颜色等其他格式，则可使用“单元格格式”对话框中“边框”选项卡进行相应设置，如图 5-41 所示。

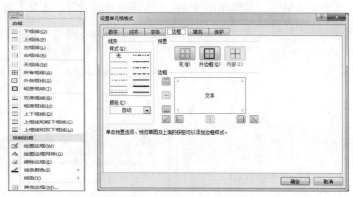

图 5-41 “边框”下拉列表和“边框”选项卡

在"边框"选项卡中,根据需要可以进行其他以下的操作,设置完成后单击"确定"按钮即可。其中:

① 单击"预置"选项区域中的"外边框"或"内部"按钮,边框将应用于单元格的外边界或内部。

② 要添加或删除边框,可单击"边框"选项区域中相应的边框按钮,然后在预览框中查看边框应用效果。

③ 要为边框应用不同的线条和颜色,可在"线条"选项区域的"样式"列表中选择线条样式,在"颜色"下拉列表中选择边框颜色。

④ 要删除所选单元格的边框,可单击"预置"选项区域中的"无"图标。

2. 单元格添加底纹(背景)

方法一:单击"开始"/"字体"/"填充颜色"按钮,如图 5-42 所示,选择合适的底纹颜色即可。

方法二:选定要添加底纹的单元格区域右击,在弹出的快捷菜单中选择"设置单元格格式"命令,在"设置单元格格式"对话框中选择"填充"选项卡,在弹出的调色板列表框中选择需要的颜色类型,结果如图 5-43 所示。

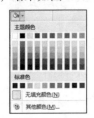

图 5-42 "填充颜色"调色板

图 5-43 填充颜色效果

单击"开始"/"字体"/"填充颜色"按钮,设置单元格底纹,操作简单方便,但只能为单元格填充单一颜色,不能填充图案等丰富的效果。

3. 单元格添加底纹和图案

选定要添加底纹的单元格区域右击,在弹出的快捷菜单中选择"设置单元格格式"命令,在"设置单元格格式"对话框中选择"填充"选项卡,在弹出的调色板列表框中选择需要的背景色、图案颜色和样式类型等,如图 5-44 所示,最后单击"确定"按钮。

图 5-44 "填充"选项卡

练习

如图 5-45 所示,将 Sheet1 工作表的 A2:G18 区域的全部框线设置为双线样式,颜色为蓝色。底纹颜色设置为红色、底纹图案类型和颜色分别设置为 6.25%灰色和黄色。

A	B	C	D	E	F	G
			工程预算表			
项目	名称	单位	数量	单价	合计	备注
1	墙顶面拆除	项	2	1800		
2	地面砖铺贴	m²	80	118		马可波罗仿古砖+人工
3	地面砖铺贴辅材	m²	80	20		
4	贴地脚线	m	26	17		主材+辅材+人工+加工费
5	石膏板艺术吊顶	m²	80	118		
6	艺术中式隔墙	m²	17	89		
7	墙纸	卷	6	200		
8	中式实木线条包柱	个	3	600		主材及人工+油漆
9	中式图案布窗帘	m	32	40		
10	竹帘垂直起落帘	m²	80	35		
11	暗式窗帘盒	m	16	65		
12	对玻璃门洞	m²	4	175		
13	玻璃门	m²	2	275		含五金
14	电路改造	m²	81	55		

图 5-45　练习样表

◆ 任务四　使用格式

Excel 2016 为用户提供了多种工作表的格式，其中包括自动套用格式和条件格式。

1. 自动套用格式

Excel 2016 内置了大量的工作表格式，这些格式中组合了数字、字体、对齐方式、边界、模式、列宽和行高等属性，套用这些格式，既可以美化工作表，又可以大大提高用户的工作效率。操作步骤如下：

① 选定需要自动套用格式的单元格区域，单击"开始"/"样式"/"套用表格格式"按钮。

② 在对话框中选择所需的格式图标即可。

2. 使用条件格式

条件格式是指如果选定的单元格满足了特定的条件，Excel 可以将字体、颜色、底纹等格式应用到该单元格中。一般在需要突出显示公式的计算结果或者要监视单元格的值时应用条件格式。

（1）设置条件格式

操作步骤如下：

① 选定需要自动套用格式的单元格区域。

② 单击"开始"/"样式"/"条件格式"按钮。

③ 在对话框中设置所需的各种条件及条件显示格式，单击"确定"按钮即可。

（2）删除条件格式

对于已经存在的条件格式进行删除，操作步骤如下：

① 选定要删除条件格式的单元格区域。

② 单击"开始"/"样式"/"条件格式"按钮。

③ 在"条件格式"下拉列表中选择"清除规则"命令。

练习

如图 5-46 所示，将工作表中合计金额小于 1 000 元的单元格字体均设为红色，加粗斜体，大于或等于 2 000 元的单元格设置为蓝色边框，黄色底纹。

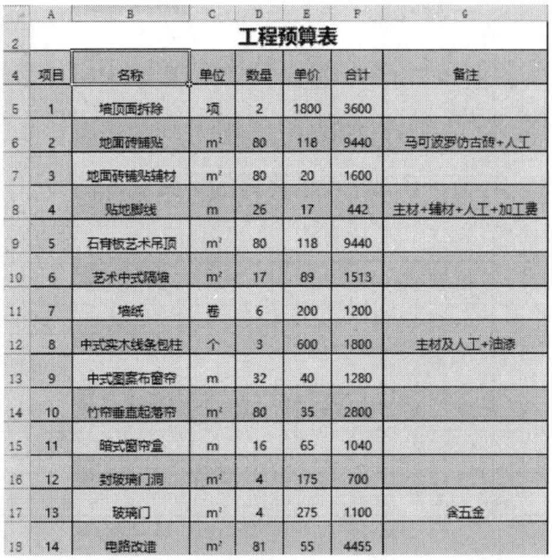

图 5-46　练习样表

项目六　公式和函数

Excel 工作表中的数据计算、分析和处理，可以使用公式和函数完成。公式的定义是单元格中的一系列值、地址引用和运算符的组合，其计算结果可以生成新的值。函数是 Excel 的内置公式，可以进行数学、文本、逻辑的运算或者查找工作表的信息，与使用公式相比，使用函数计算的速度更快，效率更高。

◆ 任务一　认识公式

公式是在工作表中对数据进行分析计算的等式，它可以对工作表数值进行加、减、乘、除等运算，公式可以引用同一工作表中的单元格，也可以引用同一工作簿不同工作表中的单元格或者其他工作簿中工作表的单元格。

1. 公式的运算符

运算符用于对公式中的元素进行特定类型的运算，Excel 包含四种类型的运算符：算术运算符、比较运算符、文本运算符和引用运算符。

（1）算术运算符

算术运算符是用户最熟悉的运算符，它可以完成基本的数值运算，如加、减、乘、除等，用以连接数值并产生数值结果。算术运算符的含义及示例见表 5-1。

表 5-1　算术运算符的含义及示例

算术运算符	含　义	示　例
+（加号）	加	4+2=6
－（减号）	减	8-5=3
*（星号）	乘	2*3 相当于 2×3=6
/（斜杠）	除	9/3 相当于 9÷3=3
%（百分号）	百分比	30%
^（上箭头）	乘方	4^2 相当于 $4^2=16$

（2）比较运算符

比较运算符可以比较两个数值，并产生逻辑值 TRUE 或 FALSE。若条件相符，则产生逻辑真值 TRUE（非 0）；若条件不符，则产生逻辑假值 FLASE（0）。比较运算符的含义及示例见表 5-2。

表 5-2 比较运算符的含义及示例

比较运算符	含义	示例
=（等号）	相等	D2=5
<（小于号）	小于	D2<12
>（大于号）	大于	D2>3
>=（大于等于号）	大于等于	D2>=8
<>（不等号）	不等于	D2<>10
<=（小于等于号）	小于等于	D2<=7

（3）文本运算符

文本运算符只有一个&，利用&可以将文本连接起来，其含义及示例见表 5-3。

表 5-3 文本运算符的含义及示例

文本运算符	含义	示例
&	将两个文本值连接起来	="实发"&"工资"，结果为"实发工资"
	将单元格内容与文本内容连接起来	="销售"&C4，结果为"销售排名"（假定单元格 C4 的内容是"排名"）

（4）引用运算符

引用运算符可以将单元格区域合并计算见表 5-4。

表 5-4 引用运算符的含义及示例

引用运算符	含义	示例
:（冒号）	区域运算符，对两个引用之间，包括两个引用在内的所有单元格进行引用	SUM(A2:D4)
,（逗号）	联合引用运算符，将多个引用合并为一个引用	SUM(A2,D4,F6)
（空格）	交叉运算符，表示几个单元格区域所重叠的那些单元格	SUM(B2:D3 C1:C4)（这两个单元格区域的共有单元格为 C2 和 C3）

2. 公式运算符的顺序

如果公式中同时使用了多个运算符，则计算时会按运算符优先级的顺序进行，运算符的运算优先级见表 5-5。

表 5-5 运算符的运算优先（从上到下）

运算符	说明
区域（冒号）、联合（逗号）、交叉（空格）	引用运算符
-	负号
%	百分号
^	乘方
* 和 /	乘和除
+ 和 -	加和减
&	文本运算符
=、>、<、<>、>=、<=	比较运算符

> **提示**
> 如果公式中包含多个相同优先级的运算符，例如，公式中同时包含了加法和减法运算符，则 Excel 将从左到右进行计算。如果要改变运算的优先级，应把公式中要优先计算的部分用圆括号括起来，例如，要将单元格 B3 和单元格 H2 的值相加，再用计算结果乘以 8，那么根据运算法则，应输入"=（B3+H2）*8"。

◆ 任务二 单元格地址引用

在 Excel 的公式运算中，通常要涉及对单元格的引用。单元格的引用方式有三种：绝对引用、相对引用和混合引用。引用的作用在于标识工作表上的单元格或单元格区域，并指明所使用的数据的位置。

1. 单元格的绝对引用

单元格的绝对引用（例如：＄A＄1）总是在指定位置引用单元格，公式中所引用的单元格位置都是其工作表的确切位置。如＄A＄1、＄B＄2，单元格的绝对引用通过在行号和列标前加一个美元符号"＄"来表示。如果公式所在单元格的位置改变，绝对引用保持不变。如果多行或多列地复制公式，绝对引用将不做调整。

2. 单元格的相对引用

相对单元格引用（例如：A1）是基于包含公式和单元格引用的单元格的相对位置。如果公式所在单元格的位置改变，引用也随之改变。如果多行或多列地复制公式，引用会自动调整。默认情况下，新公式使用相对引用。例如，如果将单元格 B2 中的相对引用复制到单元格 B3，将单元格的公式自动从"=A1"调整到"=A2"。

3. 单元格的混合引用

混合引用是指包含一个绝对引用和一个相对引用的单元格引用，或者绝对引用行相对引用列，例如：B＄5；或者绝对引用列相对引用行，例如：＄B5。

> **提示**
> ① 绝对引用和相对引用的区别在于：当复制使用相对引用的公式时，被复制到新单元格公式中的单元格引用将被更新。
> ② 在 Excel 中输入公式时，只要正确使用【F4】键，就能简单地对单元格的相对引用和绝对引用进行切换。
> ③ 同一工作簿的不同工作表之间的单元格引用格式为：工作表名！单元格地址；对其他工作簿的单元格引用格式为：[工作簿文件名]工作表名！单元格地址。

◆ 任务三 公式输入和公式复制

公式的输入操作类似输入文字型数据，不同的是在输入公式时以"="作为开头，然后输入公式的表达式。在工作表中输入公式后，单元格中显示的是公式计算的结果，而在编辑栏中显示输入的公式，如图 5-47 所示。

1. 公式输入

公式输入的具体操作步骤如下：

① 选定要输入公式的单元格 D2，并在单元格中输入一个“=”。

② 在“=”后面输入一个数值，例如：“=50”。

③ 选定同列的下一个单元格，输入公式“=D2+30”。

④ 按【Enter】键，此时在单元格中显示计算的结果。

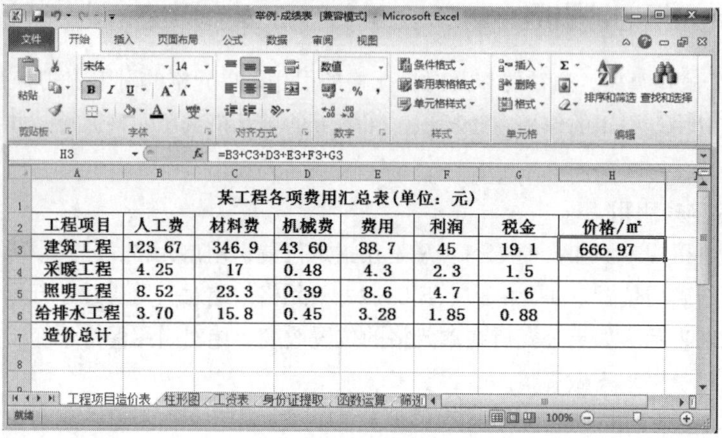

	A	B	C	D	E	F	G	H
1	某工程各项费用汇总表（单位：元）							
2	工程项目	人工费	材料费	机械费	费用	利润	税金	价格/㎡
3	建筑工程	123.67	346.9	43.60	88.7	45	19.1	666.97
4	采暖工程	4.25	17	0.48	4.3	2.3	1.5	
5	照明工程	8.52	23.3	0.39	8.6	4.7	1.6	
6	给排水工程	3.70	15.8	0.45	3.28	1.85	0.88	
7	造价总计							

图 5-47 公式的输入

2. 公式复制

在 Excel 2016 中公式复制时，公式中引用的单元格地址会根据复制的目标位置发生变化。

公式复制的具体操作步骤如下：

① 在 H3 单元格中输入公式：“=B3+C3+D3+E3+F3+G3”。

② 按【Enter】键计算出结果，如图 5-47 所示。用鼠标指针指向 H3 单元格右下角的填充柄“■”，当鼠标指针变成“+”符号时，按住鼠标左键拖动，将公式复制到 G3:G6 单元格区域中，可以看到在这些单元格中计算出每项工程价格之和。同理，可计算出纵向造价总计每项工程费用之和，如图 5-48 所示。

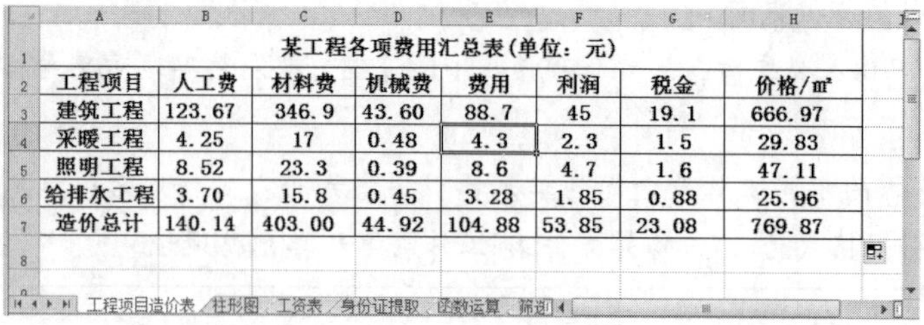

	A	B	C	D	E	F	G	H
1	某工程各项费用汇总表（单位：元）							
2	工程项目	人工费	材料费	机械费	费用	利润	税金	价格/㎡
3	建筑工程	123.67	346.9	43.60	88.7	45	19.1	666.97
4	采暖工程	4.25	17	0.48	4.3	2.3	1.5	29.83
5	照明工程	8.52	23.3	0.39	8.6	4.7	1.6	47.11
6	给排水工程	3.70	15.8	0.45	3.28	1.85	0.88	25.96
7	造价总计	140.14	403.00	44.92	104.88	53.85	23.08	769.87

图 5-48 公式复制结果

练习

如图 5-49 所示，计算“维修件数”列的“总计”项目的内容及 C 列的内容（所占比例 = 维修件数 / 总计）。“所占比例”单元格格式为“百分比”型（保留小数点后 2 位）。

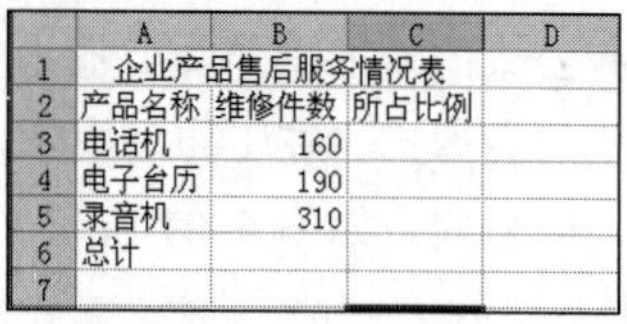

	A	B	C	D
1	企业产品售后服务情况表			
2	产品名称	维修件数	所占比例	
3	电话机	160		
4	电子台历	190		
5	录音机	310		
6	总计			
7				

图 5-49 练习样表

◆ 任务四　自动求和计算和其他常用函数计算

求和计算是一种常用的公式计算，Excel 提供了快捷的自动求和以及其他常用函数的计算。

自动求和具体操作步骤如下：

① 选定存放求和结果的 H3 单元格。

② 单击"开始"/"编辑"/"自动求和"按钮，Excel 将自动给出求和函数以及求和数据区域，如图 5-50 所示。

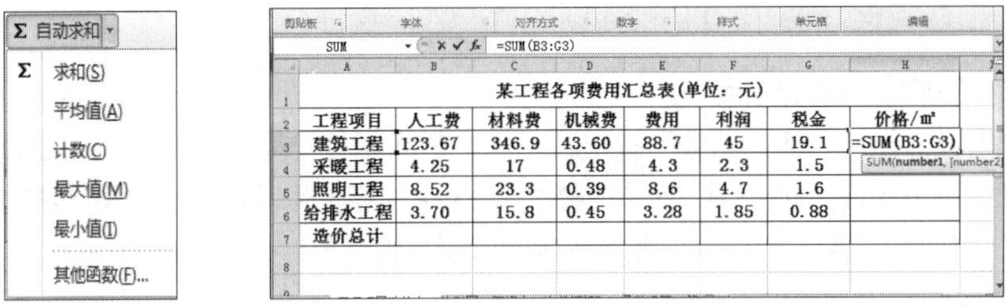

图 5-50　"自动求和"（SUM 函数）

③ 按【Enter】键，计算结果如图 5-51 所示。

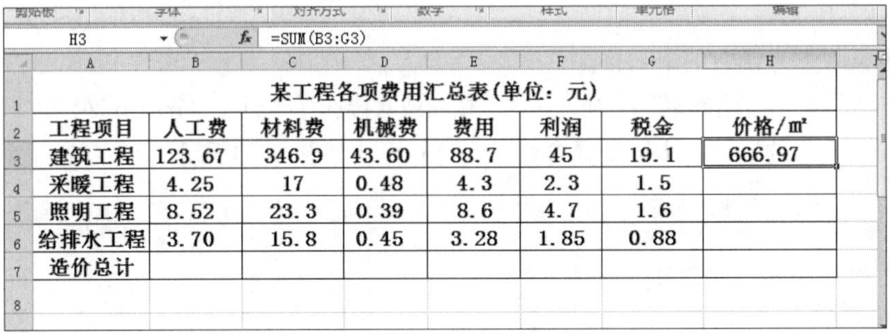

图 5-51　自动求和计算结果

注意：其他常用函数的计算，如平均值、计数、最大最小值等，都可以在"自动求和"按钮 Σ 下拉列表中，选择相应的函数项，快速获得结果。

◆ 任务五　函数的使用

Excel 2016 中包含了各种各样的函数，如常用函数、财务函数、日期和时间函数、数学和三角函数、统计函数、查找与引用函数、数据库函数、文本函数、逻辑函数和信息函数等。用户可用这些函数对单元格区域进行计算，从而提高工作效率。函数作为预定义的内置公式，具有一定的语法格式。

1. 手工输入函数

对于一些简单函数，可以手工输入，手工输入的方法与在单元格中输入公式的方法一样，具体操作步骤如下：

① 选定需要输入函数的单元格，输入一个"="。

② 在"="后面输入函数，例如："=SUM（D2:D6）"。

③ 按【Enter】键。

2. 插入函数

Excel 2016 一般使用"插入函数"按钮来创建或使用函数,如图 5-52 所示。

图 5-52 插入函数

插入函数的具体操作步骤如下:

方法一:

① 选定需要插入函数的单元格。

② 单击编辑栏中的"插入函数"按钮,弹出"插入函数"对话框,在"或选择类别"下拉列表中选择要插入的函数类型,在"选择函数"列表中选择使用的函数,如图 5-53 所示。

③ 单击"确定"按钮,弹出"函数参数"对话框,如图 5-53 所示,其中显示了函数的名称、函数功能、参数的描述、函数的当前结果等。

④ 在参数文本框中输入数值、单元格引用区域,或者用鼠标在工作表中选定数据区域,单击"确定"按钮,单元格中显示出函数计算结果。

方法二:

① 选定需要插入函数的单元格。

② 单击"公式"/"函数库"/"插入函数"按钮或直接选择要插入的分项函数下拉列表中的函数。

③ 如同方法一的③、④步,设置参数后确定即可,如图 5-54 所示。

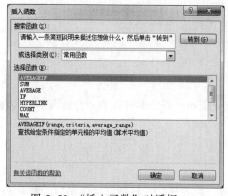

图 5-53 "插入函数"对话框

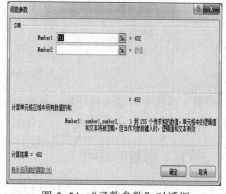

图 5-54 "函数参数"对话框

3. 函数的使用

(1) SUM 函数

函数格式:SUM(number1,number2,…)。

函数功能:计算所有参数数值的和。

参数说明:number1,number2,…代表需要计算的值,可以是具体的数值、引用的单元格(区域)、逻辑值等。

应用举例:如图 5-55 所示,在 D9 单元格中输入公式 "=SUM(D2:D8)",即可求出语文的总分。

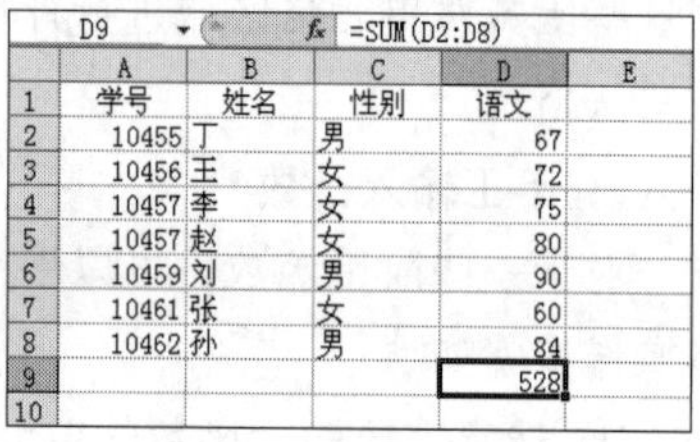

图 5-55 SUM 函数使用

（2）AVERAGE 函数

函数格式：AVERAGE(number1,number2,…)。

函数功能：求出所有参数的算术平均值。

参数说明：number1,number2,…代表需要求平均值的数值或引用单元格（区域），参数不超过 30 个。

应用举例：在 B8 单元格中输入公式"=AVERAGE(B7:D7,F7:H7)"，即可求出 B7 至 D7 区域、F7 至 H7 区域中的所有数值的平均值。

提 示

如果引用区域中包含"0"值单元格，则计算在内；如果引用区域中包含空白或字符单元格，则不计算在内。

（3）MODE 函数

函数格式：MODE(number1,number2,…)。

函数功能：返回一组数值或数据区域中的众数（出现频率最高的数）。

参数说明：number1,number2,…代表用于众数计算的 1 到 30 个参数，也可以使用单一数组（即对数组区域的引用）来代替由逗号分隔的参数。

（4）AND 函数

函数格式：AND(logical1,logical2,…)。

函数功能：返回逻辑值，如果所有参数值均为逻辑"真（TRUE）"，则返回逻辑"真（TRUE）"；反之，返回逻辑"假（FALSE）"。

参数说明：logical1,logical2,…代表待测试的条件值或表达式，最多为 30 个。

应用举例：在 C5 单元格中输入公式"=AND(A5>=60,B5>=60)"，如果 C5 中返回 TRUE，说明 A5 和 B5 中的数值均大于等于 60；如果 C5 中返回 FALSE，说明 A5 和 B5 中的数值至少有一个小于 60。

提 示

如果指定的逻辑条件参数中包含非逻辑值时，则函数返回错误值"#VALUE!"或"#NAME"。

（5）OR 函数

函数格式：OR(logical1,logical2,…)。

函数功能：返回逻辑值，仅当所有参数值均为逻辑"假（FALSE）"时返回函数结果逻辑"假（FALSE）"；否则，返回逻辑"真（TRUE）"。

参数说明：logical1,logical2,…代表待测试的条件值或表达式，最多为 30 个。

应用举例：在 C62 单元格中输入公式"=OR(A62>=60,B62>=60)"，如果 C62 中返回 TRUE，说明 A62 和 B62 中的数值至少有一个大于等于 60；如果返回 FALSE，说明 A62 和 B62 中的数值都小于 60。

提 示

如果指定的逻辑条件参数中包含非逻辑值时，则函数返回错误值"#VALUE!"或"#NAME"。

（6）ABS 函数

函数格式：ABS(number)。

函数功能：求出相应数字的绝对值。

参数说明：number 代表需要求绝对值的数值或引用的单元格。

应用举例：如果在 B2 单元格中输入公式“=ABS(A2)”，则在 A2 单元格中无论输入正数（如 100）还是负数（如-100），B2 中均显示出正数（如 100）。

提 示

如果 number 参数不是数值，而是一些字符（如 A 等），则 B2 中返回错误值“#VALUE! ”。

（7）IF 函数

函数格式：IF(logical,value_if_true,value_if_false)。

函数功能：根据对指定条件的逻辑判断的真假结果，返回相对应的内容。

参数说明：logical 代表逻辑判断表达式；value_if_true 表示当判断条件为逻辑“真（TRUE）”时的显示内容，如果忽略返回“TRUE”；value_if_false 表示当判断条件为逻辑“假（FALSE）”时的显示内容，如果忽略返回“FALSE”。

应用举例：在 C29 单元格中输入公式：“=IF(C26>=18,"符合要求","不符合要求")”，如果 C26 单元格中的数值大于等于 18，则 C29 单元格显示“符合要求”字样；反之，显示“不符合要求”字样。

提 示

书中类似“在 C29 单元格中输入公式”中指定的单元格，读者在使用时，并不需要受其约束，此处只是配合书中所附的实例需要而给出的相应单元格，具体请读者参考实际情况。

练习

如图 5-56 所示，如果该学生身高在 160 厘米及以上，在备注行给出“继续锻炼”信息；如果该学生身高在 160 厘米以下，在备注行给出“加强锻炼”信息（利用 IF 函数完成）。

（8）SUMIF 函数

函数格式：SUMIF(range,criteria,sum_range)。

函数功能：计算符合指定条件的单元格区域内的数值和。

参数说明：range 代表条件判断的单元格区域；criteria 为指定条件表达式；sum_range 代表需要计算的数值所在的单元格区域。

应用举例：如图 5-57 所示，在 D9 单元格中输入公式“=SUMIF(C2:C8,"男",D2:D8)”，即可求出“男”生的语文成绩之和。

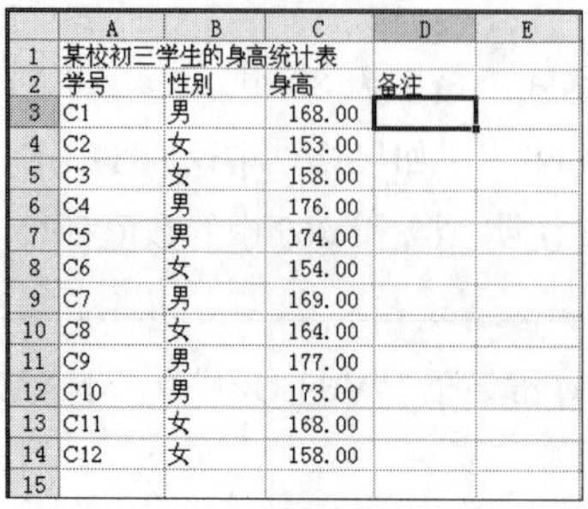

	A	B	C	D	E
1	某校初三学生的身高统计表				
2	学号	性别	身高	备注	
3	C1	男	168.00		
4	C2	女	153.00		
5	C3	女	158.00		
6	C4	男	176.00		
7	C5	男	174.00		
8	C6	女	154.00		
9	C7	男	169.00		
10	C8	女	164.00		
11	C9	男	177.00		
12	C10	男	173.00		
13	C11	女	168.00		
14	C12	女	158.00		
15					

图 5-56　练习

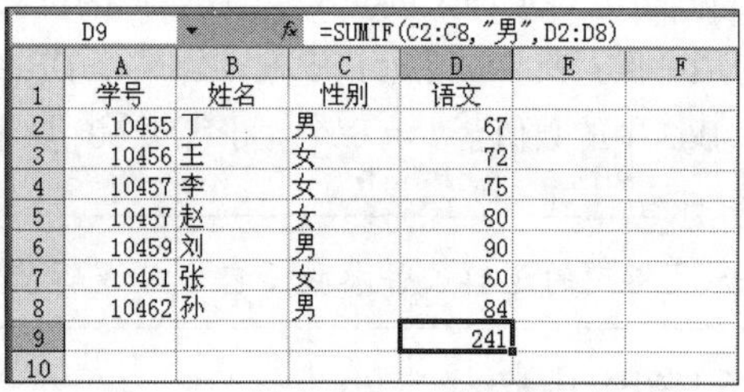

D9　=SUMIF(C2:C8,"男",D2:D8)

	A	B	C	D	E	F
1	学号	姓名	性别	语文		
2	10455	丁	男	67		
3	10456	王	女	72		
4	10457	李	女	75		
5	10457	赵	女	80		
6	10459	刘	男	90		
7	10461	张	女	60		
8	10462	孙	男	84		
9				241		
10						

图 5-57　SUMIF 函数使用

> **提 示**
> 如果把上述公式修改为=SUMIF(C2:C63,"女",D2:D63)，即可求出"女"生的语文成绩之和。其中，"男"和"女"由于是文本型数据，需要放在英文状态下的双引号（"男"、"女"）中。

（9）COUNT 函数

函数格式：COUNT(value1,value2, value3,…)。

函数功能：计算参数表中的数字参数和包含数字的单元格的个数。

参数说明：value1 代表参与个数统计的数值、文本或单元格。

应用举例：输入公式"= COUNT (88, "OK",B2:B3, "中国浙江")"，若 B2:B3 只存放数值，则函数的结果是 3；若 B2:B3 中只有一个单元格存放的是数值，则函数的结果是 2；若 B2:B3 中存放的都不是数值，则函数的结果是 1。

（10）COUNTA 函数

函数格式：COUNTA(value1,value2, value3,…)。

函数功能：计算参数表中的文本参数和包含文本的单元格的个数。

参数说明：value1 代表参与个数统计的数值、文本或单元格。

（11）COUNTIF 函数

函数格式：COUNTIF(range,criteria)。

函数功能：统计某个单元格区域中符合指定条件的单元格数目。

参数说明：range 代表要统计的单元格区域；criteria 表示指定的条件表达式。

应用举例：在 D17 单元格中输入公式："=COUNTIF(C3:C22,">=80")"，即可统计出 C3 至 C22 单元格区域中，数值大于等于 80 的单元格数目。

> **提 示**
> 允许引用的单元格区域中有空白单元格出现。

练习

如图 5-58 所示，在 E4 单元格内计算所有学生的平均成绩（保留小数点后 1 位），在 E5 和 E6 单元格内计算男生人数和女生人数（利用 COUNTIF 函数），在 E7 和 E8 单元格内计算男生平均成绩和女生平均成绩（先利用 SUMIF 函数分别求总成绩，保留小数点后 1 位）。

（12）RANK 函数

函数格式：RANK(number,ref,order)。

函数功能：返回某一数值在一列数值中的相对于其他数值的排位。

参数说明：number 代表需要排序的单元格地址的数值；ref 代表排序数值所处的单元格区域；order 代表排序方式参数（如果为"0"或者忽略，则按降序排

	A	B	C	D	E
1	某课程成绩单				
2	学号	性别	成绩		
3	A1	男	61		
4	A2	男	69	平均成绩	
5	A3	女	79	男生人数	
6	A4	男	88	女生人数	
7	A5	男	70	男生平均成绩	
8	A6	女	80	女生平均成绩	
9	A7	男	89		
10	A8	男	75		
11	A9	男	84		
12	A10	女	60		
13	A11	男	93		
14	A12	男	45		
15	A13	女	68		
16	A14	男	85		
17	A15	男	93		
18	A16	女	89		
19	A17	男	65		
20	A18	女	97		
21	A19	男	87		
22	A20	女	86		

图 5-58 模拟练习样表

名，即数值越大，排名结果数值越小；如果为非“0”值，则按升序排名，即数值越大，排名结果数值越大）。

应用举例：如在 E2 单元格中输入公式“= RANK(D2,$D$2:$D$8,0)”，即可得出丁同学的语文成绩在全班语文成绩中的排名结果，如图 5-59 所示。

提 示

在上述公式中，number 参数采取了相对引用形式，而 ref 参数采取了绝对引用形式（增加了一个“$”符号），这样设置后，选中 E2 单元格，将鼠标光标移至该单元格右下角，当鼠标指针变成细十字线状时（通常称之为“填充柄”），按住鼠标左键向下拖动，即可将上述公式快速复制到 E 列下面的单元格中，完成其他学生语文成绩的排名统计。

练习

如图 5-60 所示，计算历年销售量的总计和所占比例列的内容（百分比型，保留小数点后 2 位）；按递减次序计算各年销售量的排名（利用 RANK 函数）。

E2 fx =RANK(D2,$D$2:$D$8,0)

	A	B	C	D	E	F
1	学号	姓名	性别	语文		
2	10455	丁	男	67	6	
3	10456	王	女	72		
4	10457	李	女	75		
5	10457	赵	女	80		
6	10459	刘	男	90		
7	10461	张	女	60		
8	10462	孙	男	84		

图 5-59 RANK 函数使用

	A	B	C	D
2	年份	销售量（万辆）	所占比例	销售量排名
3	1996年	10886		
4	1997年	25194		
5	1998年	39013		
6	1999年	22758		
7	2000年	28900		
8	2001年	52700		
9	2002年	46347		
10	2003年	34242		
11	2004年	54868		
12	2005年	60239		
13	总计			

图 5-60 练习样表

（13）RANK.EQ 函数

函数格式：RANK.EQ(number,ref,order)。

函数功能：返回某数字在一列数字中相对于其他数值的大小排名；如果多个数值排名相同，则返回该组数值的最佳排名。

参数说明：number 代表需要排序的单元格地址的数值；ref 代表排序数值所处的单元格区域；order 代表排序方式参数（如果为“0”或者忽略，则按降序排名，即数值越大，排名结果数值越小；如果为非“0”值，则按升序排名，即数值越大，排名结果数值越大）。

提 示

在上述公式中，number 参数采取了相对引用形式，而 ref 参数采取了绝对引用形式（增加了一个“$”符号）。

RANK.EQ 赋予重复数相同的排位。但重复数的存在将影响后续数值的排位。例如，在按升序排序的整数列表中，如果数字 10 出现两次，且其排位为 5，则 11 的排位为 7（没有排位为 6 的数值）。

（14）MAX 函数

函数格式：MAX(number1,number2,…)。

函数功能：求出一组数中的最大值。

参数说明：number1,number2,…代表需要求最大值的数值或引用单元格（区域），参数不超过30个。

应用举例：输入公式"=MAX(E44:J44,7,8,9,10)"，即可显示出 E44 至 J44 单元格区域和数值7，8，9，10中的最大值。

提示

如果参数中有文本或逻辑值，则忽略。

（15）MIN 函数

函数格式：MIN(number1,number2,…)。

函数功能：求出一组数中的最小值。

参数说明：number1,number2,…代表需要求最小值的数值或引用单元格（区域），参数不超过30个。

应用举例：输入公式"=MIN(E44:J44,7,8,9,10)"，即可显示出 E44 至 J44 单元格区域和数值7，8，9，10中的最小值。

提示

如果参数中有文本或逻辑值，则忽略。

练习

如图 5-61 所示，在 G 列计算实发工资。（计算方法：实发工资=基本工资+补助工资-扣款）；在 E6 单元格利用 MIN 函数求出个人补助工资的最小值，结果保留小数点后 2 位。

	A	B	C	D	E	F	G
1	编号	科室	姓名	基本工资	补助工资	扣款	实发工资
2	1	人事科	石小贞	1000.00	100.00	15.00	
3	2	教务科	李卫国	2100.00	150.00	70.00	
4	3	人事科	刘达根	5000.00	200.00	200.00	
5	4	财务科	杨声红	2300.00	500.00	100.00	
6							

图 5-61　练习样表

（16）MOD 函数

函数格式：MOD(number,divisor)。

函数功能：求出两数相除的余数。

参数说明：number 代表被除数；divisor 代表除数。

应用举例：输入公式"=MOD(13,4)"，确认后显示出结果"1"。

提示

如果 divisor 参数为零，则显示错误值"#DIV/0!"；MOD 函数可以借用函数 INT 来表示，上述公式可以修改为=13-4*INT(13/4)。

（17）ROUND 函数

函数格式：ROUND(number,num_digits)。

函数功能：按指定位数四舍五入某个数字。

参数说明：number 代表进行四舍五入的数字；num_digits 指定四舍五入的位数。

若 num_digits>0，表示保留 num_digits 位小数。

若 num_digits=0，表示保留整数。

若 num_digits<0，表示从个位向左对第 |num_digits|位进行舍入。

应用举例：输入公式"= ROUND(25678.7654,2)"，结果是"25678.77"；输入公式"= ROUND(25678.7654,0)"，结果是"25679"；输入公式"= ROUND(25678.7654,-2)"，结果是"25700"。

（18）INT 函数

函数格式：INT(number)。

函数功能：将数值向下取整为最接近的整数。

参数说明：number 表示需要取整的数值或包含数值的引用单元格。

应用举例：输入公式"=INT(18.89)"，确认后显示 18；输入公式"=INT(-18.89)"，确认后显示-19。

（19）LEN 函数

函数格式：LEN(text)。

函数功能：统计文本字符串中字符数目。

参数说明：text 表示要统计的文本字符串。

应用举例：假定 A40 单元格中保存了"我今年 28 岁"的字符串，在 C40 单元格中输入公式"=LEN(A40)"，确认后即显示出统计结果"6"。

── 提 示 ──
　　LEN 函数在统计时，无论是全角字符，还是半角字符，每个字符均计为"1"；与之相对应的一个函数——LENB，在统计时半角字符计为"1"，全角字符计为"2"。

（20）LEFT 函数

函数格式：LEFT(text,num_chars)。

函数功能：从一个文本字符串的第一个字符开始，截取指定数目的字符。

参数说明：text 代表要截字符的字符串；num_chars 代表给定的截取数目。

应用举例：假定 A38 单元格中保存了"我喜欢天极网"的字符串，在 C38 单元格中输入公式"=LEFT(A38,3)"，确认后即显示出"我喜欢"的字符。

── 提 示 ──
　　此函数名的英文意思为"左"，即从左边截取。Excel 很多函数都取其英文的意思。

（21）RIGHT 函数

函数格式：RIGHT(text,num_chars)。

函数功能：从一个文本字符串的最后一个字符开始，截取指定数目的字符。

参数说明：text 代表要截字符的字符串；num_chars 代表给定的截取数目。

应用举例：假定 A65 单元格中保存了"我喜欢天极网"的字符串，在 C65 单元格中输入公式"=RIGHT(A65,3)"，确认后即显示出"天极网"的字符。

> **提示**
> num_chars 参数必须大于等于 0，如果忽略，则默认其为 1；如果 num_chars 参数大于文本长度，则函数返回整个文本。

（22）MID 函数

函数格式：MID(text,start_num,num_chars)。

函数功能：从一个文本字符串的指定位置开始，截取指定数目的字符。

参数说明：text 代表一个文本字符串；start_num 代表指定的起始位置；num_chars 代表要截取的数目。

应用举例：假定 A47 单元格中保存了"我喜欢天极网"的字符串，在 C47 单元格中输入公式"=MID(A47,4,3)"，确认后即显示出"天极网"的字符。

> **提示**
> 公式中各参数间，要用英文状态下的逗号","隔开。

（23）DATE 函数

函数格式：DATE(year,month,day)。

函数功能：给出指定数值的日期。

参数说明：year 为指定的年份数值（小于 9999）；month 为指定的月份数值（可以大于 12）；day 为指定的天数。

应用举例：在 C20 单元格中输入公式"=DATE(2003,13,35)"，单元格显示"2004-2-4"。

> **提示**
> 由于上述公式中，月份为 13，多了一个月，顺延至 2004 年 1 月；天数为 35，比 2004 年 1 月的实际天数又多了 4 天，故顺延至 2004 年 2 月 4 日。

（24）DAY 函数

函数格式：DAY(serial_number)。

函数功能：求出指定日期或引用单元格中的日期的天数。

参数说明：serial_number 代表指定的日期或引用的单元格。

应用举例：输入公式"=DAY("2016-12-18")"，单元格显示"18"。

> **提示**
> 如果是给定的日期，应包含在英文双引号中。

（25）MONTH 函数

函数格式：MONTH(serial_number)。

函数功能：求出指定日期或引用单元格中的日期的月份。

参数说明：serial_number 代表指定的日期或引用的单元格。

应用举例：输入公式"=MONTH("2016-12-18")"，单元格显示"12"。

---提 示---
如果是给定的日期，请包含在英文双引号中；如果将上述公式修改为=YEAR ("2016-12-18")，则返回年份对应的值"2016"。

（26）VLOOKUP 函数

函数格式：VLOOKUP(lookup_value,table_array,col_index_num,range_lookup)。

函数功能：在表格的首列查找指定的数据，并返回指定的数据所在行中的指定列处的数据。

参数说明：lookup_value 代表需要在数据表第一列中查找的数据，可以是数值、文本字符串或引用；table_array 代表需要在其中查找数据的数据表，可以使用单元格区域或区域名称等；col_index_num：需返回某列值的列号；range_lookup：当参数为逻辑值 FALSE、0 或者不填，直接略过都可代表精确查找。如果找不到要查找的内容，便返回错误的值。当参数值为逻辑值 TRUE 或者 1 时，表示近似查找，也就是当找不到精确的数，函数会选择小于查找内容的最大值来输出结果。

项目七　图　表

Excel 2016 强大的图表功能能够更加直观地将工作表中的数据表现出来，使原本枯燥无味的数据信息变得生动形象起来。有时用许多文字也无法表达的问题，可以用图表轻松地解决，并能够做到层次分明、条理清楚、易于理解。用户还可以对图表进行适当美化，使其更加赏心悦目。

◆ 任务一　创建图表

用户要创建图表，可以使用"插入"/"图表"组中的相应图表类型实现。

具体操作步骤如下：

① 打开或创建一个需要创建图表的工作表，选定需要创建图表的单元格区域（例如：工程项目和税金两列，如图 5-62 所示）。

	A	B	C	D	E	F	G	H
1	某工程各项费用汇总表（单位：元）							
2	工程项目	人工费	材料费	机械费	费用	利润	税金	价格/m²
3	建筑工程	123.67	346.9	43.60	88.7	45	19.1	666.97
4	采暖工程	4.25	17	0.48	4.3	2.3	1.5	29.83
5	照明工程	8.52	23.3	0.39	8.6	4.7	1.6	47.11
6	给排水工程	3.70	15.8	0.45	3.28	1.85	0.88	25.96
7	造价总计	140.14	403.00	44.92	104.88	53.85	23.08	769.87

图 5-62　选定创建图表的单元格区域

② 单击"插入"/"图表"组，选择图表类型，再选择图表子类型（例如饼图）即可完成图表的创建，如图 5-63 所示。

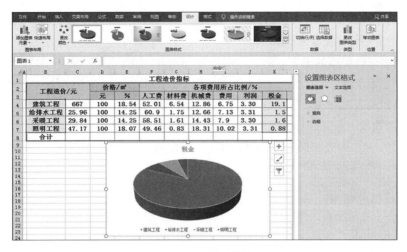

图 5-63　创建图表

练习

如图 5-64 所示，在工作表 Sheet1 中，取“人力资源情况表”的“人员类型”列和“所占比例”列的单元格内容（不包括“总计”行），建立“分离型饼图”。

	A	B	C	D
1	某企业人力资源情况表			
2	人员类型	数量	所占比例	
3	市场销售	78	0.206897	
4	研究开发	165	0.437666	
5	工程管理	76	0.201592	
6	售后服务	58	0.153846	
7	总计	377		
8				

图 5-64　模拟练习样表

◆ 任务二　图表编辑和图表格式化

如果用户对已完成的图表不太满意，可以对图表进行重新编辑或修饰。例如，增加一些数据、修改标题，为图表设置颜色、边框等。用户还可以对图表进行比较全面的格式化操作，如修改数据格式、设置图表填充效果、修改文本格式、设置坐标轴格式及设置三维格式等。

在 Excel 2016 中，若要对图表进行重新编辑或修饰，首先要选中图表区，此时在功能区打开了一个活动的“图表工具”选项卡，然后可以用“图表工具”选项卡下的“设计”和“格式”两个子选项卡完成图表编辑和图表的修饰。

1. 选定图表

进行编辑之前，必须单击鼠标选定图表。

2. 调整图表大小和位置

当用户选定图表后，图表周围会出现一个边框，且边框上带有八个黑色的尺寸控制点，按住鼠标左键并拖动，可以调整图表的大小。在图表上按住鼠标左键并拖动，可以将图表移动调整到新的位置。

3. 修改图表的类型、数据、布局、样式

在 Excel 2016 中，对于大部分二维图表，既可以修改数据系列的图表类型，也可以修改整个

图表的类型；对于大部分三维图表，可以改为圆锥、圆柱或棱锥等类型的三维图表。

修改图表的类型具体操作步骤如下：

① 选定需要修改类型的图表。

② 单击"图表工具"/"设计"/"更改图表类型"按钮，如图 5-65 所示。

③ 在打开的列表框和"子图表类型"选项区域中重新选择图表类型进行修改。

修改图表的数据、布局、样式具体操作与修改图表类型操作步骤类似，单击"图表工具"/"设计"/"数据"或"图表布局"或"图表样式"等按钮，在打开的列表框和选项区域中重新进行修改并确定，如图 5-66 所示。

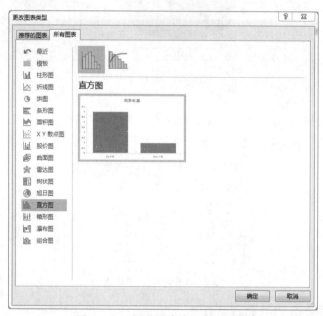

图 5-65 "更改图表类型"对话框

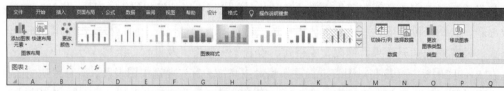

图 5-66 "图表工具-设计"选项卡

提 示

如果用户发现修改后的图表效果不满意，简便方法则可用撤销命令恢复，把图表还原到修改前的样式，也可以删除图表后重新创建。

---

4. 添加修改图表的标题、图例、数据标志等

修改图表的标题、坐标轴标题、分类轴刻度线和刻度线标志、数据系列名称、图例文字和数据标志及插入外部图片等功能，可以用"图表工具-设计"选项卡下的"添加图表元素"（见图 5-67）按钮或者图表右侧的"+"完成。

单元五　电子表格软件 Excel 2016

图 5-67 "图表工具-设计"子选项卡

添加图表的标题，具体操作步骤如下：

① 选定要添加标题的图表。

② 选择"图表工具"/"设计"/"图表布局"/"添加图表元素"/"图表标题"选项，如图 5-68 所示。

③ 在弹出的文本框中添加输入图表标题即可。

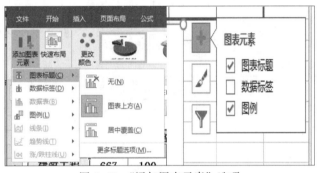

图 5-68 "添加图表元素"选项

若要对图表中的标题进行更改，只需单击要编辑的标题，在屏幕显示的文本框中输入新标题，并按【Enter】键即可。

添加图表的图例，具体操作步骤如下：

① 选定要添加标题的图表。

② 单击"图表工具"/"设计"/"添加图表元素"/"图例"按钮。

③ 在弹出的文本框中选择图例位置添加即可。

若要使用添加、更改图表坐标轴标题、分类轴刻度线和刻度线标志、数据系列名称、图例文字和显示数据标志及插入外部图片等功能，操作步骤与上述基本类似。

5. 图表的样式、尺寸、背景图案等

修改图表的格式、边框、尺寸、背景图案等，可以用"图表工具-格式"选项卡下的各项功能按钮完成，如图 5-69 所示。

图 5-69 "图表工具-格式"选项卡

设置图表的大小尺寸，具体操作步骤如下：

① 选定要设置的图表。

② 在"图表工具-格式"选项卡下的大小数字框中设置即可。

修改图表的背景图案，具体操作步骤如下：

① 选定要修改的图表。

② 单击"图表工具"/"格式"/"当前所选内容"/"设置所选内容格式"按钮。

③ 在窗口右侧参数选项区中选择背景图案样式及填充参数，如图 5-70 所示。

④ 单击"关闭"按钮。

图 5-70 "设置绘图区格式"选项

练习

① 如图 5-71 所示，选取"某地区经济增长指数对比表"的 A2:L5 数据区域的内容建立"数据点折线图"（系列产生在"行"），标题为"经济增长指数对比图"，设置 Y 轴刻度最小值为 50，最大值为 210，主要刻度单位为 20，分类（X 轴）交叉于 50；将图插入到表 A8:L20 单元格区域内。

	A	B	C	D	E	F	G	H	I	J	K	L
1						某地区经济增长指数对比表						
2	月份	2月	3月	4月	5月	6月	7月	8月	9月	10月	11月	12月
3	03年	83.9	102.4	113.5	119.7	120.1	138.7	137.9	134.7	140.5	159.4	168.7
4	04年	101.00	122.70	139.12	141.50	130.60	153.80	139.14	148.77	160.33	166.42	175.00
5	05年	146.96	165.60	179.08	179.06	190.18	188.50	195.78	191.30	193.27	197.98	201.22
6												

图 5-71 练习样表 1

② 如图 5-72 所示，在工作表 Sheet1 中，选取"某公司年设备销售情况表"的"设备名称"和"销售额"两列的内容（总计行除外）建立"柱形棱锥图"，X 轴为设备名称，标题为"设备销售情况图"，不显示图例，网格线分类（X）轴和数值（Z）轴显示主要网格线，设置图的背景墙格式图案区域的过渡颜色类型是单色，颜色是紫色，将图插入到工作表的 A9:E22 单元格区域内。

	A	B	C	D	E
1		某公司年设备销售情况表			
2	设备名称	数量	单价	销售额	
3	微机	36	6580	236880	
4	MP3	89	897	79833	
5	数码相机	45	3560	160200	
6	打印机	53	987	52311	
7				总计	

图 5-72 练习样表 2

项目八　数据统计及管理

Excel 2016 为用户提供了强大的数据筛选、排序和汇总等功能，利用这些功能可以方便地从数据清单中取得有用的数据，并重新整理数据，让用户按自己的意愿从不同的角度去观察和分析数据，管理好自己的工作簿。

◆ 任务一　认识数据清单

在 Excel 2016 中，数据清单是指包含一组相关数据的一系列工作表数据行（不包括标题栏）。Excel 在对数据清单进行管理时，把数据清单看作一个数据库表。

1. 了解数据清单

数据清单中的行相当于数据库中的记录，行标题相当于记录名。数据清单中的列相当于数据库中的字段，列标题相当于数据库中的字段名。

2. 创建数据清单

创建数据清单时，可以用普通的输入方法向行列中逐个输入记录，注意行列要规则并且数据不为空。还可以使用"数据"菜单下的获取外部数据项的各个功能按钮，实现从外部获取数据，例如从数据库中获取数据，如图 5-73 所示。

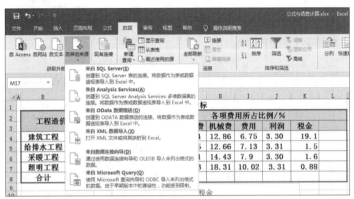

图 5-73　获取外部数据

◆ 任务二　数据排序

数据排序是指按一定规则对数据进行整理、排列，这样可以为进一步处理数据做好准备。Excel 2016 提供了多种对数据清单进行排序的方法，如升序、降序，用户也可以自定义排序方法。

1. 单项（简单）排序

对 Excel 中的数据清单进行排序时，如果按照单列的内容进行排序，可以在选定要排序的数据后，单击"数据"菜单的排序工具栏中的"升序"按钮 或"降序"按钮 进行操作。具体操作步骤如下：

① 在数据清单中定位某一列标志名称所在单元格。例如，要对姓名进行排序，则选定"姓名"所在的单元格，如图 5-74 所示。

② 根据需要，例如，要按降序排列，单击"降序"按钮 ，排序结果如图 5-75 所示。

	A	B	C	D	E	F
1	年度员工销售业绩汇总					
2	员工编号	姓名	销售部	年度签单金额	年度到账金额	
3	sx001	方峻	1部	¥860,000.00	¥800,000.00	
4	sx002	张非	2部	¥430,000.00	¥430,000.00	
5	sx003	李月影	2部	¥510,000.00	¥370,000.00	
6	sx004	秦臻	1部	¥1,080,000.00	¥850,000.00	
7	sx005	王帆	3部	¥540,000.00	¥450,000.00	
8	sx006	刘涛	2部	¥470,000.00	¥345,000.00	
9	sx007	杨萍	3部	¥500,000.00	¥441,000.00	
10	sx008	程谨	1部	¥1,080,000.00	¥1,020,000.00	
11	sx009	徐天添	3部	¥520,000.00	¥440,000.00	
12	sx010	胡啸天	3部	¥580,000.00	¥510,000.00	

图 5-74　定位某一列标志名称所在单元格　　　图 5-75　"降序"排序结果

2. 多项排序

通过简单排序后，若同一列仍然有相同数据，则可以通过多条件来排序数据清单中的记录，实现多项排序。例如上例中，先按"姓名"升序，再按"年度到账金额"降序进行排序，具体操作步骤如下：

① 鼠标定位工作表数据区域，单击"数据"/"排序和筛选"/"排序"按钮，弹出"排序"对话框，如图 5-76 所示。

图 5-76 "排序"对话框 1

② 在"主要关键字"列表框中选择"姓名"选项，并在其右侧的列表框中选"升序"选项。

③ 单击"添加条件"按钮，增加"次要关键字"列表框，选择"年度到账金额"选项，并在其右侧的列表框中选择"降序"选项，如图 5-77 所示。

图 5-77 "排序"对话框 2

④ 单击"确定"按钮。排序结果如图 5-78 所示。

	A	B	C	D	E	F
1	年度员工销售业绩汇总					
2	员工编号	姓名	销售部	年度签单金额	年度到账金额	
3	sx008	程谨	1部	¥1,080,000.00	¥1,020,000.00	
4	sx001	方岐	1部	¥860,000.00	¥800,000.00	
5	sx010	胡啸天	3部	¥580,000.00	¥510,000.00	
6	sx003	李月影	2部	¥510,000.00	¥370,000.00	
7	sx006	刘涛	2部	¥470,000.00	¥345,000.00	
8	sx004	秦臻	1部	¥1,080,000.00	¥850,000.00	
9	sx005	王帆	3部	¥540,000.00	¥450,000.00	
10	sx009	徐天添	3部	¥520,000.00	¥440,000.00	
11	sx007	杨萍	3部	¥500,000.00	¥441,000.00	
12	sx002	张非	2部	¥550,000.00	¥430,000.00	
13						

图 5-78 多项排序结果

练习

如图 5-79 所示，对工作表“工程预算表”内的数据清单的内容按主要关键字为“数量”的递减次序和次要关键字为“合计”的递增次序进行排序，排序后的工作表还保存在 EXA.xlsx 工作簿文件中，工作表名不变。

	A	B	C	D	E	F	G
2	工程预算表						
4	项目	名称	单位	数量	单价	合计	备注
5	1	墙顶面拆除	项	2	1800	3600	
6	2	地面砖铺贴	m^2	80	118	9440	马可波罗仿古砖+人工
7	3	地面砖铺贴辅材	m^2	80	20	1600	
8	4	贴地脚线	m	26	17	442	主材+辅材+人工+加工费
9	5	石膏板艺术吊顶	m^2	80	118	9440	
10	6	艺术中式隔墙	m^2	17	89	1513	
11	7	墙纸	卷	6	200	1200	
12	8	中式实木线条包柱	个	3	600	1800	主材及人工+油漆
13	9	中式图案布窗帘	m	32	40	1280	
14	10	竹帘垂直起落帘	m^2	80	35	2800	
15	11	暗式窗帘盒	m	16	65	1040	
16	12	封玻璃门洞	m^2	4	175	700	
17	13	玻璃门	m^2	4	275	1100	含五金
18	14	电路改造	m^2	81	55	4455	

图 5-79　练习样表

◆ 任务三　数据筛选

筛选是从数据清单中查找和分析符合特定条件的数据记录的快捷方法。经过筛选后的数据清单只显示满足指定条件的数据行，以供用户浏览、分析之用。Excel 2016 提供了两种筛选数据的方法，分别为自动筛选和高级筛选。

1. 自动筛选

自动筛选为用户提供了在具有大量记录的数据清单中快速查找符合某种条件记录的功能。自动筛选适用于单项简单条件，通常是在一个数据清单的一个列中，查找记录。单击“数据” / “排序和筛选” / “筛选”按钮，此时每个字段名称右侧将出现一个下拉按钮▾，单击后打开“自动筛选器”，在字段名称下拉列表框中即可设置筛选条件。

提　示

用户一次只能对工作表中的一个数据清单使用筛选命令，如果要在其他数据清单中使用该命令，则需清除本次筛选。若要取消自动筛选，可再次单击“筛选”按钮。

下面以图 5-78 中的数据清单为例，介绍“自动筛选”功能，具体操作步骤如下：

① 鼠标定位工作表数据区域。

② 单击“数据” / “排序和筛选” / “筛选”按钮。（各个列标题右侧将添加下拉按钮▾）

③ 在“年度到账金额”下拉列表中选择“数字筛选”的“大于”选项。

④ 在弹出的文本框中输入“500000”，如图 5-80 所示。

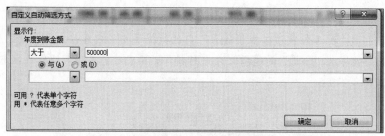

图 5-80　设置筛选条件

⑤ 单击"确定"按钮，则筛选出满足条件"年度到账金额"大于 500 000 的记录，筛选结果如图 5-81 所示。

通过自动筛选，在数据清单中显示满足结果条件的数据记录，其余不满足条件的记录则会隐藏。对参与筛选的字段，其下拉列表按钮（自动筛选器）将变为"蓝色"显示。

	A	B	C	D	E	F
1	年度员工销售业绩汇总					
2	员工编号	姓名	销售部	年度签单金额	年度到账金额	
3	sx008	程谨	1部	￥1,080,000.00	￥1,020,000.00	
4	sx001	方岐	1部	￥860,000.00	￥800,000.00	
5	sx010	胡啸天	3部	￥580,000.00	￥510,000.00	
8	sx004	秦臻	1部	￥1,080,000.00	￥850,000.00	
13						

图 5-81　自动筛选结果

— 提　示 —

若是同项双条件筛选，例如上例：筛选"年度到账金额"大于 500 000 并且小于 1 000 000 的记录，可以在图 5-80 中设置筛选双条件，"并且"即为逻辑"与"的关系，选择后在第二个文本框中输入"1000000"，单击"确定"按钮即可。

练习

如图 5-82 所示，建立一个"自动筛选"的查询器，筛选出"人事科"中基本工资大于等于 1000 并且补助工资小于等于 200 的人员。

	A	B	C	D	E	F	G
1	编号	科室	姓名	基本工资	补助工资	扣款	实发工资
2	1	人事科	滕燕	1000.00	120.00	15.00	1085.00
3	2	人事科	张波	1030.00	180.00	15.00	1085.00
4	3	人事科	周平	100.00	210.00	0.00	300.00
5	4	教务科	杨兰	2102.00	150.00	70.10	2131.00
6	5	教务科	石卫国	2100.00	120.00	70.00	2130.00
7	9	财务科	扬繁	2000.00	220.00	65.00	2035.00
8	10	财务科	石卫平	8000.00	190.00	365.00	7735.00

图 5-82　练习

2. 高级筛选

如果是对数据清单中的多个字段进行筛选，筛选的条件也比较多，则可以使用"高级筛选"功能来筛选数据。

要使用"高级筛选"功能，必须先建立一个"条件"区域，用来指定筛选的数据需要满足的条件。条件区域的第一行是作为筛选条件的字段名，这些字段名必须与数据清单中的字段名完全相同,条件区域的其他行则用来输入筛选条件值。

— 提 示 ——————————————————————————
条件区域和数据清单一般不能连接,必须用一个空行将其隔开。

下面以图 5-83 中的数据清单为例,介绍"高级筛选"功能。具体操作步骤如下:

① 在数据清单所在的工作表空白位置处建立"条件"区,并输入筛选条件。例如:在 C14 单元格中输入"销售部",在 C15 单元格中输入"1 部";在 D14 单元格中输入"年度到账金额",在 D15 单元格中输入">500000",如图 5-83 所示。

	A	B	C	D	E	F
1			年度员工销售业绩汇总			
2	员工编号	姓名	销售部	年度签单金额	年度到账金额	
3	sx008	程谨	1部	¥1,080,000.00	¥1,020,000.00	
4	sx001	方岐	1部	¥860,000.00	¥800,000.00	
5	sx010	胡啸天	3部	¥580,000.00	¥510,000.00	
6	sx003	李月影	2部	¥510,000.00	¥370,000.00	
7	sx006	刘涛	2部	¥470,000.00	¥345,000.00	
8	sx004	秦臻	1部	¥1,080,000.00	¥850,000.00	
9	sx005	王帆	3部	¥540,000.00	¥450,000.00	
10	sx009	徐天添	3部	¥520,000.00	¥440,000.00	
11	sx007	杨萍	3部	¥500,000.00	¥441,000.00	
12	sx002	张非	2部	¥550,000.00	¥430,000.00	
13						
14			销售部	年度到账金额		
15			1部	>500000		
16						

图 5-83 建立数据清单的条件区

② 鼠标定位数据清单中的任意单元格,单击"数据"/"排序和筛选"/"高级筛选"按钮,弹出"高级筛选"对话框。

③ 在"列表区域"文本框中选定数据清单区域 A2:E12,或用鼠标左键拖动选择区域。

④ 在"条件区域"文本框中选定条件区域 C14:D15,或用鼠标左键拖动选择"条件"区域,如图 5-84 所示。

⑤ 单击"确定"按钮,则筛选出满足条件的结果,即"销售部"为"1 部",且"年度到账金额"大于 500 000 的两个条件的记录,如图 5-85 所示。

	A	B	C	D	E	F
1			年度员工销售业绩汇总			
2	员工编号	姓名	销售部	年度签单金额	年度到账金额	
3	sx008	程谨	1部	¥1,080,000.00	¥1,020,000.00	
4	sx001	方岐	1部	¥860,000.00	¥800,000.00	
8	sx004	秦臻	1部	¥1,080,000.00	¥850,000.00	
13						
14			销售部	年度到账金额		
15			1部	>500000		
16						

图 5-84 "高级筛选"对话框   图 5-85 高级筛选结果

高级筛选中各选项的含义如下:

在原有区域显示筛选结果:筛选结果显示在原数据清单位置。

将筛选结果复制到其他位置:筛选后的结果显示在"复制到"文本框中指定的区域,与原工作表并存。

列表区域：指定要筛选的数据区域，可以直接在该文本框中输入区域引用，也可以用鼠标在工作表中选定数据区域。

条件区域：指定含有筛选条件的区域，如果要筛选不重复的记录，则选中"选择不重复的记录"复选框。

> **提示**
>
> 高级筛选中填写筛选条件时，把两个条件写在同一行，即为"与条件"；把两个条件写在不同行，即为"或条件"。即将具有"与"关系的各个条件放置在同一行，将具有"或"关系的各个条件放置在不同行，多个条件也是如此。

◆ 任务四　数据汇总

当用户对表格数据或原始数据进行分析处理时，往往需要对其进行汇总，还要插入带有汇总信息的行。Excel 2016 提供的"分类汇总"功能将使这项工作变得简单易行，它会自动地插入汇总信息行，不需要人工进行操作。

分类汇总是对数据清单进行数据分析的一种方法。分类汇总对数据库中指定的字段进行分类，然后统计同一类记录的有关信息。统计的内容可以由用户指定，汇总方式灵活多样，如数值段求和、求平均值、求极值等。

下面以图 5-86 中的数据清单为例，介绍"分类汇总"功能。

	A	B	C	D	E	F
1	年度员工销售业绩汇总					
2	员工编号	姓名	销售部	年度签单金额	年度到账金额	
3	sx001	方岭	1部	¥860,000.00	¥800,000.00	
4	sx002	张非	2部	¥550,000.00	¥430,000.00	
5	sx003	李月影	2部	¥510,000.00	¥370,000.00	
6	sx004	秦臻	1部	¥1,080,000.00	¥850,000.00	
7	sx005	王帆	3部	¥540,000.00	¥450,000.00	
8	sx006	刘涛	2部	¥470,000.00	¥345,000.00	
9	sx007	杨萍	3部	¥500,000.00	¥441,000.00	
10	sx008	程谨	1部	¥1,080,000.00	¥1,020,000.00	
11	sx009	徐天添	3部	¥520,000.00	¥440,000.00	
12	sx010	胡啸天	3部	¥580,000.00	¥510,000.00	
13						

图 5-86　数据清单

> **提示**
>
> 在创建分类汇总之前，用户必须先根据需要对数据清单中分类字段的数据列进行排序，如图 5-87 所示，先进行"销售部"排序。

具体操作步骤如下：

① 单击定位数据清单，单击"数据"/"分级显示"/"分类汇总"按钮。

② 弹出"分类汇总"对话框，在"分类字段"下拉列表中选择"销售部"选项，在"汇总方式"下拉列表中选择"求和"选项，在"选定汇总项"列表框中选中"年度到账金额"复选框，如图 5-88 所示。

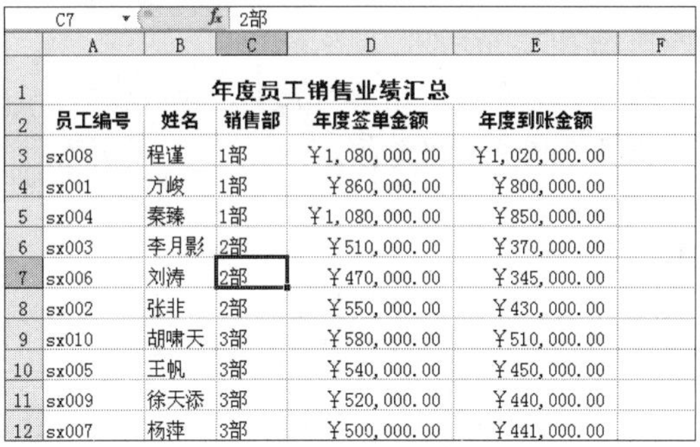

图 5-87　分类字段的数据列排序

图 5-88　"分类汇总"对话框

③ 单击"确定"按钮，分类汇总结果如图 5-89 所示。

若要取消分类汇总结果，可以重新进入"分类汇总"对话框，单击"全部删除"按钮即可。

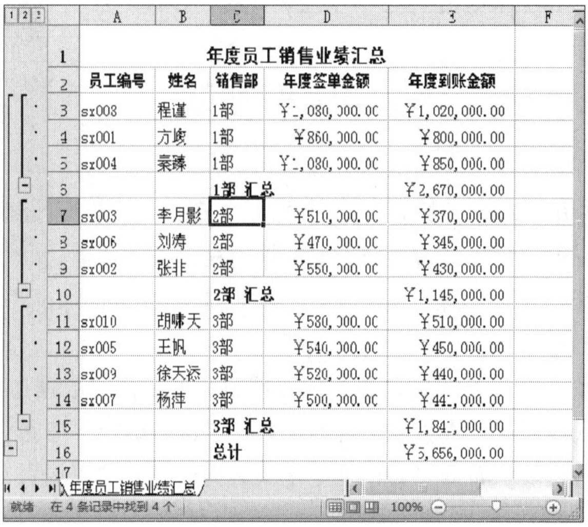

图 5-89　分类汇总结果

提　示

Excel 可自动计算数据清单中的分类汇总和总计值。当插入自动分类汇总时，Excel 将分级显示数据清单，以便为每个分类汇总显示和隐藏明细数据行。在分类汇总表的最左上方有三个分级显示按钮 123 。显示一级为总计结果，显示二级为分类汇总结果，显示三级为明细结果。

◆ 任务五　数据透视表及合并计算

1．数据透视表

数据透视表可以对原始数据进行较复杂统计和计算，它能够将筛选、排序和分类汇总等操作依次完成，并生成汇总表格，这也是 Excel 强大数据处理能力的具体体现。数据透视表综合集成了多种功能，为用户处理数据提供了极大便利。

数据透视表为用户提供数据了三维视图，数据元素沿着三条不同的坐标轴排列，用户可以根据自己的爱好和实际工作的需要任意摆放每个元素所在的坐标轴，以切换到满足自己需求的视图。

例如进行多个项目的分类汇总，采用数据透视表便是最佳选择。

以图 5-90 所示的某商场某时期内销售产品统计表为例。产品销售表中包含字段为：日期、产品、品牌、数量、单价、销售总额。统计每天每种品牌的销售总额。

某商场销售产品统计					
日期	产品	品牌	数量	单价	销售总额
1	显示器	飞利浦	5	2000	10000
2	手机	LG	6	1100	6600
1	手机	飞利浦	4	1200	4800
3	手机	LG	2	1350	2700
3	显示器	飞利浦	1	1280	1280
2	显示器	飞利浦	2	1280	2560
1	冰箱	LG	3	2300	6900
4	冰箱	海尔	4	2300	9200
5	冰箱	LG	2	2300	4600
1	彩电	海尔	2	4500	9000
3	彩电	LG	2	4500	9000
4	彩电	海尔	2	3800	7600
6	彩电	LG	3	6000	18000
2	彩电	海尔	1	6000	6000

图 5-90　销售产品统计表

具体操作步骤如下：

① 单击定位数据清单，单击"插入"/"表格"/"数据透视表"按钮。

② 选择"数据透视表"命令，弹出"创建数据透视表"对话框。

③ 在"表区域"下选择数据源的区域是"透视表!＄A＄2:＄F＄16"（选择区域要包括表标题部分）。

④ 数据透视表位置选择"现有工作表"单选按钮（即制作的数据透视表与现有工作表在同一工作表中显示），输入数据透视表生成位置的地址，单击"确定"按钮，如图 5-91 所示。

⑤ 在打开的数据透视表"布局"对话框中定义数据透视表"布局"，如图 5-92 所示。

图 5-91　"创建数据透视表"对话框

图 5-92　数据透视表"布局"设置

⑥ 分别将"产品"字段拖入"列"栏目；将"日期"字段拖入"行"栏目；将"销售总额"字段拖入"∑数值"栏目。

自动完成的数据透视表如图 5-93 所示。

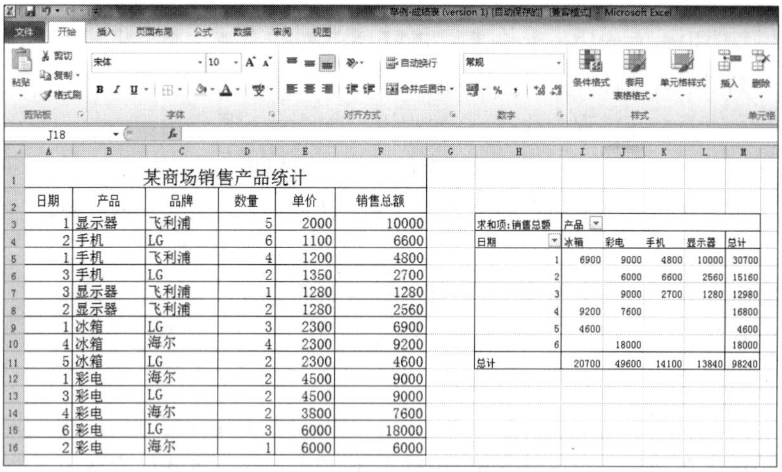

图 5-93　数据透视表创建结果

数据透视表是一张交互式的工作表，可以在不改变原始数据的情况下，按照所选的格式和计算方法对数据进行多项复杂分类汇总，根据实际应用要求得出统计结果。

提示

如果对原始表进行改动，数据透视表会相应发生变化，而且数据透视表的布局设计具有很高的灵活性，用户完全可以根据实际需求进行合理的布局。

练习

建立如图 5-94 的工作表，使用数据透视表，统计各地区的牛奶销售总金额。

	A	B	C	D	E	F	G	H	I
1	销售日期	订单编号	地区	城市	产品名称	单价	数量	金额	销售人员
2	1996-7-4	10248	华北	北京	牛肉	25.60	2KG	51.2元	徐健
3	1996-7-5	10249	华东	济南	茶叶	59.70	6KG	358.2元	谢丽
4	1996-7-8	10251	华东	南京	牛肉	19.10	15KG	286.5元	陈玉美
5	1996-7-8	10250	华北	秦皇岛	花生	2.50	30KG	75元	谢丽
6	1996-7-9	10252	东北	长春	牛肉	19.20	22KG	422.4元	刘军
7	1996-7-10	10253	华北	长治	牛肉	17.20	21KG	361.2元	谢丽
8	1996-7-11	10254	华中	武汉	海台	24.40	24KG	585.6元	刘军
9	1996-7-12	10255	华北	北京	鸡肉	16.70	9KG	150.3元	何林
10	1996-7-15	10256	华东	济南	茶叶	54.00	8KG	432元	何林
11	1996-7-16	10257	华东	上海	花生	2.30	17KG	39.1元	谢丽
12	1996-7-17	10258	华东	济南	鸡肉	17.80	17KG	302.6元	谢丽
13	1996-7-18	10259	华东	上海	酸奶	6.40	13KG	83.2元	刘军
14	1996-7-19	10261	华东	济南	大米	1.50	11KG	16.5元	刘军
15	1996-7-19	10260	华北	北京	牛肉	25.20	5KG	126元	徐健
16	1996-7-22	10262	华东	上海	牛肉	17.60	9KG	158.4元	谢丽
17	1996-7-23	10263	华北	北京	鸡肉	19.00	23KG	437元	谢丽
18	1996-7-24	10264	华北	北京	酸奶	7.90	5KG	39.5元	陈玉美
19	1996-7-25	10265	华中	武汉	牛肉	25.10	19KG	476.9元	何林
20	1996-7-26	10266	华北	北京	小米	2.50	5KG	12.5元	何林
21	1996-7-29	10267	华东	上海	鸡肉	17.20	6KG	103.2元	徐健
22	1996-7-30	10268	华东	青岛	花生	2.90	11KG	31.9元	刘军
23	1996-7-31	10269	华东	青岛	酸奶	8.40	15KG	126元	黄艳
24									

图 5-94　练习样表

2. 数据合并

通过合并计算可以把来自一个或多个源区域的数据进行汇总，并建立合并计算表。这些源区域与合并计算表可以在同一工作表中，也可以在同一工作簿的不同工作表中，还可以在不同的工作簿中。

在建立合并计算时，首先要检查数据，并确定是根据位置或分类，将其与公式中的三维引用进行合并。下面列出了合并计算方式的使用范围。

公式：对于所有类型或排列的数据，推荐使用公式中的三维引用。

位置：如果要合并几个区域中相同单元格的数据，可以根据位置进行合并。

分类：如果包含几个具有不同布局的区域，并且计划合并来自包含匹配标志的行或列中的数据，可以根据分类进行合并。

在 Excel 2016 中，可以最多指定 255 个源区域来进行合并计算。在合并计算时，不需要打开包含源区域的工作簿。

这里介绍通过"位置"来合并计算数据。

通过位置来合并计算数据是指：在所有源区域中的数据被相同地排列，即从每一个源区域中合并计算的数值必须在被选定源区域的相同的相对位置上。这种方式非常适用于处理日常相同表格的合并工作。

下面以一个实例来说明这一操作过程。建立如图 5-95 所示的工作簿文件。

在本例中将对工作表"济南"和"青岛"进行合并操作，其结果保存在工作表"总公司"中，具体操作步骤如下：

① 选定合并计算的数据结果区域，即工作表标签"总公司"中的 B3:D5 数据区域，如图 5-96 所示。

图 5-95　建立工作簿文件　　　　　图 5-96　选定数据结果区域

② 单击"数据"/"数据工具"/"合并计算"按钮，弹出"合并计算"对话框，如图 5-97 所示。

③ 在"函数"下拉列表中，选择用来实现合并计算数据的汇总函数，求和（SUM）函数是默认的函数。

④ 在"引用位置"文本框中，输入进行合并计算的源数据区的区域引用，或在源数据区选择区域地址，如在工作表标签上单击"济南"，在工作表中选定源区域。该区域的单元格引用将出

现在"引用位置"文本框中,如图 5-98 所示。

图 5-97 "合并计算"对话框

图 5-98 选择源数据区域引用地址

⑤ 单击"添加"按钮,对要进行合并计算的所有源区域重复上述步骤,如图 5-99 所示。
⑥ 单击"确定"按钮,合并计算的结果如图 5-100 所示。

图 5-99 重复选择源数据区引用地址

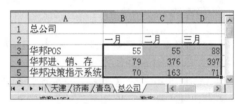

图 5-100 合并计算的结果

练习

如图 5-101 所示,建立"销售单 1"和"销售单 2"工作表,在 Sheet3 工作表的 A1 单元格输入"合计显示数量统计表",将 A1:D1 单元格合并为一个单元格,内容水平居中;在 A2:A6 单元格输入"型号",在 B2:D2 单元格输入"月份",使用"合并计算"计算出两个分店四种型号的产品一月、二月、三月的每月销售量总和置于 B3:D6 单元格,创建连至源数据的链接;工作表命名为"合计销售单"。

	A	B	C	D
1	1分店销售数量来统计表			
2	型号	一月	二月	三月
3	A001	90	85	92
4	A002	77	111	83
5	A003	67	79	86
6	A004	83	126	95
7				

	A	B	C	D
1	2分店销售数量来统计表			
2	型号	一月	二月	三月
3	A001	112	70	91
4	A002	67	109	81
5	A003	73	75	78
6	A004	98	91	101

图 5-101 练习样表

项目九 综 合 实 训

1. 实训目的

通过建立一个工资表的 Excel 电子表格,进一步掌握电子表格的输入技巧,查看数据量大的表格的方法，整体掌握数据表的操作与管理技术。

2. 实训内容

本电子表格共有三个工作表，其中，一个工作表为员工工资表，如图 5-102 所示；一个工作表为分类汇总表，如图 5-103 所示；一个工作表为数据透视表和图表，如图 5-104 所示。

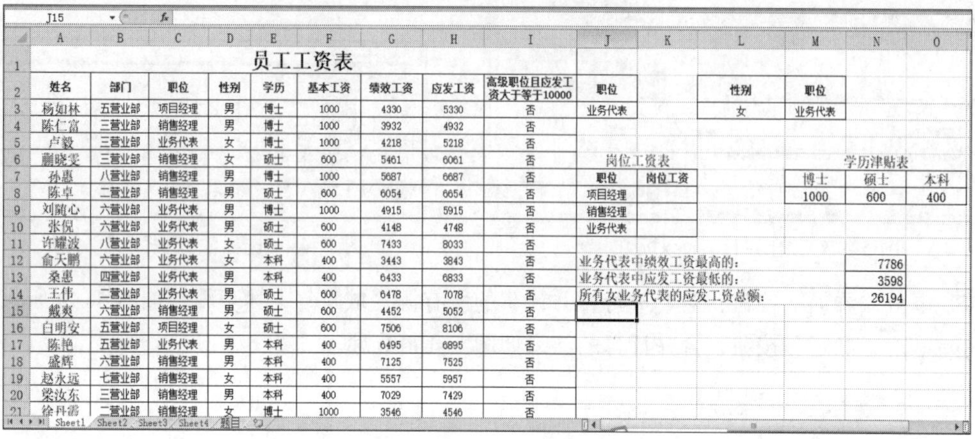

图 5-102　员工工资表

图 5-103　分类汇总表

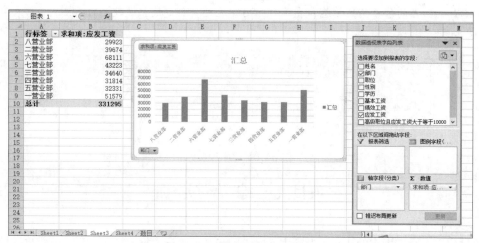

图 5-104　数据透视表和图表

要求：

① 在 Sheet4 中，使用条件格式，将 A1:A20 单元格区域中有重复值的单元格填充为红色。

② 在 Sheet4 的 B1 单元格中输入公式，判断当前年份是否为闰年，结果为 TRUE 或 FALSE。闰年定义：年数能被 4 整除而不能被 100 整除，或者能被 400 整除的年份。

③ 使用 vlookup 函数和 hlookup 函数填写"基本工资"列：基本工资=岗位工资+学历津贴。

④ 使用数组公式计算"应发工资"列，应发工资=基本工资+绩效工资。

⑤ 使用数据库函数统计：

a. 业务代表中绩效工资最高的(填入单元格 P21) 和应发工资最低的（填入单元格 P22）。

b. 所有女业务代表的应发工资总额（填入单元格 P23）。

⑥使用逻辑函数 and 和 or 判断是否是高级职位员工且应发工资大于等于 10000，填入"是"或"否"。高级职位指项目经理和销售经理。

⑦ 将 Sheet1 的员工工资表复制到 Sheet2 中，对不同职位的应发工资平均值进行分类汇总。

⑧ 根据 Sheet1 的结果，创建一数据透视图 chart1，要求：

a. 显示每个部门的应发工资总额。

b. 行设置为"部门"。

c. 求和项设置为"应发工资"。

单元六　网络基础知识和应用

单元导读

计算机网络是计算机技术和通信技术密切结合的产物，是计算机应用的一个重要领域。计算机网络的应用已渗透到社会生活的各个方面，发挥着越来越重要的作用。进入 21 世纪将是一个以网络为核心的信息时代。Internet 代表着当代计算机网络发展的一个重要方向。

重点难点

- 计算机网络的概念和分类。
- 互联网的概念。
- 计算机局域网与广域网的特点。
- 浏览器（IE）的使用。
- 电子邮件（E-mail）的收发应用。

项目一　认识计算机网络

计算机网络是指分布在不同地理位置上的具有独立功能的多个计算机系统，通过通信设备和通信线路相互连接起来，在网络软件的管理下实现数据传输和资源共享。

◆ 任务一　了解计算机网络的产生与发展趋势

1. 计算机网络的产生

由于计算机能长久地存储大量的信息，并且能有效地组织和处理信息，而通过通信技术能实现文字、语音、图形和图像的传输。在这种情况下，计算机网络便应运而生。它将计算机技术与通信技术有机地结合起来，并随着社会的发展、科技的进步而不断完善和提高，目前计算机网络处于空前普及和应用的局面。

Internet 的雏形是始于 1968 年美国国防部高级研究计划局（ARPA）提出并资助的 ARPANET 网络计划，其目的是将各地不同的主机以一种对等的通信方式连接起来，最初只有四台主机。此后，大量的网络、主机与用户接入 ARPANET，很多地方性网络也接入进来，于是这个网络逐步扩展到其他国家和地区，形成目前世界上最大的互联网络。

2. 计算机网络的发展趋势

ARPANET 经过几十年的变化和发展，已逐渐发展成了众所周知的国际互联网 Internet。目前 Internet 已覆盖世界上 180 多个国家和地区，连接上亿台计算机，全球互联网用户人数超过了 15 亿。所有入网的计算机按照统一的 TCP/IP 相互连接起来。

计算机网络除数据传输外，还能传输语音、图像等。除此之外，人们对网络的速度（带宽）

也提出了较高的要求。因此,发展网络技术,提高网络传输带宽,以综合业务为目标,组建一个高品质的全国乃至全球的信息高速公路,正是各个国家和地区发展的目标。

数字技术的发展,将使各种信息变换成数字信号,这些数字信号在同一网络中进行传输,从而实现了各种业务的综合。光纤技术的发展,提供了高品质带宽的传输媒介,为高品质、高速率的信息传输提供了有力的保障。多媒体技术和网络技术的发展,为数据、语音和图像在网络上的应用开辟了一个全新的境地。

局域网的广泛应用,已突破传统以太网 10 Mbit/s 和 100 Mbit/s 的传输速率,达到了 1 000 Mbit/s 的传输速率。特别是近年来将国际互联网技术应用于局域网,构成了以 Web 服务为中心的企业内部网 Intranet,给局域网的发展和应用提供了新的技术动力。

◆ 任务二 了解网络的功能

计算机网络主要功能有四个方面:数据通信、资源共享、提高计算机可靠性和可用性、易于进行分布式处理。

1. 数据通信

通信技术主要用于扩展人的传递信息能力。数据通信是计算机网络最基本的功能之一,用以实现计算机之间各种信息的传送,这一功能,可使地理位置分散的部门和计算机通过网络连接起来,以便进行集中的控制和管理。

2. 资源共享

计算机资源主要指计算机硬件资源、软件资源和数据资源。通过资源共享,可使网络中各单位的资源互通有无,分工协作,从而大大提高办公效率和系统资源利用率。

3. 提高计算机可靠性和可用性

通过网络,各台计算机可彼此互为后备机,当某台计算机出现故障时,其任务可由其他计算机代理,避免了系统瘫痪,提高了可靠性。同样,当网络中某台计算机负担过重时,可将其任务的一部分转交给较空闲的计算机完成,从而提高了每台计算机的可用性。

4. 易于进行分布式处理

把待处理的任务按一定的算法分散到网络中的各台计算机上,并利用网络环境进行分布处理和建立分布式数据库系统,达到均衡使用网络资源、实现分布式处理的目的。

◆ 任务三 了解网络的分类

从不同的角度对计算机网络进行分类,可有不同的结果,但较普遍的方法是按其地理覆盖范围来划分,一般可将网络分为局域网、城域网和广域网三类,见表 6-1。

表 6-1 网络分类

分类	缩写	分布距离(近似)	典型覆盖地域	传输速率
局域网	LAN	10 km	房间	4 Mbit/s～2 Gbit/s
		100 km	楼宇	
		几千米	校园	
城域网	MAN	10 km	城市	50 kbit/s～100 Mbit/s
广域网	WAN	>10 km	城市、国家、洲或全球	9.6 kbit/s～45 Mbit/s

1. 局域网（local area network，LAN）

通过网卡、网线把多台计算机连接起来就构成了一个局域网。局域网是一个覆盖范围较小的网络。通常它分布在一栋大楼里或相距不远的几栋建筑物内，也可能分布在一个校园或一个企业之内。这种网络通常具有如下五个特点：

① 地理覆盖范围的直径大约在几千米之内。
② 信息传输速率高，一般从几兆比特每秒到上几千。
③ 信息的传播一般采用广播方式。
④ 可靠性好、结构简单、建网容易、布局灵活、便于扩展。
⑤ 网络属一个单位所有，安全性较好。

2. 广域网（wide area network，WAN）

通过光缆、卫星、电缆等通信媒介将分布在各地的计算机或局域网连接起来，就构成了广域网。广域网的通信子网主要使用分组交换技术。广域网是一个分布范围较大的网络。这种网络的覆盖范围可能从几千米至上千或上万千米，如国际互联网 Internet。广域网大多属于许多用户所共有。广域网有如下特点：

① 地理覆盖范围大，可以从几十千米至上千或上万千米。
② 信息传输速率较低，一般从几千比特每秒到几十兆比特每秒。
③ 信息传输采用点到点的方式，即信息是从一台计算机传送到另一台计算机接力似地传输。
④ 网络属多个单位所共有。

3. 城域网（metropolitan area network，MAN）

城域网即城市区域网。从地理范围看它介于局域网与广域网之间，采用的是局域网的技术，它的目标是在一个较大的地理范围内提供数据、声音和图像的集成服务。它的信息传输速率较高，一般在 1 Mbit/s 以上，覆盖范围为几千米到几十千米。

◆ 任务四　了解网络拓扑结构

网络拓扑结构是指网络连线及工作站的分布形式。常见的网络拓扑结构有星形结构、环形结构、总线结构、树状结构和网状结构五种。局域网中常用的拓扑结构主要是前三种。图 6-1、图 6-2、图 6-3 所示为三种网络拓扑结构的示意图。

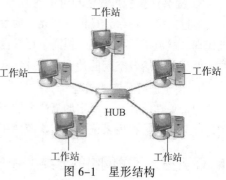

图 6-1　星形结构

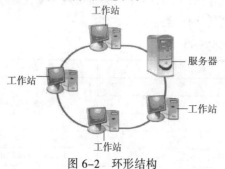

图 6-2　环形结构

图 6-3　总线结构

1. 星形结构

星形结构是最早的通用网络拓扑结构形式。在这种结构中，每个工作站都通过连线（电缆）与服务器（HUB）相连，相邻工作站之间所有通信都通过服务器进行。它是一种集中控制方式。这种结构要求服务器有极高的可靠性。它的优点是，连接方便、容易检测和隔离故障。其缺点是，一旦服务器出现故障，系统将全部瘫痪，可靠性比较差。

2. 环形结构

环形结构中，各工作站的地位相同，互相顺序连接成一个闭合的环形，数据可以单向或双向进行传送。这种结构的优点是，网络管理简单，通信设备和线路较为节省，而且还可以把多个环路经过若干交接点互连，扩大连接范围。

3. 总线结构

总线结构中，各个工作站均与一根总线相连。这种结构的优点是工作站连入网络十分方便；两个工作站之间的通信通过总线进行，与其他工作站无关；系统中某工作站一旦出现故障不会影响其他工作站之间的通信，即对系统影响很小。最早的以太网就是用的总线结构。

◆ 任务五 认识网络传输介质和网络设备

网络传输介质指的是用来传输信息的通信线路，作为计算机互连的通信介质可以是有线的，例如同轴电缆、双绞线、光纤、电话线等；也可以是无线的，例如微波、卫星等。另外，在计算机互联网络中，还需要一定的网络设备，如集线器、网卡、调制解调器、路由器、交换机等硬件设备。

1. 网络传输介质

（1）同轴电缆

同轴电缆又分为基带同轴电缆和宽带同轴电缆，有线电视采用的就是宽带同轴电缆，而基带同轴电缆被广泛地应用在一般的计算机局域网中。基带同轴电缆又分为粗缆和细缆，前者频带宽、传输距离较长，但价格较高；后者传输距离较短、速度较慢，但价格不高，如图6-4所示。

图6-4 同轴电缆

（2）双绞线

计算机网络中使用的双绞线多为八芯的（四对双绞线），用不同的颜色把它们两两区分开来，如图6-5所示。双绞线又分为三类线和五类线，分别用于10 Mbit/s以太网和100 Mbit/s以太网，与双绞线连接的物理接口被称为RJ-45接口，如图6-6所示。

（3）光纤

光纤是一种新型的传输介质，其特点是传输速率高，抗干扰能力强，损耗小，保密性好，传输距离长。图6-7所示为一种户外光纤结构，其通信容量大，目前主要被广泛用于建设高速计算机网络的主干网和广域网的主干通道。近几年来结构简单的光纤传输线，也逐步用于局域网建设和室内敷设。光纤网络技术较复杂、造价高。

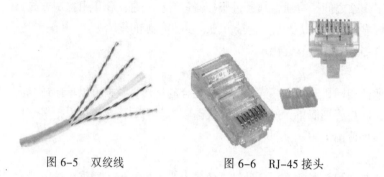

图 6-5　双绞线　　　　图 6-6　RJ-45 接头　　　　图 6-7　光纤

（4）微波

微波是指频率为 1～10 GHz 的电波。借助频率很高的无线电波，可同时传送大量信息。微波通信距离在 50 km 左右，长距离传送时，需要在中途设立一些中继站。它的优点是容量大，受外界干扰影响少，传输质量较高，建设费用较低；缺点是保密性能差，通信双方之间不能有建筑物等物体的阻挡。

（5）卫星

卫星通信是利用人造地球卫星作为中继站转发微波信号，使各地之间互相通信，因此卫星通信系统是一种特殊的微波中继系统。一颗同步地球卫星可以覆盖地球 1/3 以上的表面。卫星通信的优点是容量大、距离远、可靠性高；缺点是通信延迟时间长，易受气候影响。目前 Internet 国际间的互联和通信大都采用卫星通信。

2. 计算机网络设备

这里的网络设备是指单机接入网络及网络间互连时通常必须使用的设备。

（1）计算机与网络互连设备

① 网卡。网卡即网络适配器（network adapter 或 network controller），是插在计算机中的网络接口设备，是计算机与局域网连接的最基本的网络设备之一，作为网络工作站与服务器之间或不同工作站之间信息交换的接口。图 6-8 所示为 RJ-45 接口网卡。

② 交换机（switch）。交换机又称交换式集线器，它通过对信息进行重新生成，并经过内部处理后转发至指定端口，具备自动寻址能力和交换作用，由于交换机根据所传递信息包的目的地址，将每一信息包独立地从源端口送至目的端口，避免了和其他端口发生碰撞。广义的交换机就是一种在通信系统中完成信息交换功能的设备，一般作为局域网内部连接设备，如图 6-9 所示。

图 6-8　RJ-45 接口网卡　　　　图 6-9　交换机

③ 调制解调器（modem）。调制解调器是一种特殊的信号转换设备，它将计算机发出的数字信号转换（调制）成可以在电话线上传送的模拟信号（音频信号），从电话线的一端传送到另一端；另一端的调制解调器再把模拟信号还原（解调）成数字信号，送到计算机中，从而使用户可以通过电话线使用网络。它是计算机网络应用的一个关键设备。

（2）网络间互连设备

① 网桥（bridge）。网桥用于连接两个或几个局域网，局域网之间的通信经网桥传送，而局域网内部的通信被网桥隔离，网桥也是一种用于延伸局域网的物理设备。

② 路由器（router）。路由器是一种实现两个不同网络之间互连的通信设备，它能在不同路径的复杂网络中自动进行线路选择，在网络的结点之间对通信信息进行存储转发。可以认为路由器也是一个网络服务器，具有网络管理功能。

③ 网关（gateway）。网关是不同网络之间实现协议转换并进行路由选择的专用网络通信设备。

◆ 任务六　了解网络协议

在通信过程中，双方对通信的各种约定称为通信控制规程或协议，其原理如图 6-10 所示。协议通常由三部分组成：一是语义部分，用于决定双方对话的类型；二是语法部分，用于决定双方对话的格式；三是时序，用于决定通信双方的应答关系。

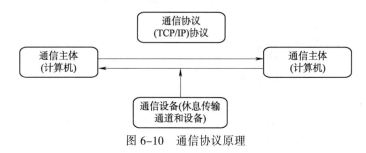

图 6-10　通信协议原理

下面对几个具体的协议进行简单介绍。

1. ISO/OSI 参考标准

国际标准化组织 ISO 于 1978 年提出开放系统互连（open system interconnection，OSI）参考模型。它将计算机网络体系结构的通信协议规定为七层。OSI 参考模型从高层到低层依次是应用层（application layer）、表示层（presentation layer）、会话层（session layer）、传输层（transport layer）、网络层（network layer）、数据链路层（data link layer）和物理层（physical layer）。OSI 参考模型要求通信双方只能在同级进行，实际通信是自上而下，经过物理层通信，再自下而上送到对等的层次。OSI 参考模型及各层功能如图 6-11 所示。

2. TCP/IP 网络协议

TCP/IP（transmission control protocol/internet protocol）是为美国 ARPA 网设计的，目的是使不同厂家生产的计算机能在共同网络环境下运行。目前 Internet 上的计算机均采用 TCP/IP，是互联网中普遍使用的网络协议。

TCP/IP 体系结构共有四层，分别是应用层、传输层、网络层和网络接口层，如图 6-12 所示，它包括的协议有传输控制协议 TCP（保证数据传输的可靠性）和互联网协议 IP（保证数据从一处准确地传送到另一处）。目前已使用 TCP/IP 连接成洲际网、全国网与跨地区网。

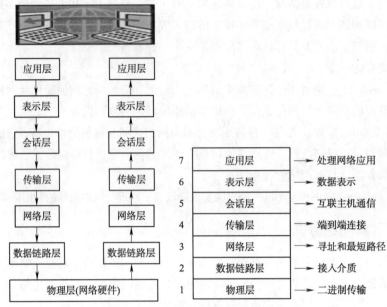

图 6-11　OSI 参考模型及各层功能

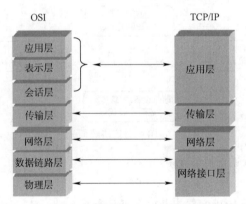

图 6-12　OSI 参考模型与 TCP/IP 模型的对应关系

项目二　局域网及其使用

◆ 任务一　认识局域网的特征

① 覆盖范围小，一般使用微型计算机。
② 结构简单，容易实现。
③ 属于一个单位或部门独有。
④ 数据传输速率高（10～100 Mbit/s），误码率低（$<10^{-8}$）。
　a. 数据传输速率：指每秒传送的二进制位，记为 bit/s，是数据通信最主要的性能指标。
　b. 误码率：指数据传输中出错数据占被传输数据总数的比例，是数据通信的主要性能参数之一，代表了数据通信的质量。

◆ 任务二　了解局域网的基本组成

微机局域网包括网络硬件和网络软件两大部分。它的基本组成有传输介质、网络工作站、网络服务器、网卡、网间连接器、网络系统软件等六个部分。

1. 传输介质
局域网中常用的传输介质有双绞线、同轴电缆（粗、细）、光纤、微波等。它们支持不同的网络类型，具有不同的传输速率和传输距离。

2. 网络工作站
工作站（workstation）又称客户机，是指连入网络的不同档次、不同型号的微机，它是网络中用户的操作平台，它通过插在微机上的网卡和连接电缆与网络服务器相连。

3. 网络服务器
网络服务器又称主机，是微机局域网的核心控制设备。网络操作系统是在网络服务器上运行的，网络服务器的效率直接影响整个网络的效率。因此，一般要用高档微机或专用服务器作为网络服务器。

4. 网卡
网卡通过总线与微机连接，再通过电缆接口与网络传输媒体连接。

5. 网间连接器
网间连接器允许两个微机局域网互连，以形成更大规模、更高性能的网络系统。

6. 网络系统软件
网络系统软件主要由服务器平台即网络操作系统、网络服务软件、工作站重定向软件、传输协议软件包组成。其中最重要的是网络操作系统，它的水平决定着整个网络的水平，可以说，它是计算机软件加网络协议的集合，使所有网络用户都能透明有效地利用计算机网络的功能和资源。目前流行的网络操作系统有 UNIX、Netware、Windows Server 等。

项目三　Internet 基础

Internet 是一个基于 TCP/IP 的巨型国际互联网络，它把世界各国、各地区、机构的数以百万计的网络，数亿台计算机连接在一起，包含了难以计数的信息资源，向全球用户提供信息服务。Internet 发展迅速，现存的各种网络均可与 Internet 相连，各行各业（教育科研部门、政府机关、企业及个人等）都可以加入 Internet 中。因此，Internet 是一个理想的信息交流媒介，利用 Internet 能够快捷、便宜、安全、高速地传递文字、图形、声音、视频等各种各样的信息，实现数据共享。

◆ 任务一　了解 Internet 的起源与现状及在中国的发展

1. Internet 的起源与现状
Internet 网络是目前世界上最大的计算机互联网络，它最初是由美国国防部高级研究计划局在 1969 年资助建成的 ARPANET 网。最初的 ARPANET 网络只连接了美国西部四所大学的计算机，使用分散在广域地区内的计算机来构成网络。主要目标是研究用于军事目的的分布式计算机系统。

1982 年，ARPANET 与 MILNET 网络合并，组成了 Internet 雏形。1985 年，美国国家科学基金会（National Science Foundation，NSF）建立了基于 TCP/IP 的 NSFNET 网络，NSFNET 网络是将

全国划分为若干个计算机区域网，通过路由器把区域网上的计算机与该地区的超级计算机相连，最后再将各超级计算机中心互连。由于 NSFNET 的成功，1986 年由 NSFNET 取代 ARPANET 成为今天的 Internet 的基础。

时至今日，大量的 PC、手机和物联网终端设备连成了众多局域网，局域网又连入 Internet，这样就使众多的网络终端设备用户具有了访问 Internet 网络的能力。

2. Internet 在中国的发展

Internet 在中国的发展可以大致分为两个阶段：第一阶段是 1987—1993 年，一些科研机构通过 X.25 实现了与 Internet 的电子邮件转发的连接；第二阶段是从 1994 年开始，实现了和 Internet 的 TCP/IP 连接，从而开始了 Internet 全功能服务，几个全国范围的计算机信息网络相继建立，Internet 在我国得到迅猛发展。目前，我国的 Internet 主要由九大主干互联网组成，而其中又以中国公用计算机互联网（CHINANET）、中国教育和科研计算机网（CERNET）、中国科学技术网中国（CSTNET）、中国国家公用经济信息通信网（也称金桥网，CHINAGBN）四大网络为代表，如图 6-13 所示。中国四大网络性质和建立时间见表 6-2。

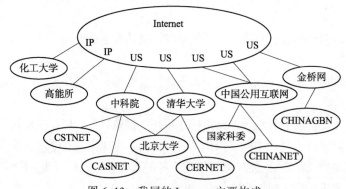

图 6-13　我国的 Internet 主要构成

表 6-2　中国四大网络性质和建立时间

网　络　名　称	运行管理单位	加入国际联网时间	业　务　性　质
CSTNET	中国科学院	1994 年 4 月	科技
CHINANET	原邮电部	1995 年 5 月	商业
CERNET	教育部	1995 年 11 月	教育科研
CHINAGBN	原电子工业部	1996 年 9 月	商业

◆ 任务二　了解 Internet 应用和服务

1. 电子邮件 E-mail（electronic mail）

电子邮件是通过 Internet 与其他用户进行联系的快速、简洁、高效、价廉的现代化通信手段。一个完整的电子邮件地址，由"用户账号"和"电子邮件域名"两部分组成，中间使用"@"相连。例如：liu200@whpu.com、wanhai@whpu.com 等。用来收发电子邮件的软件工具很多，且都有以下几个基本的功能：

① 传送邮件：将邮件传递到指定电子邮件地址。

② 浏览信件：可以选择某一邮件，查看其内容。

③ 存储信件：可将邮件转存在一般文件中。

④ 转发信件：用户如果觉得邮件的内容可供其他人参考，可在信件编辑结束后，根据有关提示转发给其他用户。

2. 文件传送（FTP）

FTP 是允许用户在计算机之间传送文件与下载文件的网络服务，并且文件的类型不限，可以是文本文件也可以是二进制可执行文件、声音文件、图像文件、数据压缩文件等。FTP 是一种实时的联机服务，在进行工作前必须首先登录到对方的计算机上，登录后才能进行文件的搜索和文件传送的有关操作。普通的 FTP 服务器需要在登录时提供相应的用户名和口令。

3. 远程登录（Telnet）

远程登录是 Internet 提供的基本应用服务之一。它允许授权用户进入网络中的其他机器并且就像用户在现场操作一样。一旦进入主机，用户可以操作主机允许的任何事情，比如：读文件、编辑文件或删除文件等。

4. 公告板系统（BBS）

BBS 全称 bulletin board system，它是 Internet 上著名的信息服务系统之一。其发展非常迅速，几乎遍及整个 Internet。因为它提供的信息服务涉及的主题相当广泛，例如科学研究、时事评论等各个方面，世界各地的人们可以利用其开展讨论、交流思想、寻求帮助。

BBS 为用户开辟一块展示"公告"信息的公用存储空间作为"公告板"。用户在这里可以围绕某一主题开展持续不断的讨论，可以把自己参加讨论的文字"张贴"在公告板上，或者从中读取其他人"张贴"的信息。

5. WWW 应用

WWW 是 world wide web 的缩写，中文译为万维网或全球信息网。它将文本、图像、声音和其他资源以超文本标记语言（HTML）的形式提供给访问者，用超文本传送协议（HTTP）访问 WWW 服务器，是 Internet 上最方便和最受欢迎的信息浏览方式。

6. 搜索引擎（search engine）

搜索引擎是一种网上信息检索工具。在浩瀚的网络资源中，它能帮助用户迅速而全面地找到所需要的信息。常见的搜索引擎有 www.baidu.com 等。

7. 微博

微博实际上是博客的一种，博客（blog）的英文原称是 web blog，中文译名"博客"。其基本定义是：一种拥有通用标准并按照该标准发布内容摘要的网站内容管理系统。人们通过博客日志将自己日常的心得体会发布到网上，和别人互相交流各自的信息。

微博是微型博客（microblog）的简称，是一个基于用户关系的信息分享、传播以及获取平台，用户可以通过 Web、WAP 以及各种客户端组建个人社区，以 140 字左右（这是它被冠以微型的原因）的文字更新信息，并实现即时分享。在国内，新浪网最先推出"新浪微博"。

8. 即时通信

即时通信（instant messaging，IM）通常是指应用在计算机网络平台上，利用点对点的协议，能够实现用户之间即时的文本、音频和视频交流的一种通信方式。与电话、手机、E-mail 等诸多传统的通信方式相比，即时通信不但节省通信费用，还具有实时性、跨平台性、高效率等诸多优势。如腾讯 QQ、MSN、微信和淘宝旺旺等。

① QQ通信：其交流功能丰富，除了个人对个人的交流，还有 QQ 群多人交流的服务，实现了多人一起讨论、一起聊天的群体交流模式，群内成员之间可以方便地交流，或提问答疑，或讨论通知，而且群外的成员看不到群内的消息，保密性好。创建群以后，群主可以邀请朋友，或是有共同兴趣爱好的用户到一个群里聊天。如同学同事群、学习群、导购群、家校联系群等。除了聊天，腾讯还提供了"群空间"服务，用户可以使用论坛、相册、共享文件等多种交流方式。

把手机和 QQ 结合起来，在智能手机上安装手机版的 QQ 客户端软件，可以实现与网络上好友的移动聊天。

② 微信通信：是腾讯公司于 2011 年初推出的一款快速发送文字和照片、支持多人语音对讲，为智能手机提供即时通信服务的免费应用程序。用户可以通过手机或平板设备快速发送语音、视频、图片和文字。微信提供公众平台、朋友圈、消息推送等功能，用户可以通过"摇一摇"、"搜索号码"、"附近的人"、扫二维码方式添加好友和关注公众平台，同时微信将内容分享给好友以及将用户看到的精彩内容分享到微信朋友圈。

9. 其他应用

除以上几种 Internet 应用以外，还有其他应用，例如：网络聊天、电子商务、网上购物、远程教育等。

◆ 任务三　IP 地址和域名

1. IP 地址

由于 Internet 是成千上万台计算机互联组成的，要能正确访问 Internet 上的某台主机（在网络中，具有独立工作能力的计算机称为主机），必须通过唯一标识该计算机的一个编号来进行，这个编号就是 IP 地址（之所以称为 IP 地址，是因为在 Internet 中寻找要访问计算机的地址是由 TCP/IP 中的互联网协议 IP 负责的）。如同电话系统中，电话是靠电话号码来识别一样。在 Internet 中，IP 地址是网络上的通信地址，是计算机、服务器、路由器的端口地址，每一个 IP 地址在全球是唯一的。

IP 地址用一个 32 位的二进制数表示，分成 4 组十进制数字段，表示成 W.X.Y.Z 形式，每组字段数字在 0~255 之间，中间用"."隔开。

IP 地址包括两部分内容：一部分为网络标识，另一部分为主机标识。其格式为：IP 地址 = 网络地址+主机地址。

根据网络规模和应用的不同，IP 地址分为 A~E 类，常用的是 A、B、C 三类，具体分类和应用见表 6-3。

表 6-3　IP 地址和应用

分　类	第一字节数字范围	应　用
A	1~126	大型网络
B	128~191	中等规模网络
C	192~223	校园网
D	224~239	备用
E	240~254	试验用

以上 IP 地址结构又称 IPv4，由于 IPv4 的地址性能、安全性和分配不足等原因，把 32 位地址空间扩展到了 128 位的 IPv6 的地址结构。

IPv6 地址用一个 128 位的二进制数表示，分成 8 组十六进制数字段，表示成 S:T:U:V:W:X:Y:Z 形式，每组字段数字在 0000H～FFFFH 之间，中间用"："隔开。

2. 域名地址

域名是一种按一定规律书写的、有层次的、用户容易理解、容易记忆的 Internet 地址。它实质上就是用一组具有助记功能的英文简写名代替 IP 地址。域名和 IP 地址都是表示主机的地址，实际上是同一事物的不同表示。域名和 IP 地址是一一对应的，域名服务器（domain name server, DNS）用来实现域名和 IP 地址转换。为避免重名，主机的域名采用层次结构，即一台主机的域名由它所属的各级域的域名和分配给该主机的名字共同构成。书写的时候，顶级域名放在最右面，各级名字之间由"."隔开。从右至左分别是第一级域名（或称顶级域名），第二级域名，……，直至主机名。Internet 主机域名的一般格式为：四级域名（主机名）.三级域名（单位名）.二级域名（网络名）.顶级域名，如图 6-14 所示（并不一定分四级）。例如：北京大学 WWW 服务器的域名是 www.pku.edu.cn，其中：

顶级域名：cn（代表中国）。

网络名：edu（代表教育科研网）。

单位：pku（代表北京大学）。

主机名：www（表明该主机提供 WWW 服务）。

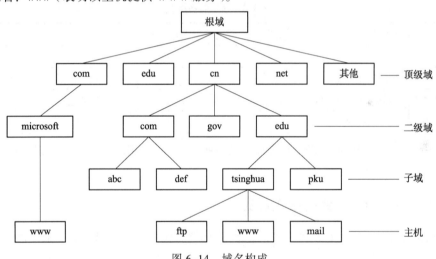

图 6-14 域名构成

顶级域名常见的有两类：地理（模式）顶级域名和机构（模式）顶级域名，见表 6-4、表 6-5。

表 6-4 顶级域名（地理模式）

顶级域名	所表示的国家或地区	顶级域名	所表示的国家或地区	顶级域名	所表示的国家或地区
au	澳大利亚	ca	加拿大	de	德国
cn	中国	cu	古巴	fr	法国
dk	丹麦	es	西班牙	It	意大利
jp	日本	in	印度	se	瑞典
sg	新加坡	ch	瑞士	us	美国

表 6-5　顶级域名（组织模式）

顶级域名	所表示的网络属性	顶级域名	所表示的网络属性	顶级域名	所表示的网络属性
com	营利的商业实体	mil	军事机构或组织	store	商场
edu	教育机构或设施	net	网络资源或组织	wb	和 WWW 有关的实体
gov	非军事性政府或组织	org	非营利性组织机构	arts	文化娱乐
int	国际性机构	firm	商业或公司	arc	消遣性娱乐

3. URL 地址

在 Internet 中 WWW 服务器上，每一个信息资源，如一个文件等都有统一格式且唯一的地址，该地址称为 URL 地址，译为统一资源定位符。URL 用来确定 Internet 上信息资源的位置，它采用统一的地址格式，以方便用户通过 WWW 浏览器查阅 Internet 上的信息资源。URL 地址的格式如下：

信息服务类型://信息资源地址/文件路径

其中，"信息服务类型"表示采用什么协议访问哪类资源，以便浏览器确定用什么方法来获得资源，见表 6-6。

表 6-6　信息服务类型

http://	表示超文本信息服务，即采用超文本传送协议（HTTP），访问 WWW 服务器
telnet://	表示远程登录服务
ftp://	表示文件传输服务
gopher://	表示菜单式的搜索服务
news://	表示网络新闻服务

"信息资源地址"表示要访问的计算机的网络地址，可以使用域名地址；"文件路径"表示信息在计算机中的路径和文件名。

◆ 任务四　了解 Internet 的接入方式

计算机和 Internet 连接有多种方式，通常有电话线拨号方式、专线方式、局域网方式和无线方式。

提供 Internet 接入、访问和信息服务的公司或机构，称为因特网服务提供方(the Internet service provider，ISP)。无论是专线接入还是拨号接入，都要选择接入 Internet 的 ISP。ISP 能配置它的用户与 Internet 相连所需的设备，并建立通信连接，提供信息服务。

目前，我国较大的 ISP 有：中国电信、中国联通、中国移动等。

1. 电话线拨号方式

电话拨号上网方式适合于小型单位和家庭个人使用。用户使用电话拨号通过调制解调器和电话线进入 ISP 的主机，再进入 Internet。配置一台外置调制解调器或内置 Modem 卡，申请一个动态 IP 地址，用一根普通电话线即可实现上网。其优点是投资少、实现容易，能够使用 Internet 所提供的大部分功能。缺点是速度慢，上网受限制，由于资费标准的下调和 ADSL 的推广，该方式入网已被 ADSL 取代。

2. 专线方式

目前流行的专线接入有 DDN（数字数据网）、ATM（异步传输模式）、ADSL（非对称数字用户线环路）、CABLE MODEM（电缆调制解调器）等。

① DDN 可以提供各种速率（9.6 kbit/s~2 Mbit/s）的高质量数字专用电路和其他新业务，满足多媒体通信和 Internet 接入的需要，为用户网络的互联提供桥梁。

② ATM 自诞生之日起即被视为未来高速网络的骨干。目的是服务于数据、语音和视频等多媒体信息的传输，甚至人们希望 ATM 能延伸到桌面，解决多媒体应用对带宽的强烈要求。目前各种通信业务需要由不同的网络提供，例如：公共电话网用于电话、传真，分组交换网用于文电图形交换，数字数据网用于数据传输等。ATM 就是一种交换技术和传输模式在宽带综合业务数字网中的应用。

③ ADSL（asymmetric digital subscriber line，非对称数字用户线）目前用电话线接入因特网的主流技术是 ADSL。采用 ADSL 接入因特网，除了一台带有网卡的计算机和一条直拨电话线外，还需要向电信部门申请 ADSL 业务。由相关服务部门负责安装话音分离器、ADSL 调制解调器和拨号软件。完成安装后，就可以根据提供的用户名和口令拨号上网了。

④ CABLE MODEM 是利用现有有线电视网络进行数据传输，它是基于 CATV 网 HFC（混合光缆/同轴电缆）基础设施的网络接入技术，以频分复用方式将话音、数据和 CATV 模拟信号复接，在接收端再还原为数字信号。其优点是速度快，提高了访问的效率；可以使用 Internet 上提供的所有功能；上网不受限制，专线 24 小时开通，可以随时上网；可以建立企业自己的 WWW 服务器，成为 Internet 上一个服务器结点，供 Internet 用户访问，宣传企业的自身形象；可以建立自己的 Internet 平台，为其他用户开展专线和拨号上网服务。其缺点是一次性投入大，并且以后每月的支出费用高；企业在 Internet 网上的业务量不足，会造成较大的浪费。

3. 局域网方式

路由器将本地计算机局域网作为一个子网连接到 Internet 上，使得局域网中所有计算机都能够访问 Internet。这种连接的本地传输速率可达到 10~100 Mbit/s，但访问的 Internet 的速度要受到局域网出口速度和同时访问 Internet 用户数量的影响。局域网适用用户较多并且较为集中的情况。最大优点是访问速度快，但费用较高，并需配备服务器和路由器等，同时要向有关部门（电信局）租用通信专线或建立无线通信并申请 IP 地址和域名。

4. 无线方式

无线方式是指从用户终端到网络的交换结点采用或部分采用无线手段的接入技术，其中又包括无线局域网（WLAN）、无线个人区域网（WPAN）和无线接入广域网等技术。无线连接将成为未来网络发展的热点。

Wi-Fi 是一个无线网络通信技术的品牌，由 Wi-Fi 联盟（Wi-Fi Alliance）所持有。目的是改善基于 IEEE 802.11 标准的无线网络产品之间的互通性。

无线移动网络最突出的优点是提供随时随地的网络服务，常用的无线网络传输技术 Wi-Fi 是一种可以将计算机、手持设备[如 PDA（个人数字助理）、手机]等终端以无线方式互相连接的技术。

Wi-Fi 上网可以简单地理解为无线上网，几乎所有智能手机、平板计算机和笔记本计算机都支持，是当今使用最广的一种无线网络传输技术。实际上就是把有线网络信号转换成无线信号，使用无线路由器提供给支持其技术的相关计算机、手机、平板计算机等设备。在有 Wi-Fi 无线信号的时候就可以不通过移动联通的网络上网，节省流量费。但是 Wi-Fi 信号也是由有线网 ISP 提供的。例如：家庭 ADSL、小区宽带，只要接一个无线路由器，就可以把有线信号转换成 Wi-Fi 信号。国外很多发达国家城市里到处覆盖着由政府或大公司提供的 Wi-Fi 信号供居民使用，我国也不断开始普及实施"无线城市"工程，使 Wi-Fi 信号覆盖大部分公共场所。

项目四　Internet Explorer 9.0 使用

上网需要在计算机上安装浏览器。浏览器软件是一种可以检索、展示 WWW 信息资源，让用户实现网络应用的平台。用户可以使用集成在 Windows 中的 IE 浏览器连接到 Internet，也可以使用其他浏览器访问互联网上计算机资源信息。

◆ 任务一　浏览 Web 页

1. 启动 Internet Explorer

Internet Explorer 是操作系统自带的浏览器软件，简称 IE。可在桌面上双击 IE 快捷图标""或在"任务栏"/"快速启动栏"工具中单击 IE 快捷图标""，即可启动 Internet Explorer。此外，还可通过"开始"/"所有程序"子菜单启动 Internet Explorer。Internet Explorer 启动后将可进入预先设定的主页（可能为空，也可以重新设置），如图 6-15 所示。

图 6-15　Internet Explorer 窗口

2. IE 窗口及其组成

IE 浏览器和其他 Windows 的窗口组成大致相同，主要包括地址栏、标签栏、菜单栏、收藏夹栏、命令栏、常用工具按钮、浏览区和状态栏。表 6-7 描述了 Internet Explorer 的常用按钮及用途。菜单栏、收藏夹栏、命令栏和状态栏可以显示或隐藏，右击标签栏空白处，在弹出的快捷菜单中可选择相应命令将其显示或隐藏。

表 6-7　Internet Explorer 工具栏按钮及用途

按　钮	用　途
后退	移到上次查看过的 Web 页
前进	移到下一个 Web 页
停止	停止 Web 页下载
刷新	更新当前显示 Web 页（重新下载当前显示的页面）
转至	在地址栏输入地址后，打开这个地址的网页
主页	跳转到主页
搜索	搜索 Web 页
收藏	查看收藏夹、源和历史记录
历史	工具

3. 浏览 Internet

启动 IE 后，要浏览 Internet 上的网页，首先要在地址栏输入 Web 站点的 URL 地址（或 IP 地址），然后按【Enter】键。也可单击地址栏右侧黑三角箭头"▼"，从弹出的地址列表中选择曾经访问过的 Web 地址。

在地址栏中输入的 URL 地址，准确地描述了信息所在的位置，其格式为：

（数据传输协议名）://<Internet 服务器域名地址>/<路径及文件名>

例如，"www.sina.com"中包含该站点各类资源的分类名称，通过相应的超链接即可访问感兴趣的内容，如图 6-16 所示。

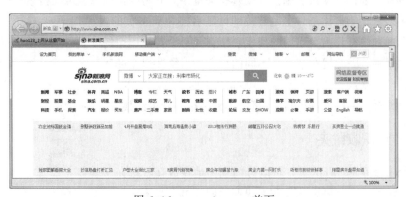

图 6-16　www.sina.com 首页

在浏览 Web 页时，那些带下画线的文本或与周围文字颜色明显不同的文本都是超链接，另外一些图标或图像也被设计为超链接，将鼠标移到超链接文本或图标上时，鼠标指针变为手的形状，此时单击即可进入其指向的 Web 页。WWW 上的信息资源相当丰富，而且时效性强，还有丰富的图像、声音、视频等多媒体信息。

◆ 任务二　搜索 Web 页

Web 页类似于一个巨大的图书馆，其中保存有大量的信息。想在 Web 页中找到有用的信息资源，就要用到搜索引擎。搜索引擎是将 Web 页按主题进行分类和组织的特殊 Web 页。目前很多公司提供搜索引擎来查找 Internet 的信息。Baidu 搜索引擎就是广泛使用的搜索引擎之一，如图 6-17 所示。

图 6-17　Baidu 搜索引擎

进行搜索时，应先从（搜索）文本框中输入要查找的关键字，例如"计算机"，按【Enter】键或单击"搜索"按钮，搜索引擎会自动查找关键字，并将搜索结果显示在搜索栏中。搜索结果是一个超链接列表，单击任意一个超链接即可显示相应 Web 页的内容。

目前，全球大约有几十个通用的搜索引擎，几百个特殊用途的搜索引擎。由于不同的引擎使用不同的搜索规则，因此搜索结果是不同的，有些引擎搜索 Web 页，有些搜索整个站点，还有一些搜索 Web 页中的文本。这样，通过不同的引擎对同一内容进行搜索,可能得到完全不同的结果。

◆ 任务三　认识收藏夹

对于要经常查看的 Web 页，可以分门别类地存放在收藏夹中。以后再次访问时，就可以从收藏夹快速返回该页。收藏夹类似于"Windows 资源管理器"，可以在收藏夹中建立子文件夹，在子文件夹中收藏 Web 页。

图 6-18　"收藏"窗格

1. 添加 Web 页到收藏夹中

将喜欢的 Web 页添加到收藏夹中，具体操作步骤如下：

① 打开欲添加到收藏夹中的 Web 页。

② 单击"收藏夹"按钮☆，弹出如图 6-18 所示的"收藏"窗格。

③ 单击"添加到收藏夹"按钮，弹出如图 6-19 所示的"添加收藏"对话框，从"名称"文本框中输入该页的收藏名称或默认原 Web 页名称。如果要将该页收藏到某个子文件夹中，则在"创建位置"列表中选择用于保存该页的文件夹，或者单击"新建文件夹"按钮来建立用于保存该页的新文件夹。

④ 单击"添加"按钮。

2. 查看收藏夹中的 Web 页

如果要查看收藏夹中的 Web 页，单击常用工具的"收藏夹"按钮☆，弹出"收藏"窗格。在"收藏夹"选项卡中单击要查看的 Web 页链接，如图 6-18 所示，即可打开收藏的 Web 页。

图 6-19 "添加收藏"对话框

◆ 任务四　Web 信息的保存

浏览 Web 页时，通常会找到许多有用的信息，可以将这些信息保存起来，以便日后使用。可以保存整个 Web 页，或者只保存其中的部分内容（如文本、图片或链接等）。

1. 将当前页存储到硬盘中

要将当前页存储到硬盘中，具体操作步骤如下：

① 选择"文件"/"另存为"命令，弹出"保存网页"对话框，如图 6-20 所示。

图 6-20 "保存网页"对话框

② 在"保存网页"对话框中，指定用于保存当前页的保存位置、文件名和保存类型等，其

中保存类型可以是 HTML 文件或文本文件。单击"保存"按钮完成保存。

浏览器保存的仅仅是当前网页中的文本和布局信息，图片以及其他图形元素都不保存。重新显示保存的 Web 页时只显示文本与布局信息。

如果要保存当前页中的图片或其他图形元素，鼠标指向图片或其他图形元素，右击，在弹出的快捷菜单中选择"图片另存为"命令，如图 6-21 所示。在弹出的"保存图片"对话框中，如图 6-22 所示，指定保存位置、文件名和保存类型等，单击"保存"按钮完成保存。

图 6-21　快捷菜单

图 6-22　"保存图片"对话框

2. 不打开链接而直接保存

保存链接时可不打开链接而直接保存，鼠标指向链接文本，右击，在弹出的快捷菜单中选择"目标另存为"命令，如图 6-23 所示，用这种方法下载当前页中某一项的副本而不必将其打开。

3. 将信息从当前页复制到文档中

如果保存当前页中的部分或全部文本到文档中，先选取要保存的文本，选择"编辑"/"复制"命令，打开"记事本"、"Word"和其他应用程序，选择"编辑"/"粘贴"命令，然后进行文件保存。保存后，文件可以从本地硬盘直接打开进行浏览。

图 6-23　快捷菜单

项目五　电子邮件的使用

在因特网提供的基本信息服务中，电子邮件（E-mail）使用得最为广泛。每天全世界有几千万人次在发送电子邮件，绝大多数因特网的用户对国际互联网的认识都是从收发电子邮件开始的。电子邮件是在计算机上编写，并通过因特网发送的信件。电子邮件不仅传递迅速，而且可靠性高。而且还可以传送文本、声音、视频等多种类型的文件。

使用电子邮件的首要条件是要拥有一个电子邮箱，它是由提供电子邮政服务的机构为用户建立的。实际上电子邮箱就是指因特网上某台计算机为用户分配的专用于存放往来信件的磁盘存储区域，这个区域由电子邮件系统软件负责管理和存取。

目前电子邮件系统都具有以下几种功能：

① 邮件制作与编辑。
② 信件发送（可发送给一个用户或同时发送给多个用户）。
③ 收信通知（随时提示用户有信件）。
④ 信件阅读与检索（可按发信人、收信时间或信件标题检索已收到的信件，并可反复阅读来信）。
⑤ 信件回复与转发。
⑥ 信件管理（对收到的信件可以转存、分类归档或删除）。

◆ 任务一 认识电子邮件地址及电子邮件服务器

1. 电子邮件地址

由于 E-mail 是直接寻址到用户的，所以个人的名字或有关说明也要编入 E-mail 地址中。Internet 的电子邮箱地址格式如下：

用户名@电子邮件服务器名

它表示以用户名命名的信箱是建立在符号"@"后面说明的电子邮件服务器上，该服务器就是向用户提供电子邮政服务的"邮局"。

2. 电子邮件服务器

在国际互联网上有很多处理电子邮件的计算机，它们就像是一个个邮局，采用"存储/转发"方式为用户传递电子邮件。用户发出的邮件要经过多个这样的"邮局"中转，才能到达最终的目的地。这些因特网的"邮局"被称为电子邮件服务器。电子邮件服务器主要有两种类型："发送邮件服务器"（SMTP 服务器）和"接收邮件服务器"（POP3 服务器）。发送邮件服务器遵循的是 SMTP（simple mail transfer protocol，简单邮件传送协议），其作用是将用户编写的电子邮件转交到收件人手中。接收邮件服务器采用 POP3，其作用是将其他人发送给用户的电子邮件暂时寄存，直到用户从服务器上将邮件取到本地机上阅读。E-mail 地址中"@"后跟的电子邮件服务器就是一个 POP3 服务器名称。

通常，同一台电子邮件服务器既完成发送邮件任务，又完成接收邮件任务，这时 SMTP 服务器和 POP3 服务器的名称是相同的。

◆ 任务二 学习电子邮件的收发

Outlook Express 简称 OE。它是 Microsoft 自带的一种电子邮件客户端，可以用它来收发电子邮件、管理联系人信息、写日记、安排日程、分配任务，这里以 Outlook Express 2016 为操作环境来介绍邮件收发操作。

1. Outlook Express 2016 账户设置

初次使用 Outlook Express 需要设置账户，具体操作步骤如下：

① 选择"开始"/"程序"/Microsoft Office/Outlook Express 2016 命令，打开"Outlook Express

2016"窗口,选择"文件"选项卡,如图 6-24 所示。

图 6-24 Outlook Express 2016 窗口

② 单击"添加账户"按钮,弹出"添加新账户"对话框,选择"电子邮件账户"单选按钮,单击"下一步"按钮,分别填写"您的姓名"、"电子邮箱地址"和"密码"等信息,如图 6-25 所示。

图 6-25 添加账户信息

③ 单击"下一步"按钮,添加账户设置完成,如图 6-26 所示。

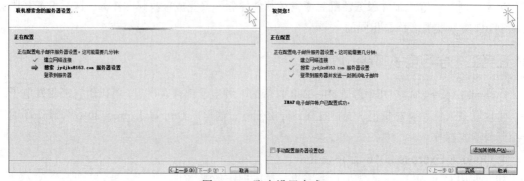

图 6-26 账户设置完成

④ 打开"Outlook Express 2016"窗口,如图 6-27 所示。

图 6-27　进入设置好的账户

2. 编写新邮件并发送

邮件的创建和发送，具体操作步骤如下：

① 在 Outlook Express 窗口单击工具栏中"新建电子邮件"按钮，打开新邮件窗口。

② 在"收件人"文本框中输入收件人的电子邮件地址。如果邮件发送给多个用户，可输入多个邮件地址，不同的电子邮件地址用逗号","或分号";"（英文状态）隔开。

如果将邮件同时抄送给其他用户，在"抄送"文本框输入抄送用户的电子邮件地址。

③ 在"主题"文本框中输入邮件的标题，例如"交流学习"。

④ 在"正文"文本框中输入邮件的具体内容。

⑤ 如果需要将其他文件以"附件"的方式随同邮件一起发送，可单击"邮件"/"添加"/"附加文件"按钮，在"插入文件"对话框中（见图 6-28），选择要附带的文件，然后单击"插入"按钮。被选中的文件将以附件方式，随同邮件一起发送给收件人，如图 6-29 所示。

图 6-28　插入附件

图 6-29　创建邮件

⑥ 单击"发送"按钮，完成新邮件发送操作。

提示

邮件创建过程中，用户可以在新邮件窗口，单击"设置文本格式"/"格式"组中的 HTML、"纯文本"和 RTF 按钮，为邮件增加格式要求。

练习

向部门经理王强发送一个电子邮件，并将考生文件夹下的一个 Word 文档 plan.doc 作为附件一起发出，同时抄送总经理杨先生。

具体要求如下：

收件人：wangq@bj163.com。

抄送：liuy@263.net.cn。

主题：工作计划。

函件内容：发去全年工作计划草案，请审阅。具体计划见附件。

要求：　邮件发送格式为"html"。

3. 邮件的接收

① 在 Outlook Express 窗口单击"开始"/"发送/接收"/"发送/接收"按钮，将弹出发送/接收邮件的消息框，如图 6-30 所示。检查邮件服务器上是否有新邮件到达，一旦有新邮件到达，新邮件被放置在"收件箱"文件夹中。

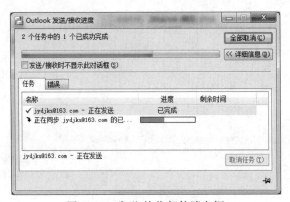

图 6-30　发送/接收邮件消息框

② 单击"收件箱"图标，打开"收件箱"文件夹，其中列出所有已收到的邮件，未阅读的邮件将以未拆封的信封图标"✉"表示，邮件阅读后该图标将自动变为已拆开的信封图标"📭"。单击任意一个新邮件即可阅读其具体内容。

4. 邮件的回复和转发

在邮件阅读完后，通常有回复和转发邮件两种处理操作。

① 邮件回复：选中要回复的邮件，在 Outlook Express 窗口单击工具条中的"答复"按钮，打开回复邮件窗口，此过程与邮件的编写相同，只是不需要输入收件人地址。

② 邮件转发：单击工具条中的"转发"按钮，打开转发邮件窗口，其中邮件的标题和内容已经写好，只需填写收件人的地址，用户也可以在"正文"框中为转发邮件补充一些说明，该功能完成将邮件转给第三方收件人。

练习

接收并阅读由 ks@163.net 发来的 E-mail，然后转发给张刚。张刚的 E-mail 地址为 Zhangg@pc.home.cn。

5. 邮件中附件的保存

① 双击"收件箱"中接收到的邮件。

② 在接收邮件窗口，单击附件文件名称，单击"附件工具–附件"/"动作"/"另存为"按钮，如图 6-31 所示。

③ 弹出"保存附件"对话框，如图 6-32 所示。单击"保存"按钮。

附件的保存也可使用快捷菜单，鼠标指针指向附件文件名，右击，在弹出的快捷菜单中选择"另存为"命令。

图 6-31　接收到的邮件窗口

图 6-32　"保存附件"对话框

练习

接收并阅读来自珊珊的邮件，将邮件中的附件以"Photo1.jpg"保存在考生文件夹下，并回复该邮件。具体要求如下：

主题：照片已收到。

正文内容：收到邮件，照片已看到，祝好！

项目六　电子商务应用

◆ 任务一　了解电子商务的概念与分类

通俗地说，电子商务就是在计算机网络（主要指 Internet）平台上，按照一定标准开展的商务活动。电子商务是"计算机网络技术"和"商务"两个子集的交集，电子商务的本质是商务活动。

电子商务按照交易对象分类，一般可以分为 B2B、B2C、C2C 等几种。

1. 企业对用户（B2C）的电子商务

B2C 类似于联机服务中进行的商品买卖，是利用计算机网络使消费者直接参与经济活动的高级形式。这种形式随着网络的普及迅速地发展，现已形成大量的网络商业中心，提供各种商品和服务。例如，销售图书的当当网、销售数码产品的京东商城等，如图 6-33 所示。

图 6-33　当当网与京东商城

2. 企业对企业（B2B）的电子商务

B2B 包括特定企业间的电子商务和非特定企业间的电子商务。比如支持中小企业的阿里巴巴网站，如图 6-34 所示。

3. 用户对用户（C2C）的电子商务

C2C 电子商务企业采用的运作模式是通过为买卖双方搭建拍卖平台，或者提供平台方便个人在上面开店铺。此类网站由于面对消费者，由提供服务的消费者与需求服务的消费者私下达成交易的方式，出售者享有标价和出售的绝对权力。而一般 B2C 电子商务网站多由企业建立，需要投入较大的成本，而 C2C 网站具有门槛低、费用低等特点。比如亚洲最大的购物网站淘宝网，如图 6-34 所示。

图 6-34　阿里巴巴与淘宝网

随着第三方支付平台的出现和信用评价体系的建立，C2C 更灵活和自由的购物模式也得到越来越多用户的认可。

从目前应用来看，B2B、B2C、C2C 这三种网站模式的数量最多，参与的企业和用户基数也是最大的，是目前主要电子商务的主流形式。

4. 电子商务相比传统商务的优势

电子商务相比传统商务提高了效益和效率。Internet 上的电子商务与传统商务体系相比有其自身的独特优点。

① 全新时空优势。
② 减轻物资的依赖，全方位展示产品及服务的优势。
③ 减少库存，降低交易成本。
④ 密切用户关系，加深用户了解的优势。
⑤ 减少中间环节，降低交易费用的优势。
⑥ 提高了客户服务质量。

◆ 任务二　了解电子商务的营利模式

（1）B2B 模式的营利模式

B2B 模式主要是通过互联网平台聚合众多的企业商家，形成买卖的大信息海洋，买家与卖家在平台上选择交易对象，通过在线电子支付完成交易。

（2）B2C 模式的营利模式

B2C 电子商务的付款方式主要是货到付款与网上支付相结合，而大多数企业的配送选择物流外包方式以节约运营成本。主要的营利模式：销售本行业产品、销售衍生产品、产品租赁、拍卖、销售平台、特许加盟、会员、上网服务、信息发布、为企业发布广告、为业内厂商提供咨询服务等。

（3）C2C 模式的营利模式

C2C 电子商务企业采用的营利模式是按比例收取交易费用，或以会员制的方式收费。

◆ 任务三　了解电子支付

电子支付是指从事电子商务交易的当事人，包括消费者、厂商和金融机构，通过信息网络，使用安全的信息传输手段，采用数字化方式进行的货币支付或资金流转。电子支付从早期的电子汇款、电子支票等开始，逐步发展到网络银行、电子钱包。目前第三方支付、手机支付等更加便捷的支付方式也在迅速发展。

1. 网络银行

网络银行又称在线银行，是指银行利用 Internet 技术，通过 Internet 向客户提供开户、销户、查询、对账、行内转账、跨行转账、信贷、网上证券、投资理财等传统服务项目，使客户可以足不出户就能够安全便捷地管理活期和定期存款、支票、信用卡及个人投资等。可以说，网络银行是在 Internet 上的虚拟银行柜台。

目前常用的网络银行安全个人认证介质有：

① 密码。

② 文件数字证书。
③ 动态口令卡。
④ 动态手机口令。
⑤ 移动口令牌。
⑥ 移动数字证书。

2. 第三方支付

所谓第三方支付，就是具备一定实力和信誉保障的第三方独立机构提供的交易支持平台。

在第三方支付平台的交易中，买方选购商品后，使用第三方平台提供的账户进行货款支付，由第三方通知卖家货款到达、进行发货；买方检验物品后，就可以通知付款给卖家，第三方再将款项转至卖家账户。这样的交易模式相比通过网络银行直接支付更加安全，能更好地保护买家的利益，所以在推出后受到广大买家的欢迎，也提高了网络交易的安全性。

第三方机构与各个主要银行之间要签订有关协议，使得第三方机构与银行可以进行某种形式的数据交换和相关信息确认。这样第三方机构就能实现在持卡人或消费者与各个银行，以及最终的收款人或者是商家之间建立一个支付的流程。

目前中国国内的第三方支付产品主要有支付宝、微信支付、银联云闪付、财付通、京东金融等，其中用户量最大，应用场景最多的是支付宝和微信支付。

（1）支付宝支付

要成为支付宝的用户，必须经过注册流程，用户须有一个私人的电子邮件地址，以便作为支付宝的账号，然后填写个人的真实信息（也可以公司的名义注册），包括姓名和身份证号码。在接受支付宝设定的"支付宝服务协议"后，支付宝会发电子邮件至用户提供的邮件地址，然后用户在单击邮件中的一个激活链接后，可激活支付宝账户，通过支付宝进行下一步的网上支付步骤。

作为买家，用户可以预先给支付宝充值再购买，也可以按照购物金额一步完成充值和购买流程。作为卖家，用户还必须将其支付宝账号绑定一个实际的银行账号或者信用卡账号，与支付宝账号相对应，以便完成从支付宝转账到银行的流程。

（2）微信支付

微信支付是由腾讯公司知名移动社交通信软件微信及第三方支付平台财付通联合推出的移动支付创新产品，旨在为广大微信用户及商户提供更优质的支付服务。微信的支付和安全系统由腾讯财付通提供支持。财付通是持有互联网支付牌照并具备完备的安全体系的第三方支付平台。用户只需在微信中关联一张银行卡，并完成身份认证，即可将装有微信的智能手机变成一个全能钱包，之后即可购买合作商户的商品及服务。用户在支付时只需在自己的智能手机上输入密码，无须任何刷卡步骤即可完成支付，整个过程简便流畅。

◆ 任务四　了解团购

团购即为团体采购，又称集体采购。最早的团购是公司为了降低成本而集合所有子公司进行采购。而发展到目前个人层面的团购，团购网是团购的网络组织平台，就是互不认识的消费者，借助互联网的"网聚人的力量"来聚集资金，加大与商家的谈判能力，以求得最优的价格。根据薄利多销、量大价优的原理，商家可以给出低于零售价格的团购折扣和单独购买得不到的优质服务。目前，团购类网站是电子商务领域的一个热点。常见团购网有：Groupon、美团网、拉手网、满座网等。

◆ 任务五　电子商务购物实例简介

以淘宝网购物为例，商品购买简单流程如下：拍下宝贝→付款→等待卖家发货→确认收货。

如已是淘宝会员，登录淘宝网后，看中了卖家店铺中的其中一件宝贝，想购买，操作步骤如下：

第一步：选择需要购买的商品，如对商品信息有疑问，可通过阿里旺旺聊天工具联系卖家咨询，确认无误后，单击"立刻购买"按钮，如图 6-35 所示。

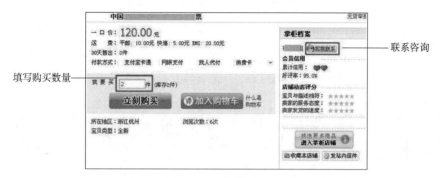

图 6-35　购买页面

第二步：确认收货地址、购买数量、运送方式等要素，单击"提交订单"按钮，如图 6-36 所示。

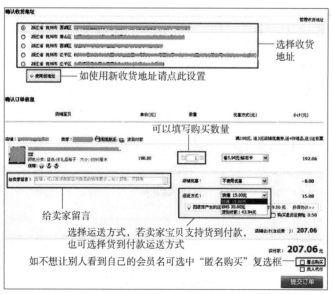

图 6-36　提交订单页面

第三步：可进入"我的淘宝"/"我的首页"/"已买到的宝贝"页面查找到对应的交易记录，交易状态显示"等待买家付款"，该状态下卖家可以修改交易价格，待交易付款金额确认无误后，单击"付款"按钮，如图 6-37 所示。

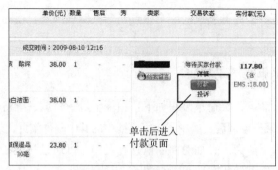

图 6-37　等待买家付款页面

第四步：进入付款页面（用支付宝付款），付款成功后，交易状态显示为"买家已付款"，需要等待卖家发货，如图 6-38 所示。

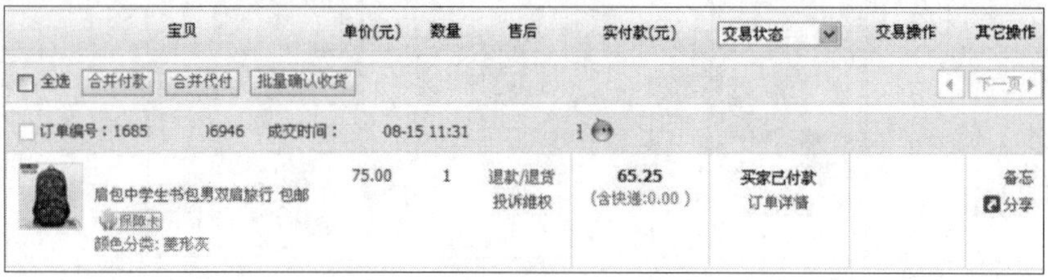

图 6-38　等待卖家发货页面

第五步：待卖家发货后，交易状态更改为"卖家已发货"，待收到货确认无误后，单击"确认收货"按钮，如图 6-39 所示。

图 6-39　购买页面

第六步：输入支付宝账户支付密码，单击"确定"按钮，如图 6-40 所示。

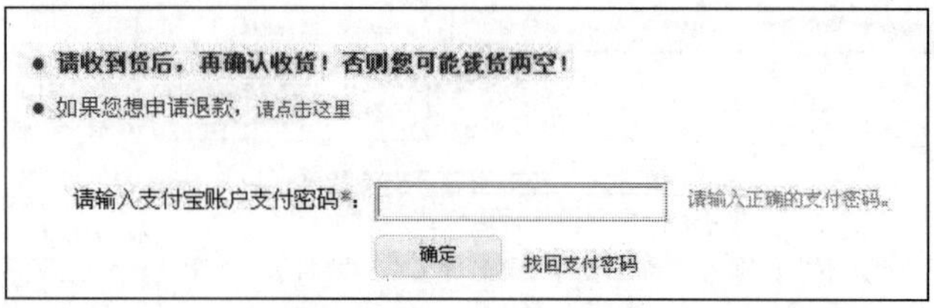

图 6-40　购买页面

交易状态显示为"交易成功"，说明交易已完成，如图 6-41 所示。

在淘宝网除了以买家身份购物，还可以以卖家身份销售商品。开网店已成为当下低成本、低风险、易实现的创业方式，尤其是以大学生为生力军的创业已经有了很多成功案例。当然要取得成功，除了有好的项目，还要有一整套营销方案。淘宝网开店步骤可参见淘宝网的淘宝社区页面等。

图 6-41 交易成功页面

项目七 互联网+，我们+什么？

◆ 任务一 认识"互联网+"

"互联网+"是指在创新 2.0（信息时代、知识社会的创新形态）推动下由互联网发展的新业态，也是在知识社会创新 2.0 推动下由互联网形态演进、催生的经济社会发展新形态。

"互联网+"简单来说就是"互联网+传统行业"，随着科学技术的发展，利用信息和互联网平台，使得互联网与传统行业进行融合，利用互联网具备的优势特点，创造新的发展机会。"互联网+"通过其自身的优势，对传统行业进行优化升级转型，使得传统行业能够适应当下的新发展，从而最终推动社会不断地向前发展。

"互联网+"是互联网思维的进一步实践成果，推动经济形态不断地发生演变，从而带动社会经济实体的生命力，为改革、创新、发展提供广阔的网络平台。"互联网+传统行业"并不是简单的两者相加，而是利用信息通信技术以及互联网平台，让互联网与传统行业进行深度融合，创造新的发展生态。它代表一种新的社会形态，即充分发挥互联网在社会资源配置中的优化和集成作用，将互联网的创新成果深度融合于经济、社会各领域之中，提升全社会的创新力和生产力，形成更广泛的以互联网为基础设施和实现工具的经济发展新形态。

"互联网+"是两化（信息化和工业化）融合的升级版，将互联网作为当前信息化发展的核心特征，提取出来，并与工业、金融、商贸、通信、交通、旅游、医疗、教育、票务、政务、农业等的全面融合。这其中关键就是创新，只有创新才能让这个"+"真正有价值、有意义。正因为此，"互联网+"被认为是创新 2.0 下的互联网发展新形态、新业态，是知识社会创新 2.0 推动下的经济社会发展新形态演进。

◆ 任务二 认识"互联网+"的六大特征

一是跨界融合。+就是跨界，就是变革，就是开放，就是重塑融合。敢于跨界了，创新的基础就更坚实；融合协同了，群体智能才会实现，从研发到产业化的路径才会更垂直。融合本身也指代身份的融合，客户消费转化为投资，伙伴参与创新等等，不一而足。（平台之间、物与物、平台与物。）

二是创新驱动。中国粗放的资源驱动型增长方式早就难以为继，必须转变到创新驱动发展这条正确的道路上来。这正是互联网的特质，用所谓的互联网思维来求变，也更能发挥创新的力量。（起始、规划、执行、结案、想法、方法、步骤、执行、经验学习）。

三是重塑结构。信息革命、全球化、互联网业已打破了原有的社会结构、经济结构、地缘结构、文化结构。权力、议事规则、话语权不断在发生变化。互联网+社会治理、虚拟社会治理会是很大的不同。（话语权的变更。）

四是尊重人性。人性的光辉是推动科技进步、经济增长、社会进步、文化繁荣的最根本的力量，互联网的力量之强大最根本地也来源于对人性的最大限度的尊重、对人体验的敬畏、对人的创造性发挥的重视。例如 UGC（user-generated content）、卷入式营销（带节奏）、分享经济 access over ownership（使用而不占有）和 value unused is waste（不使用即浪费）。

五是开放生态。关于"互联网+"，生态是非常重要的特征，而生态的本身就是开放的。我们推进"互联网+"，其中一个重要的方向就是要把过去制约创新的环节化解掉，把孤岛式创新连接起来，让研发由人性决定的市场驱动，让创业并努力者有机会实现价值。

六是连接一切。连接是有层次的，可连接性是有差异的，连接的价值是相差很大的，但是连接一切是"互联网+"的目标。

项目八　物联网就在身边

◆ 任务一　认识物联网

早在 1995 年，比尔·盖茨在《未来之路》一书中就已经提及物联网概念。但是，"物联网"概念的真正提出是在 1999 年，由 EPCglobal 的 Auto-ID 中心提出，被定义为：把所有物品通过射频识别等信息传感设备与互联网连接起来，实现智能化识别和管理。

2005 年，国际电信联盟（ITU）正式称"物联网"为"internet of things"，并发表了年终报告《ITU 互联网报告 2005：物联网》。报告指出，无所不在的"物联网"通信时代即将来临，世界上所有的物体从轮胎到牙刷、从房屋到纸巾都可以通过因特网主动进行交换；并描绘出"物联网"时代的图景：当司机出现操作失误时汽车会自动报警；公文包会提醒主人忘带了什么东西；衣服会"告诉"洗衣机对颜色和水温的要求等等。

现在较为普遍的理解是，广义的物联网是将各种信息传感设备，如射频识别（RFID）装置、红外感应器、全球定位系统、激光扫描器等种种装置与互联网结合起来而形成的一个巨大网络。通过装置在各类物体上的电子标签、传感器、二维码等经过接口与无线网络相连，从而给物体赋予智能，可以实现人与物体的沟通和对话，也可以实现物体与物体互相间的沟通和对话。

从物联网本质分析，它是信息技术发展到一定阶段后出现的一种聚合性应用与技术提升，是将各种感知技术、现代网络技术和人工智能与自动化技术聚合与集成应用实现人与物对话，创造智慧的世界。被称为信息产业第三次浪潮。

第一次：PC 时代。

第二次：互联网时代。

第三次：物联网时代。

◆ 任务二　认知物联网的应用

国内几个比较典型的物联网应用：

① 铁路的列车车厢管理，就是通过在每一节车厢（不管是客车、货车）均装置一个 RFID 芯片，在铁路两侧，相互间隔一段距离放置一个读写器。这样，就可以随时掌握全国所有的列车在

铁路线路上所处的位置，便于列车的跟踪、调度和安全控制。国内提供系统集成的主要是远望谷科技，为此该公司以此为依托，成功进行了 IPO（首次公开募股），而且在股市表现不俗。

② 第二代身份证。第二代身份证最显著的进步不是将卡表面的照片换为彩色的，而是卡的内部更富科技含量的 RFID 芯片。芯片可以存储个人的基本信息，需要时在读写器上一扫，即可显示出身份的基本信息。而且可以做到有效防伪，因为芯片的信息编写格式内容等由特定厂家提供，伪造起来技术门槛比较高。

③ 大部分高校的学生证。由于中国的高校生数量众多，学生假期返乡出行享受火车半价优惠。为此，相关部门采用了可读写的 RFID 芯片。里面存储了该用户列车使用次数信息，每使用一次就减少一次。不易伪造，加强了管理。

④ 市政一卡通、校园一卡通都可以归为较为简单的物联网应用。

⑤ ETC 不停车收费系统。在很多高速公路收费站，现在都留有一个不停车收费系统，无人值守。车辆只要减速行驶不用停车即可完成信息认证、计费。首先在首都机场高速做了试点，目前在全国各地已经有了很多地方做了尝试。但由于不仅需要对收费系统进行升级改造，还需在可能通过的车辆上安装识别芯片。因为很难对所有的车辆都进行安装，所以通常很多地方同时保留了 ETC 和人工收费。因为人工收费车辆要提前减速，并停止下来，每一辆车收费按照 15 s，实际前后大概要 30 s，在交通高峰阶段容易造成拥堵。因此，条件具备的地方还是要推行 ETC，不仅加快通行速度，还可以节约管理成本。

物联网的应用如图 6-42 所示。

图 6-42　物联网的应用

◆ **任务三　物联网的技术体系**

物联网包括物联网感知层、物联网网络层、物联网应用层。相应的，其技术体系包括感知层技术、网络层技术、应用层技术、公共技术、传感器技术以及 RFID 标签传感器技术。

感知层技术：数据采集与感知。主要用于采集物理世界中发生的物理事件和数据，包括各类物理量、标识、音频、视频数据。物联网的数据采集涉及传感器、RFID、多媒体信息采集、二维码和实时定位等技术。

网络层技术：实现更加广泛的互连功能。能够把感知到的信息无障碍、高可靠性、高安全性地进行传送，需要传感器网络与移动通信技术、互联网技术相融合。经过十余年的快速发展，移动通信、互联网等技术已比较成熟，基本能够满足物联网数据传输的需要。

应用层技术：主要包含应用支撑平台子层和应用服务子层。其中应用支撑平台子层用于支撑跨行业、跨应用、跨系统之间的信息协同、共享、互通的功能。应用服务子层包括智能交通、智能医疗、智能家居、智能物流、智能电力等行业应用。

公共技术：不属于物联网技术的某个特定层面，而是与物联网技术架构的三层都有关系，它包括标识与解析、安全技术、网络管理和服务质量（QoS）管理。

传感器技术：这也是计算机应用中的关键技术。到目前为止，绝大部分计算机处理的都是数字信号。自从有计算机以来，就需要传感器把模拟信号转换成数字信号计算机才能处理。

RFID 标签传感器技术：RFID 技术是融合了无线射频技术和嵌入式技术为一体的综合技术，RFID 在自动识别、物品物流管理中有着广阔的应用前景。

项目九　网　络　安　全

◆ **任务一　认识网络安全**

当前，随着科学技术的迅猛发展和信息技术的广泛应用，网络与信息系统的基础性、全局性作用日益增强。同时，网络和信息安全问题也日益凸显出来，国际上围绕着信息的获取、使用和控制的斗争愈演愈烈，全球范围内网络攻击、网络窃密和网上违法犯罪等问题日渐突出。信息安全问题已成为与政治安全、经济安全、文化安全同等重要，事关国家安全的重大战略问题。

1. 网络安全的概念

网络安全是指网络系统的硬件、软件及其系统中的数据受到保护，不因偶然的或者恶意的原因而遭受到破坏、更改、泄露，系统连续可靠正常地运行，网络服务不中断。网络安全从其本质上来讲就是网络上的信息安全。从广义来说，凡是涉及网络上信息的保密性、完整性、可用性、真实性和可控性的相关技术和理论都是网络安全的研究领域。网络安全是一门涉及计算机科学、网络技术、通信技术、密码技术、信息安全技术、应用数学、数论、信息论等多种学科的综合性学科。

网络信息安全的真正内涵即实现网络信息系统的正常运行，确保信息在生产、传输、使用、存储等过程中的完整、可用、保密、真实和可控。安全是一个动态的过程，需要不断更新、防护，重在管理和监控，再好的安全产品也不能保证 100%的安全。信息安全具有保密性、完整性、可用性、真实性、不可抵赖性、可控性和可追溯性等表征特性。

2. 网络安全的威胁

网络安全潜在威胁形形色色，多种多样：有人为和非人为的、恶意的和非恶意的、内部攻击和外部攻击等。对网络安全的威胁主要表现在：非授权访问、冒充合法用户、破坏数据完整性、干扰系统正常运行、利用网络传播病毒、线路窃听等方面。安全威胁主要利用以下途径：系统存在的漏洞、系统安全体系的缺陷、使用人员的安全意识薄弱、管理制度的薄弱。网络威胁日益严重，网络面临的威胁五花八门，概括起来主要有以下几类：

① 内部窃密和破坏。内部人员可能对网络系统形成下列威胁：内部涉密人员有意或无意泄密、更改记录信息；内部非授权人员有意或无意或偷窃机密信息、更改网络配置和记录信息；内部人员破坏网络系统。

② 截收。攻击者可能通过搭线或在电磁波辐射的范围内安装截收装置等方式，截获机密信息，或通过对信息流和流向、通信频度和长度等参数的分析，推出有用信息。它不破坏传输信息的内容，不易被察觉。

③ 非法访问。非法访问指的是未经授权使用网络资源或以未授权的方式使用网络资源，它包括：非法用户，如黑客进入网络或系统，进行违法操作；合法用户以未授权的方式进行操作。

④ 破坏信息的完整性。攻击可能从三个方面破坏信息的完整性：篡改，改变信息流的次序、时序，更改信息的内容、形式；删除，删除某个消息或消息的某些部分；插入，在消息中插入一些信息，让收方读不懂或接收错误的信息。

⑤ 冒充。攻击者可能进行下列冒充：冒充领导发布命令、调阅文件；冒充主机欺骗合法主机及合法用户；冒充网络控制程序套取或修改使用权限、口令、密钥等信息，越权使用网络设备和资源；接管合法用户，欺骗系统，占用合法用户的资源。

⑥ 破坏系统的可用性。攻击者可能从下列几个方面破坏网络系统的可用性：使合法用户不能正常访问网络资源；使有严格时间要求的服务不能及时得到响应；摧毁系统。

⑦ 重演。重演指的是攻击者截获并录制信息，然后在必要的时候重发或反复发送这些信息。

⑧ 抵赖。可能出现下列抵赖行为：发信者事后否认曾经发送过某条消息；发信者事后否认曾经发送过某条消息的内容；发信者事后否认曾经接收过某条消息；发信者事后否认曾经接收过某条消息的内容。

⑨ 其他威胁。对网络系统的威胁还包括计算机病毒、电磁泄漏、各种灾害、操作失误等。

3. "四个严禁"

① 严禁在非涉密计算机上处理涉密内容；
② 严禁在计算机硬盘内存储绝密级信息；
③ 严禁将工作用计算机和涉密移动存储介质带回家；
④ 严禁在互联网上使用涉密移动存储介质。

◆ 任务二 网络安全措施

1. 防火墙

防火墙就是位于计算机和它所连接的网络之间的软件或硬件，防火墙扫描流经它的网络通信数据，能够过滤掉一些攻击，以免其在目标计算机上被执行。防火墙还可以关闭不使用的端口，而且还能禁止特定端口的流出通信，封锁特洛伊木马，甚至可以禁止来自特殊站点的访问，从而防止来自不明入侵者的所有通信。它实际上是一种隔离技术。防火墙是在两个网络通信时执行的一种访问控制尺度,它能允许用户"同意"的人和数据进入防火墙所保护的网络,同时将用户"不同意"的人和数据拒之门外,最大限度地阻止网络中的黑客来访问防火墙所保护的网络。

2. 入侵检测

入侵检测技术是为保证计算机系统的安全而设计与配置的一种能够及时发现并报告系统中未授权或异常现象的技术,是一种用于检测计算机网络中违反安全策略行为的技术。入侵检测作为一种积极主动的安全防护技术,提供了对内部攻击、外部攻击和误操作的实时保护,在网络系统受到危害之前拦截和响应入侵。因此被认为是防火墙之后的第二道安全闸门,在不影响网络性能的情况下能对网络进行监测。

3. 漏洞扫描

漏洞扫描是对用户计算机进行全方位的扫描,检查当前的系统是否有漏洞。如果有漏洞,则需要进行修复,否则计算机很容易受到网络的伤害甚至被黑客借助于计算机的漏洞进行远程控制,那么后果将不堪设想。所以漏洞扫描对于保护计算机和上网安全是必不可少的,而且需要每星期就进行一次扫描,一旦发现有漏洞就要马上修复,有的漏洞系统自身就可以修复,而有些则需要手动修复。

项目十 "互联网+"下的大学生创新创业

据调查报告显示,创业者这一群体主要是由在校大学生和大学毕业生组成。现今大学生创业问题越来越受到社会各界的密切关注,因为大学生经过多年的教育,往往背负着社会和家庭的期望。

◆ 任务一 大学生创新创业优劣势分析

1. 大学生创业的优势

(1)具有大学程度的文化水平,对事物较有领悟力;
(2)自主学习知识的能力强;
(3)接受新鲜事物快,甚至是潮流的引领者;
(4)思维活跃,敢想敢干;
(5)运用IT技术能力强,能够利用互联网了解对创业有价值的信息;
(6)有自信,对认准的事情充满热情;
(7)年纪轻,精力旺盛;
(8)暂无家庭负担,创业也可能获得家庭或家族的支持。

2. 大学生创业的劣势

(1)缺乏社会经验和职业经历;
(2)缺乏真正有商业前景的创业项目,许多创业点子经不起市场的考验;
(3)缺乏商业信用,在校大学生信用档案与社会没有接轨,导致融资借贷困难重重;
(4)喜欢纸上谈兵,创业设想不能很好与市场结合,市场预测普遍过于乐观;
(5)眼高手低,好高骛远,看不起蝇头小利;
(6)独立人格没有完全形成,缺乏对社会和个人的责任感;

（7）心理承受能力差，遇到挫折容易放弃；

（8）在社会文化和商业交往中，青年人往往不容易得到信任。

◆ 任务二　信息时代下的"互联网+"与大学生创新创业

在经济转型升级和创新驱动发展的背景下，创新创业已经成为时代的主题和国家的战略决策。大学生是大众创业、万众创新的主力军，高校创新创业教育的水平和成效，不仅关乎高等教育的发展和人才培养质量的提高，更关乎国家战略目标的实现。以移动互联网、云计算、大数据、物联网、人工智能等为代表的新一代信息技术与教育、医疗、制造、能源、服务、农业等领域的融合创新，发展壮大新兴业态，打造新的产业增长点。"互联网+"时代下大学生创新创业教育模式已经成为我国高等教育改革的一个重要策略。

"互联网+"创新创业机遇：

① "互联网+"有利于传统产业改造，通过利用物联网、大数据等手段，促进工业互联网发展，实现传统产业的结构调整与转型升级。

② "互联网+"有利于催生新兴产业和新兴业态，培育新的经济增长点，打造稳定中国经济增长的"新引擎"。

③ "互联网+"有利于促进商品生产、流通、消费各环节的变革，使产品及服务更加贴近用户。

④ "互联网+"有利于促进商业模式的革新，通过平台模式的发展和平台效应的发挥，实现资源要素的跨界整合与效率提升。

⑤ "互联网+"有利于个人思维模式的变革，通过树立新的互联网思维理念，带动和推进中国社会更深层次的变革。

⑥ "互联网+"有利于降低大学生创业门槛和创业成本，创建更公平的创业环境和更开放的创业空间，扩大创业投资的范围，促进创业浪潮发展，使我国迈向创业型经济。

参 考 文 献

[1] 教育部考试中心. 全国计算机等级考试一级教程：计算机基础及 MS Office 应用[M]. 北京：高等教育出版社，2022.

[2] 莫新平，吕学芳，姚晓艳.大学信息技术项目教程[M].北京：清华大学出版社，2020.